찻잔 속 물리학

찾잔 속
물리학

헬렌 체르스키 지음
하인해 옮김

런던 대학교
물리학 교수가
들려주는 일상 속
과학 이야기

STORM IN A
TEACUP

북라이프
booklife

옮긴이 **하인해**

인하대학교 화학공학부를 졸업하고 한국외국어대학교 통번역대학원에서 석사 학위를 취득했다. 졸업 후 정부 기관과 법무 법인에서 통ㆍ번역사로 근무했으며 바른번역 글밥아카데미를 수료하고 현재는 바른번역 소속 번역가로 과학, 인문ㆍ사회 분야의 책을 번역하고 있다. 옮긴 책으로는 《헤어》가 있다.

찻잔 속 물리학

1판 1쇄 발행 2018년 3월 31일
1판 8쇄 발행 2023년 6월 27일

지은이 | 헬렌 체르스키
옮긴이 | 하인해
발행인 | 홍영태
발행처 | 북라이프
등 록 | 제2011-000096호(2011년 3월 24일)
주 소 | 03991 서울시 마포구 월드컵북로6길 3 이노베이스빌딩 7층
전 화 | (02)338-9449
팩 스 | (02)338-6543
대표메일 | bb@businessbooks.co.kr
홈페이지 | http://www.businessbooks.co.kr
블로그 | http://blog.naver.com/booklife1
페이스북 | thebooklife
ISBN 979-11-88850-06-8   03400

세상은 물리학 패턴으로 이루어진
모자이크다.

대학생이었을 때 할머니 집에서 물리학 시험공부를 한 적이 있다.
현실적인 영국 북부 사람인 할머니는
내가 원자의 구조를 공부하고 있다고 말하자 무척 놀라며 말했다.
"오, 그걸 알아서 어디에 쓸 건데?"
아주 훌륭한 질문이었다.

일상과 우주를
연결하는 물리학

우리는 지구라는 행성과 나머지 우주 사이의 경계에서 살아간다. 청명한 밤하늘에서 밝게 빛나는 별의 광대한 무리를 보면 누구라도 감탄하지 않을 수 없다. 별은 우주에서 우리의 위치를 알려주는 고유한 지표로 친근하고 영원불변한 모습으로 그곳에 있다. 모든 인류 문명이 이 별을 보았지만 그 누구도 직접 만져보지는 못했다. 반면 지구에 있는 우리의 집은 뒤죽박죽이고 변화무쌍하며 매일 만지고 조작할 수 있는 신기한 것으로 가득하다. 무엇이 우주를 움직이는지 궁금하다면 바로 이곳을 관찰해야 하는 이유다. 물리학의 세계에서는 같은 원리와 같은 원자라도 어떤 방식으로 결합하느냐에 따라 풍부한 결과물을 만들어내기 때문에 놀라울 만큼 다양성이 가득하다. 하지만 이러한 다양성이 임의로 생기지는 않는다. 우리의 세계는 일정한 형식으로 채워져 있다.

차가 담긴 잔에 우유를 붓고 빠르게 저으면 두 액체는 거의 섞이지 않고 각자 원을 그리며 소용돌이를 일으킨다. 찻잔 속 소용돌이는 우유와 차가 완전히 섞이기 전 단 몇 초 동안만 지속되지만 액체끼리는 곧바로 융합되지 않고 아름다운 소용돌이 패턴을 그리다 섞인다는 사실을 깨닫기에 충분한 시간이다. 이와 똑같은 패턴이 똑같은 이유로 다른 곳에서도 일어난다. 우주에서 지구를 내려다보면 뜨거운 공기와 차가운 공기가 바로 섞이지 않고 왈츠를 추며 매우 익숙한 소용돌이 형태의 구름을 만드는 모습을 흔히 보게 된다. 영국 날씨가 변덕스럽기로 악명 높은 것은 이 소용돌이 구름이 서쪽에서 정기적으로 대서양을 건너오기 때문이다. 구름은 북쪽의 차가운 한대기단과 남쪽의 따뜻한 열대기단의 경계에서 형성된다. 차가운 공기와 따뜻한 공기가 원을 그리며 서로를 쫓으면서 위성사진에 소용돌이 패턴이 선명하게 나타난다. 이 소용돌이가 저기압 또는 사이클론이다. 나선형으로 회전하며 지나가는 팔은 날씨를 급격하게 변화시켜 바람을 일으켰다가 비를 뿌리고 햇빛을 비춘다.

소용돌이치는 폭풍과 스푼으로 저은 찻잔에는 공통점이 거의 없는 듯 보이지만 두 패턴은 우연이라기엔 매우 유사하다. 이것은 좀 더 근본적인 진실을 암시하는 단서다. 두 현상에는 온갖 형태를 만드는 체계적인 토대가 숨어 있다. 인류는 수세대에 걸쳐 철저한 실험으로 이를 발견하고 탐구하고 검증했다. 과학은 바로 이러한 발견의 과정이다. 우리가 이해한 것을 지속적으로 실험하고 향상시키는 동시에 이해해야 하는 더 많은 것들을 파헤치고 밝혀낸다.

때로 하나의 패턴은 새로운 곳에서 쉽게 발견되지만 패턴 간의 연관성은 좀 더 깊은 곳에 묻혀 있을 때도 있다. 그렇게 숨어 있던 연결고리가 마침내 모습을 드러낼 때 우리의 만족감은 더욱 커진다. 예를 들어 전갈과 자전거를 타는 사람 사이에는 공통점이 별로 없다고 생각할지 모른다. 하지만 이 둘은 생존을 위해 서로 정반대의 방식이긴 하지만 같은 과학 원리를 이용한다.

달이 뜨지 않은 밤, 북미 사막은 춥고 고요하다. 희미한 별빛만이 땅을 비추고 있어 이곳에서 뭔가를 발견하기란 거의 불가능해 보인다. 하지만 특정한 보물 하나를 찾기 위해 우리는 특별한 전등을 들고 어둠 속을 향해 간다. 이 전등은 우리 인간 종에게는 보이지 않는 빛, 즉 자외선이나 불가시광선을 방출하는 것이어야 한다. 빛줄기가 땅 위를 비추지만 우리 눈에 보이지 않기 때문에 정확히 어디를 향하고 있는지는 알 수 없다. 순간 섬광이 번뜩이더니 섬뜩한 청록색 불빛이 놀란 듯 허둥지둥 움직이며 사막의 어둠에 균열을 일으킨다. 전갈이다.

발굴광들은 이런 식으로 전갈을 찾는다. 거미강綱인 검은 전갈의 외골격에는 우리가 볼 수 없는 자외선을 흡수해 우리 눈에 보이는 가시광선을 발광하는 색소가 있다. 정말이지 기발한 기술이다. 당신이 전갈을 무서워한다면 그 감탄이 조금은 줄어들지도 모르지만 말이다. 빛을 이용한 이 기술의 이름은 형광fluorescence이다. 전갈의 청록색 빛은 황혼 무렵 숨기에 최적인 장소를 찾기 위한 적응으로 추측된다. 자외선은 계속 우리 주변에 있다가 해가 지평선 너머로 지는 저녁이 되어 대부분의 가시광선이 사라지면 홀로 남는다. 만약 전갈이 사방이 트인 곳에 있으면 주변에 파란색이나 녹색 빛이 많지 않으므로 혼자 빛을 내며 쉽게 눈에 띌 것이다. 따라서 전갈이 조금이라도 노출된다면 그들은 스스로 내는 빛을 감지해 자신이 더 잘 숨어야 한다는 사실을 알아챌 것이다. 정교하고 효과적인 신호 시스템이다. 인간이 자외선 전등을 들고 나타나기 전까지는 말이다.

거미류를 싫어하는 사람에게는 다행히도 형광 현상을 보기 위해 밤중에 전갈이 득실대는 사막까지 갈 필요는 없다. 따분한 도시의 아침에도 흔한 일이니 말이다. 자전거를 타는 안전제일주의자들을 보자. 그들이 입고 있는 가시성 높은 안전복은 주위에 비해 묘하게 밝아 보인다. 안전복이 빛나는 것처럼 보이는 이유는 실제로 빛이 나오기 때문이다. 흐린 날, 가시광선은 구름에 차단되지만 자외선 대부분은 구름을 통과한다. 안전복의 색소는 자외선을 흡수한 다음 가시광선을 내보낸다. 전갈과 완전히 똑같은 기술을 정반대의 목적으로 이용한 것이다. 자전거를 타는 사람은 빛을 내고 싶어한다. 눈에 더 잘 띄면 더 안전해지기 때문이다.

이런 일들은 정말 흥미롭다. 하지만 내게 물리학의 진정한 기쁨은 작지만 가치 있는 이 정보들이 단지 재미있는 사실로 그치지 않는다는 데 있다. 물리학은 우리가 가지고 다니는 도구가 된다. 앞선 예에서 전갈과 자전거 타는 사람은 같은 물리학 원리의 도움으로 살아남았다. 이 원리는 또한 탄산수인 토닉 워터tonic water가 자외선 아래에서 빛나게 한다. 토닉 워터에 들어가는 퀴닌quinine이 형광물질이기 때문이다. 세탁 표백제와 형광펜도 같은 원리로 마법을 부린다. 다음에 형광펜으로 표시된 부분을 보게 되면 형광펜의 잉크 역시 자외선 탐지기라는 사실을 기억하라. 비록 자외선을 직접 볼 수는 없지만 자외선 때문에 그 빛이 거기에 있는 것이다.

물리학은 내가 관심 있는 현상들을 설명해준다. 그래서 물리학을 공부했다. 나는 물리학을 통해 주위를 관찰하고 우리의 일상 세계를 움직이는 메커니즘을 볼 수 있었다. 무엇보다 물리학은 나 스스로 그 일을 해보게 한다. 비록 지금의 나는 전문 물리학자지만 내가 스스로 연구한 것들 대부분은 연구소나 복잡한 컴퓨터 소프트웨어, 값비싼 실험과는 무관하다. 내게 가장 만족스러운 발견은 과학자가 될 운명과는 거리가 멀었던 시절 우연히 가지고 놀던 것들을 통해 이루어졌다. 물리학의 몇 가지 기본 원리를 알면 세상은 장난감 상자가 된다.

주방이나 정원, 길가에서 과학적 사실을 발견했다고 하면 코웃음치는 사람도 있다. 어린아이에게는 중요하지만 어른에게는 하찮은 오락거리라고 생각한다. 어른이라면 우주의 원리같이 심오한 주제의 책을 사야 한다고 말이다. 하지만 이런 태도는 중요한 사실 하나를 간과한다. 물리학 원리는 어디에서나 똑같이 적용된다는 사실이다. 가장 기본적인 몇 가지 물리학 법칙을 가르쳐주는 토스터는 아마 누구나 하나쯤 가지고 있을 것이며 누구나 직접 작동하는 모습을 볼 수 있다는 점에서 유용하다. 물리학은 그래서 멋지다. 동일한 패턴이 보편적으로 적용되기 때문이다. 물리학은 주방에나 우주의 가장 먼 곳에나 똑같이 존재한다. 우주의 온도에 대해서는 한 번도 생각해본 적 없는 사람도 토스터를 보면 식빵이 왜 뜨거워지는지 알 수 있다. 한 가지 패턴에 익숙해지면 다른 많은 곳에서 동일한 패턴을 발견할 수 있다. 그중 어떤 곳에서는 인간 사회의 가장 인상적인 업적을 이뤄낼 수도 있다. 일상에서 과학을 배우는 것은 세상에 대한 지식을 얻는 지름길이다.

껍질을 까지 않고 날달걀과 삶은 달걀을 구별해야 했던 적이 있는가? 쉬운 방법이 있다. 평평하고 딱딱한 바닥에 날달걀과 삶은 달걀을 놓은 다음 회전시킨다. 몇 초 후 달걀이 회전을 멈출 때까지 손가락으로 껍질을 살짝 누른다. 달걀은 그 자리에 가만히 있을 것이다. 하지만 손을 떼고 1~2초가 지나면 둘 중 하나는 다시 천천히 돌기 시작할 것이다. 날달걀과 삶은 달걀은 겉에서 보면 똑같지만 속은 다르다. 여기에 비밀이 있다. 삶은 달걀에 손을 대면 고체 전체가 회전을 멈춘다. 하지만 날달걀에 손을 대면 껍질만 회전을 멈춘다. 껍질 속 액체가 소용돌이치며 멈추지 않기 때문에 날달걀은 내부에 이끌려 1~2초 후 다시 돌기 시작한다. 믿기 힘들다면 직접 시험해보라. 이 현상은 물리학 법칙에 의해 일어난다. 물체는 외부에서 당기거나 밀지 않는 한 원래의 움직임을 지속하려고 한다. 이 경우 달걀흰자는 멈출 이유가 없기 때문에 회전 총량을 그대로 유지한다. 이를 각운동량보존의 법칙이라고 한다. 이 법칙은 달걀에만 적용되는 것이 아니다.

허블 우주 망원경Hubble Space Telescope은 1990년부터 지구 궤도를 돌며 수천 장의 멋진 우주 사진을 찍어왔다. 화성, 천왕성 고리, 은하수에서 가장 나이 많은 별, (멕시코인이 쓰는 모자의 이름을 딴) 솜브레로 은하

Sombrero Galaxy, 거대한 게성운의 사진을 지구로 전송했다. 하지만 우리가 우주에서 자유롭게 떠다닌다면 어떻게 자세를 유지하고 그렇게 작은 빛의 점들에 시선을 고정할 수 있을까? 정확히 어디를 봐야 할지 어떻게 알 수 있을까? 허블 우주 망원경에는 평형 상태를 측정하는 장치인 자이로스코프gyroscope 바퀴가 여섯 개 설치되어 있다. 이 바퀴들은 각각 초당 1만 9,200번 회전하는데 속도를 늦추는 것이 없으니 각운동량보존에 따라 계속 같은 속도로 회전한다. 회전축 역시 움직일 이유가 없으니 정확히 같은 방향으로 유지된다. 자이로스코프가 기준 방향을 정해주기 때문에 허블 우주 망원경은 멀리 있는 피사체에 필요한 시간만큼 렌즈를 고정할 수 있다. 인류 문명에서 가장 진보한 기술의 방향을 결정하는 물리학 법칙이 주방에 있는 달걀로 입증되는 것이다.

이것이 내가 물리학을 사랑하는 이유다. 우리가 배우는 모든 것이 어딘가에 유용하게 쓰인다. 물리학이야말로 우리를 어디로 데려갈지 모르는 거대한 모험이다. 우리가 아는 한 여기 지구에서 발견되는 물리학 법칙은 우주 어디에나 적용된다. 우주를 구성하는 핵심 원리 대부분은 누구나 이해할 수 있고 직접 시험할 수도 있다. 달걀에서 배운 지식이 부화해 세상 어디에나 적용되는 원리가 된다. 부화한 지식으로 무장하고 밖으로 나오면 세상이 달라 보인다.

과거에는 정보가 지금보다 소중했다. 어떤 정보든 힘들게 얻었고 가치 있었다. 오늘날 우리는 지식의 바다에 살며 정보의 홍수에서 혼란스러워한다. 지금처럼 살아도 되는데 굳이 더 많은 지식을 얻어 혼란을 더해야 할 이유가 있을까? 허블 우주 망원경은 정말 멋지지만 우리가 약속 시간에 늦어 허둥지둥할 때 열쇠를 찾아줄 게 아니라면 무슨 소용일까?

현대인은 항상 어려운 결정을 내려야 한다. 콤팩트 형광 전구Compact Fluorescent Light Bulb, CFL에 비싼 돈을 지불할 가치가 있을까? 침대 옆에 휴대전화를 놓고 자도 괜찮을까? 일기예보를 믿어도 될까? 편광 렌즈 선글라스는 다른 선글라스와 어떻게 다를까? 기본 원리만으로 구체적인 답을 구할 수는 없지만 올바른 질문을 하기 위한 맥락은 알 수 있다. 또 스스로 무언가를 알아내는 데 익숙해지면 당장 명확한 답을 얻지 못하더라도 절망하지 않는다. 조금만 더 생각한다면 이해할 수 있다는 것을 알기 때문이다. 비판적 사고는 광고 업체와 정치인이 큰 소리로 자신들이 제일 똑똑하다고 주장하는 시대에 세상을 이해하는 데 특히 중요하다. 우리는 그들의 의견에 동의할지 말지 결정하기 위해 단서를 찾아야 한다. 우리의 일상보다 더 중요한 문제도 있다. 우리는 우리의 문명을 책임져야 한다. 투표를 하고 무엇을 구매하고 어떻게 살 것인지 선택하면서 인류의 여정에 함께한다. 물리학의 기본 원리는 이 여정에 지녀야 할 매우 소중한 도구다.

이런 모든 이유에서 우리 주변에서 할 수 있는 물리학 놀이는 그 자체로 무척 재미있고 나 역시 그 재미의 엄청난 팬이지만 단순한 '재미'만은 아니다. 과학은 그저 사실을 수집하는 것이 아니라 이를 토대로 사물을 이해하는 논리적 과정이다. 과학의 핵심은 누구든지 정보를 관찰한 다음 합리적인 결론을 이끌어낼 수 있다는 것이다. 처음에는 결론이 다를 수 있지만 더 많은 정보를 수집하면 결국에는 어떤 설명이 맞는지 하나의 결론에 도달할 수 있다. 이러한 점에서 과학은 다른 학문과 구분된다. 과학적 가설에는 시험해볼 수 있는 구체적인 예측이 있어야 한다. 즉, 어떤 현상이 어떻게 작용하는지에 대한 아이디어가 있다면 다음으로 할 일은 아이디어의 결과를 알아내는 것이다. 시험할 수 있는 결과 중에서도 특히 그 아이디어가 틀렸음을 증명할 수 있는 결과를 열심히 확인해야 한다. 당신의 가설이 우리가 생각할 수 있는 모든 시험을 통과하면 우리는 조심스럽게 그 원리가 세상에 적용할 좋은 모델이리라는 데 동의한다. 과학은 언제나 자신이 틀렸음을 증명하기 위해 노력한다. 그것이 무슨 일이 일어나고 있는지 알아내는 가장 빠른 길이기 때문이다.

세상을 상대로 실험하기 위해 반드시 정식 과학자가 될 필요는 없다. 몇 가지 기본적인 물리학 원리를 알면 스스로 많은 것을 해결하기 위한 올바른 방향으로 나아가게 될 것이다. 때로는 정해진 순서조차 필요 없다. 퍼즐 조각들은 거의 스스로 자기 자리를 찾아간다.

내가 가장 좋아하는 발견 중 하나는 실망에서 시작되었다. 블루베리로 잼을 만들었는데 분홍색이 된 것이다. 밝은 푸크시아 핑크였다. 몇 년 전 로드아일랜드 Rhode Island에서의 생활을 마치고 영국으로 돌아가기 전 마지막으로 잡동사니들을 정리할 때 있었던 일이다. 떠날 준비는 거의 다 되었지만 주변 사람들에게 반드시 끝내고 돌아가겠다고 공언한 마지막 프로젝트가 남아 있었다. 나는 어렸을 때부터 블루베리를 좋아했다. 약간 이국적이고 맛있으면서 아름답고 신비한 푸른색을 띠었다. 내가 살던 거의 모든 곳에서 블루베리가 귀했으나 로드아일랜드에서는 흔히 자랐다. 나는 여름에 열린 블루베리를 파란 잼으로 만들어 영국에 가져가고 싶었다. 그래서 로드아일랜드에서 보내는 남은 날들의 아침마다 블루베리를 따서 좋은 열매를 골라두었다.

블루베리 잼의 가장 중요하고도 흥분되는 점은 당연히 파란색이었다. 적어도 나는 그렇게 생각했다. 하지만 자연은 그렇게 생각하지 않았다. 냄비에 잼을 보글보글 끓이는 동안 많은 일이 벌어졌지만 파란색은 거기에 없었다. 잼은 정말로 맛이 좋았다. 하지만 나는 실망과 혼란을 안고 분홍색 잼과 함께 영국으로 돌아갈 수밖에 없었다.

6개월 뒤 친구 한 명이 역사 수수께끼 하나를 풀어달라고 부탁했다. 그는 마녀에 관한 텔레비전 프로그램을 만들고 있었는데, 그가 찾은 기록에 따르면 옛날에 여자 주술사는 버베나^{verbena} 잎을 넣고 끓인 물을 사람의 피부에 부어서 그 사람이 마법에 걸렸는지 여부를 알아냈다는 것이다. 그는 주술사들이 의도하지는 않았지만 무언가를 체계적으로 측정하고 있었던 것이 아닌지 알고 싶어했다. 조금 조사해보니 그의 말이 맞았다.

붉은 양배추, 블러드 오렌지^{blood orange}, 그 외 많은 붉은색이나 보라색 식물과 마찬가지로 보라색 버베나 꽃에는 안토시아닌이라는 화합물이 들어 있다. 안토시아닌은 식물이 강렬한 색을 띠게 하는 색소다. 종류가 몇 가지 있어서 색이 조금씩 다르지만 분자구조는 모두 비슷하다. 하지만 그게 다가 아니다. 색은 분자와 접촉하는 액체의 산성, 즉 'pH 값'에 의해 달라진다. 주변 환경을 약산성 또는 약알칼리성으로 만들면 분자가 모양을 미세하게 바꾸면서 색이 변한다. 이들은 천연

리트머스종이의 지표다.

이 현상을 이용해 주방에서 아주 재미있는 놀이를 할 수 있다. 식물에서 색소를 분리하려면 끓여야 하므로 붉은 양배추 약간을 물에 넣고 끓여 보라색 물을 받아낸다. 지금은 보라색이지만 여기에 식초를 섞으면 빨간색이 되고 강알칼리성 세제를 넣으면 노란색이나 초록색이 된다. 주방에 있는 재료만으로도 무지개에 있는 모든 색을 만들 수 있다. 나도 물론 해보았다. 안토시아닌은 누구나 어디서나 쉽게 구할 수 있어서 멋진 발견이다. 화학 실험 도구가 전혀 필요 없다!

따라서 주술사들은 버베나 꽃으로 마법에 걸렸는지를 알아본 것이 아니라 pH를 측정한 것이다. 피부의 pH는 자연적으로 변하기 때문에 버베나 혼합물을 올려놓으면 사람에 따라 색이 달라진다. 내가 땀 흘리며 조깅을 한 후 보라색 양배추 물을 피부에 올리면 파란색으로 변하지만 운동을 하지 않았다면 변하지 않는다. 주술사들은 사람마다 다른 방식으로 버베나 추출물의 색을 변화시킨다는 사실을 알고 이를 마음대로 해석했을 것이다. 확실하진 않지만 합리적인 가설이다.

역사 이야기는 이쯤 하고 블루베리 잼을 만들던 때로 돌아가자. 블루베리가 파란 이유는 안토시아닌 때문이다. 잼의 재료는 과일, 설탕, 물, 레몬즙 네 가지뿐이다. 레몬즙은 산성이라 과일에서 나오는 천연 펙틴이 잼이 되도록 돕는다. 블루베리 잼이 분홍색이 된 이유는 끓인 블루베리가 냄비 크기의 리트머스종이 역할을 했기 때문이다. 잼이 잘 만들어지려면 분홍색이 될 수밖에 없었다. 이 사실을 스스로 알아냈다는 기쁨은 파란색 잼을 만들 수 없다는 실망감을 거의 보상해주었다. '거의'. 어쨌든 하나의 과일로 무지개의 모든 색을 만들 수 있다는 사실은 그만한 대가를 치를 만큼 값진 발견이었다.

이 책은 일상에서 마주하는 소소한 일들을 우리가 사는 큰 세상과 연결한다. 물리학의 세계를 여행하다 보면 팝콘, 커피 얼룩, 냉장고 자석이 탐험가 로버트 팔콘 스콧Robert falcon Scott의 원정, 의학 테스트, 미래 에너지 수요 해결과 어떻게 연결되는지 알 수 있다. 일상에서 배운 물리학 원리는 최첨단 의료 기술, 날씨, 휴대전화, 자기 세정 옷, 핵융합로에도 적용된다. 과학은 '남'에 관한 것이 아니라 '우리'의 이야기고 모두 각자의 방식으로 모험을 즐길 수 있다. 모든 장은 우리가 자주 접하지만 깊이 생각해보지 않은 일상의 작은 현상에서 시작한다. 그리고 장이 끝날 때쯤이면 똑같은 패턴이 가장 중요한 과학과 기술에 어떻게 적용되는지 알게 될 것이다. 작은 호기심은 각각으로도 가치 있지만 그 조각들이 함께 놓여 퍼즐이 맞춰질 때 진정한 보상을 얻는다.

세상이 움직이는 원리를 알면 좋은 점이 또 있다. 대부분의 과학자들이 잘 언급하지 않는 부분이다. 세상이 움직이는 원리를 알면 우리의 시각이 달라진다. 세상은 물리학 패턴으로 이루어진 모자이크다. 일단 물리학의 기본 원리에 익숙해지면 그 패턴들이 어떻게 맞춰지는지 이해되기 시작한다. 당신이 이 책을 한 장 한 장 넘길 때마다 과학적 지식이 부화해 세상을 다른 방식으로 볼 수 있기를 바란다. 하지만 반드시 내 관점에 동의할 필요는 없다. 과학의 핵심은 가능한 한 모든 증거를 검토해 스스로 실험한 후 자신만의 결론을 도출하는 것이다.

찻잔은 시작에 불과하다.

차례

SIR ISAAC NEWTON

제9장

우리는 무엇으로
사는가
인간, 지구, 문명

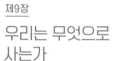

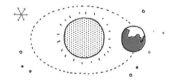

참고문헌

STORM IN A TEACUP

제1장

팝콘과 로켓

기체법칙

주방에서 일어나는 폭발은 보통 달갑지 않다. 하지만 때때로 작은 폭발을 일으켜 맛 좋은 음식을 만들 수 있다. 말린 옥수수 알갱이에는 탄수화물, 단백질, 철분, 칼륨처럼 좋은 식품 성분이 풍부하지만 매우 압축되어 있고 딱딱한 껍질에 감싸여 있다. 훌륭한 음식이 될 수 있지만 먹기 좋게 만들려면 대대적인 구조 조정이 필요하다. 이를 위해 폭발은 꼭 필요한 과정이고, 다행히도 옥수수 알갱이에는 폭발에 필요한 재료들이 들어 있다. 어젯밤 나는 폭발을 일으켜 팝콘을 만들었다. 딱딱해서 먹기 힘든 껍질 안에 숨어 있던 부드러운 속살이 나오는 모습을 보면 언제나 기분이 좋아진다. 하지만 왜 옥수수 알갱이는 뻥 터져서 조각조각 나지 않고 솜털처럼 부풀어 오를까?

나는 프라이팬에 두른 기름이 뜨거워졌을 때 말린 옥수수 알갱이

한 숟가락을 넣고 뚜껑을 닫은 다음 주전자에 찻물을 붓고 기다렸다. 밖에서는 폭풍이 거세게 몰아치고 굵은 빗줄기가 창문을 때렸다. 옥수수 알갱이는 기름에 달궈지면서 부드럽게 쉭 소리를 냈다. 겉으로는 아무 일도 일어나지 않는 것처럼 보였지만 프라이팬 속에서는 엄청난 일이 벌어지고 있었다. 옥수수 알갱이에는 싹이 자라는 배와 싹에 영양을 공급하는 배유가 있다. 전분 알갱이인 배유의 약 14퍼센트는 물로 이루어져 있다. 옥수수 알갱이가 뜨거운 기름에 닿으면 물이 증발해 증기가 생긴다. 분자는 온도가 올라가면 움직임이 빨라지므로 옥수수 알갱이 안에서도 점점 더 많은 물 분자들이 증기가 되어 쉭 소리를 내면서 빠르게 움직인다. 옥수수 알갱이의 껍질이 딱딱하게 진화한 것은 외부 충격을 견디기 위해서지만 지금은 내부의 공격을 막아야 한다. 옥수수 껍질은 마치 소형 압력솥 같다. 증기로 변한 물 분자들이 오갈 데 없이 알갱이 안에 갇혀 있으므로 내부 압력이 점점 올라간다. 기체 분자들은 끊임없이 서로 부딪치거나 벽과 충돌한다. 기체 분자는 수가 늘어나고 속도도 빨라지면서 껍질 안의 벽을 더욱 세게 강타한다.

뜨거운 증기로 음식을 조리하는 압력솥의 원리와 팝콘의 원리는 같다. 내가 티백을 찾는 동안 전분 알갱이는 찐득찐득하게 압축된 덩어리로 변했고 알갱이 안의 압력은 계속 올라갔다. 옥수수 알갱이 껍질은 더 이상 버틸 수 없었다. 내부 온도가 180도에 이르자 대기 압력의 거의 열 배가 되었고 끈적끈적한 덩어리의 눈앞에 승리의 고지가 보였다.

프라이팬을 살짝 흔들자 처음으로 팝콘 터지는 소리가 희미하게 들렸다. 잠시 후 소형 기관총이 연속으로 발사되는 소리가 나면서 뚜껑이 들썩였다. 터지는 소리가 날 때마다 뚜껑 가장자리에서 연기가 났다. 찻잔에 물을 따르느라 잠시 내버려 두었더니 불과 몇 초 사이에 뚜껑이 움직여 팝콘 알갱이들이 밖으로 튀어나왔다.

난장판이 벌어지는 순간 판세가 뒤집혔다. 그때까지는 일정량의 수증기가 껍질 안에 갇힌 채 온도가 올라가면서 내부 압력이 상승했다. 하지만 껍질이 견디지 못하고 결국 터져버리자 알갱이 내부가 프라이팬 안의 압력에 노출되었고 더 이상 부피 제한은 없었다. 전분 알갱이 안에서는 뜨거워진 분자들이 여전히 요동치고 있었으나 이 분자들을 외부에서 밀어내는 힘은 이제 사라졌다. 따라서 알갱이 내부 압력이 외부 압력과 같아질 때까지 부피가 폭발적으로 늘어났다. 껍데기 속이 밖으로 나오면서 압축되었던 흰 알갱이가 하얀 거품 모양으로 부풀었고 곧 식으면서 굳어졌다. 변신은 이렇게 끝났다.

팝콘을 접시에 옮겨 담으니 낙오자들의 모습이 보였다. 터지지 않고 까맣게 타버린 옥수수 알갱이들이 프라이팬 바닥에 굴러다녔다. 껍질이 갈라져 있던 알갱이는 수증기가 그 틈으로 빠져나가 압력이 상승하지 않았다. 옥수수가 아닌 다른 곡물로 팝콘을 만들 수 없는 이유는 껍질에 구멍이 있기 때문이다. 수확 시기를 놓쳐 너무 말라버린 옥수수 알갱이의 경우는 물이 부족해 껍질을 터트릴 만한 압력을 형성하지 못한다. 먹기 힘든 옥수수 알갱이는 폭발이 활발하게 일어나지 않는다면 열을 가하더라도 여전히 먹기가 불편하다.

나는 훌륭하게 요리된 팝콘과 찻잔을 들고 창가로 가 폭우를 바라보았다. 파괴가 언제나 나쁜 것은 아니다.

│ 단순한 것이 아름답다
│ 원자 운동

단순함에는 아름다움이 있다. 그 아름다움이 복잡한 현상을 단순하게 응축해 나온 것이라면 더욱 빛난다. 기체가 어떻게 행동하는지 알려주는 법칙들은 마치 착시 현상 같다. 무언가를 보고 있었는데 눈을 깜박인 후 다시 보면 완전히 다른 것이 보인다.

우리는 원자의 세계에 산다. 원자는 물질을 구성하는 작은 점으로 독특한 패턴을 구성하는 음전하 전자들에 둘러싸여 있고 이 전자들이 무거운 양전하 핵을 보호한다. 화학은 핵의 보호자인 전자들에 관한 이야기다. 전자들은 여러 원자를 오가면서 임무를 수행하고 형태를 바꾸지만 언제나 양자역학의 법칙을 철저하게 지키며 분자라고 부르는 더 큰 패턴에 핵을 고정시킨다. 내가 이 글을 쓰는 동안 들이마신 공기 안에는 산소 원자 쌍들(산소 원자 한 쌍은 한 개의 산소 분자다)이 시속 약 1,400킬로미터로 움직이며 시속 약 320킬로미터인 질소 원자 쌍들과 시속 1,600킬로미터인 물 분자와 부딪친다. 무시무시하게 혼란스럽고 복잡하다. 공기 1세제곱센티미터당 30,000,000,000,000,000,000(3×10^{19})개에 달하는 원자와 분자가 제각각의 속도로 움직이며 초당 약 10억 번 다른 입자와 충돌한다. 이쯤이면 차라리 뇌 수술이나 경제 이론, 컴퓨터 해킹을 공부하는 것이 낫

겠다고 생각할 것이다. 더 단순한 것 말이다. 기체가 어떻게 행동하는지 발견한 선구자들도 사실 이렇게 상황이 복잡할 줄은 전혀 몰랐을 것이다. 무지는 나름의 쓸모가 있다. 1800년대 초까지 과학으로 취급받지 못한 원자는 1905년이 되어서야 그 존재가 완전히 증명되었다. 1662년 로버트 보일Robert Boyle과 그의 조수 로버트 훅Robert Hooke이 가진 거라곤 유리 용기, 수은, 공기 주머니 그리고 적당한 무지뿐이었다. 이들은 공기 주머니에 가해지는 압력이 높을수록 부피가 줄어드는 현상을 발견했다. 이것이 기체의 압력과 부피는 반비례한다는 보일의 법칙이다. 100년 뒤 자크 샤를Jacques Charles은 기체의 부피는 온도에 비례한다는 사실을 발견했다. 온도가 두 배 상승하면 부피 또한 두 배 늘어난다. 믿기 힘들 정도로 단순하다. 어떻게 그토록 복잡한 원자의 운동이 이렇게 단순하고 규칙적인 현상으로 이어질 수 있을까?

향유고래가 숨 쉴 때 일어나는 일
압력과 분자 속도

거대한 생물체가 마지막 숨을 들이마시고 커다란 꼬리를 가볍게 흔든 다음 수면 아래로 사라진다. 향유고래는 앞으로 45분 동안 생존하기 위해 필요한 모든 것을 몸속에 저장하고 사냥에 나섰다. 목표는 촉수와 살벌한 빨판 그리고 무시무시한 입으로 무장한 미끈거리는 괴물, 대왕오징어다. 향유고래는 먹이를 찾기 위해 햇빛이 전혀 들지 않는 컴컴한 심해로 내려간다. 보통 500~1,000미터 밑까지 헤엄치지만 기록에 따르면 약 2킬로미터 아래까지 내려갈 수 있다. 향유고래는 방향성이 뛰어난 수중 음파를 방출해 암흑 속을 탐사한다. 음파가 근처에 있는 저녁거리에 부딪치면 약한 반사파가 되돌아온다. 음파를 들을 수 없는 대왕오징어는 아무것도 모른 채 어떠한 의심도 없이 유유히 떠다닌다.

향유고래가 어둠 속으로 가져간 것 중 가장 소중한 산소는 화학반응을 일으켜 헤엄치는 데 필요한 에너지를 근육에 제공함으로써 생명을 유지하도록 해준다. 하지만 대기에서 공급된 산소 기체는 심해에서는 골칫거리다. 폐 속 공기는 수면 아래로 들어가자마자 문제를 일으킨다. 향유고래가 1미터씩 내려갈 때마다 1미터 물의 무게만큼 내부 장기에 가해지는 압력이 커진다. 폐 속에서 질소와 산소 분자는 서로 부딪치고 폐 벽과 충돌하면서 벽을 미약하게 밀어낸다. 수면에서는 향유고래 몸 안에서 미는 힘과 밖에서 미는 힘이 균형을 이룬다. 하지만 거대 생명체가 가라앉으면 위에 있는 물의 무게에 눌려 외부에서 미는 힘이 내부에서 미는 힘을 압도한다. 따라서 내부와 외부의 힘이 다시 균형을 이루는 평형 상태에 이를 때까지 폐 벽이 안으로 쪼그라든다. 폐가 수축되면 각 분자가 차지하는 공간이 좁아져 충돌 횟수가 많아지면서 내부와 외부가 균형을 이룬다. 즉, 더 많은 분자가 폐와 충돌하면서 외부에서 미는 힘과 동일해질 때까지 내부 압력이 증가한다. 수면에서 10미터 아래로 내려가면 대기만큼의 압력이 더해진다. 따라서 아직 수면 위가 잘 보일 정도로(향유고래는 볼 수 없지만) 깊지 않은 곳임에도 폐의 부피는 반으로 줄어든다. 이는 두 배로 상승한 외부의 압력을 견디기 위해 분자와 폐 벽의 충돌이 두 배로 늘어났음을 의미한다. 하지만 대왕오징어는 수면에서 1킬로미터 아래에 있을 수도 있고 이 깊이에서는 물의 압력이 매우 높아 향유고래의 폐는 수면에 있을 때 크기의 1퍼센트로 쪼그라들어야 한다.

마침내 향유고래는 음파 중 하나가 반사되는 소리를 들었다. 폐는 수축되었고 의지할 것은 음파뿐이지만 지금이야말로 어둠 속 전투를 준비해야 할 때다. 무장한 대왕오징어가 결국 항복하더라도 향유고래는 끔찍한 상처를 입을 수 있다. 폐에 산소가 없는데 어떻게 싸울 힘을 낼 수 있을까?

폐가 수면에 있을 때보다 100분의 1 크기로 줄어들면 안의 압력이 대기보다 100배 높아진다. 폐포는 산소와 이산화탄소가 혈액을 오가는 매우 섬세한 부위로, 이렇게 높은 압력에 노출되면 혈관에 용해될 질소와 산소를 과도하게 내보낸다. 심할 경우 수면으로 돌아올 때 다이버들이 '잠수병통증'bends이라고 부르는 이상 증상이 나타나며 높은 농도의 질소가 혈관에서 기포를 형성해 온갖 손상을 일으킬 수 있다. 향유고래의 진화적 해결책은 수면 아래로 내려가는 즉시 폐포를 완전히 닫아버리는 것이다. 다른 대안은 없다. 그렇게 해도 향유고래는 혈액과 근육에 상당량의 산소를 저장할 수 있어 에너지를 쓸 수 있다. 향유고래는 사람보다 헤모글로빈이 두 배 많고 미오글로빈(근육에 에너지를 저장하는 데 쓰이는 단백질)은 열 배 많다. 향유고래는 수면에서 이 거대한 저장고를 채워놓았다. 심해에서 헤엄치는 동안은 절대 폐로 숨 쉬지 않는다. 매우 위험하기 때문이다. 물 위에서 크게 들이마신 숨에만 의존하지도 않는다. 수면에 있을 때 근육에 모아둔 예비 에너지로 생명을 유지할 뿐 아니라 전투도 벌인다.

향유고래와 대왕오징어의 전투를 본 사람은 없다. 하지만 죽은 향유고래의 위에서는 소화가 안 되는 유일한 부위인 대왕오징어의 입이 발견된다. 따라서 향유고래는 몸속에 전적을 남긴다. 전투에서 승리한 향유고래가 햇빛을 향해 수면으로 돌아오면 폐는 점차 다시 부풀고 혈액도 다시 공급된다. 압력이 내려가면서 폐는 원래 크기로 불어난다.

신기하게도 복잡한 분자의 행동을 (보통은 단순함과 거리가 먼) 통계와 결합하면 비교적 단순한 결과가 나온다. 분자 수는 많고 충돌은 수없이 일어나며 그 속도도 매우 다양하지만 두 가지 요소, 즉 분자 속도의 범위 그리고 분자가 벽에 부딪치는 평균 횟수만이 중요하다. 압력은 분자의 충돌 횟수와 각 충돌의 강도(해당 분자의 속도와 질량으로 정해짐)에 따라 결정된다. 부피는 분자의 미는 힘과 외부에서 미는 힘의 비율에 따라 결정된다. 여기에 온도가 약간 영향을 미친다.

살아 숨 쉬는 포카치아 반죽
이상기체 법칙

"다들 여기까지 문제없나요?"

제빵 강사 애덤은 통통한 배 위에 하얀 앞치마를 걸친 모습이 영화나 드라마에 나오는 전형적인 유쾌한 제빵사와 똑같다. 억센 런던 악센트는 덤이다. 그가 앞에 놓인 테이블 위에 처참하게 푹 퍼져 있는 밀가루 반죽을 찌르자 반죽이 마치 살아 있는 듯 달라붙는다. 실제로 반죽은 살아 있다. "좋은 빵을 만들기 위해 필요한 건 공기입니다."라고 그는 외친다. 나는 이탈리아 전통 빵인 포카치아 만드는 법을 배우려고 제빵 학원을 찾았다. 돌이켜보니 열 살 이후로 앞치마를 입은 기억이 없다. 예전에 빵을 많이 구워보긴 했지만 이렇게 퍼져 있는 반죽은 본 적이 없으므로 벌써 무언가를 배웠다.

애덤의 지시에 따라 우리는 각자 반죽을 만들기 시작했다. 생 이스트에 물을 섞은 다음 밀가루와 소금을 넣고 마사지하듯이 반죽을 주물러 빵에 탄력을 주는 단백질인 글루텐을 만든다. 반죽의 물리적 구조를 늘리고 찢는 동안 구조에 들어 있는 생 이스트는 분주하게 당을 발효하고 이산화탄소를 만든다. 내가 전에 만들었던 모든 반죽과 마찬가지로 이 반죽에도 산소는 전혀 없고 수많은 이산화탄소 기포만 있다. 쭉쭉 늘어나고 끈적끈적한 반죽은 생물반응기bioreator 같아서 안에서 생명체들이 생성한 부산물로 팽창한다. 첫 단계가 끝나고 우리가 손과 테이블, 그 밖에 여기저기를 닦는 동안 반죽은 올리브오일 속에서 기분 좋게 목욕하며 계속 부푼다. 발효 반응이 일어날 때마다 효모가 배출하는 이산화탄소 분자 두 개가 만들어진다. 이산화탄소, 즉 CO_2는 탄소 원자 하나에 산소 원자 두 개가 붙어 있는 분자로 크기가 작고 화학반응을 일으키지 않으며 실온에서도 에너지가 높아 기체로 떠다닌다. 이산화탄소 분자는 다른 수많은 이산화탄소 분자가 있는 기포로 들어가 몇 시간 동안 범퍼카 놀이를 한다. 분자들이 충돌할 때마다 당구공끼리 부딪칠 때처럼 일종의 에너지 교환이 일어난다. 어떤 분자는 속도가 매우 느려지고 어떤 분자는 느려진 분자의 모든 에너지를 흡수해 빠른 속도로 튕겨 나간다. 분자끼리 에너지를 공유하기도 한다. 분자는 글루텐이 풍부한 기포 벽과 부딪치면서 벽을 밀어낸다. 각각의 기포는 내부의 분자 수가 늘어나고 분자들이 더욱 강하게 벽을 밀면서 외부 대기가 누르는 힘과 기포 내부의 이산화탄소 분자가 밖으로 미는 힘이 균형을 이룰 때까지 커진다. 이산화탄소 분자는 기포 벽에 충돌하면서 속도가 빨라졌다가 더뎌지기를 반복한다. 제빵사는 물리학자와 마찬가지로 어떤 분자가 어떤 속도로 기포 벽 어디에 충돌하는지 신경 쓰지 않는다. 이것은 통계 게임이기 때문이다. 실온의 대기에서 분자의 29퍼센트는 초속 350~500미터로 이동하지만 어떤 분자가 이동하는지는 중요하지 않다.

애덤은 손뼉을 쳐 우리의 주의를 끈 후 부푼 반죽을 덮었던 천을 마치 마술사처럼 걷었다. 그리고 난생처음 보는 기술을 선보였다. 올리브 오일을 바른 반죽을 길게 편 다음 각 면을 한 번씩 접었다. 분명 접힌 부분에 공기를 가두는 것이 목적이었다. 속으로 '저건 속임수야!'라고 외쳤다. 나는 항상 빵 안에 있는 '공기'가 이스트에서 나온 이산화탄소라고 생각했다. 전에 일본에 갔을 때 종이접기 장인이 종이 말 접는 법을 가르쳐주면서 투명 접착테이프를 어떻게 붙이는지 알려줬을 때처럼 괜스레 화가 치밀었다. 하지만 필요한 것이 공기라면 공기를 사용하지 않을 이유가 있을까? 다 만들고 나면 아무도 모를 것이다. 나는 전문가의 지식에 굴복한 채 고분고분 내 반죽을 접었다. 약 두 시간 후 아까보다 커진 반죽을 몇 번 더 접고 생각했던 것보다 훨씬 많은 올리브오일을 바른 후 기포가 가득한 내 첫 포카치아 반죽을 오븐에 넣을 준비를 마쳤다. 이제 두 종류의 '공기'가 임무를 시작할 때다.

오븐 안에서 열에너지는 빵으로 옮겨 간다. 오븐 안의 압력은 외부 압력과 같지만 빵의 온도는 섭씨 20도에서 250도로 치솟는다. 절대 단위로 따지면 293켈빈에서 523켈빈으로 온도가 거의 두 배 상승한다.◆ 따라서 기체 분자의 속도가 빨라진다. 우리의 직관과 달리 개별 분자는 온도가 없다. 분자 덩어리인 기체는 온도가 있으나 기체 안의 개별 분자는 그렇지 않다. 기체의 온도는 분자들이 평균적으로 갖는 운동에너지가 얼마인지 보여줄 뿐이고 각 분자는 다른 분자와 충돌하면서 속도를 높이고 낮추며 끊임없이 에너지를 교환한다. 분자는 현재 갖고 있는 에너지로 범퍼카 놀이를 할 뿐이다. 분자가 빨리 움직일수록 기포 벽을 더 세게 강타하고 압력도 더 높아진다. 빵이 오븐으로 들어가면 기체 분자가 갑자기 많은 열에너지를 받으면서 속도가 빨라진다. 평균 속도는 초속 480미터에서 660미터로 상승한다. 따라서 안에서 기포 벽을 미는 힘이 훨씬 세지고 외부의 힘은 기포 벽을 안으로 밀어내지 못한다. 기포는 온도에 비례해 커지면서 반죽을 바깥으로 밀어내 부피를 늘린다. 여기에 중요한 사실이 있다. 공기로 이루어진 기포(주로 질소와 산소)가 이산화탄소 기포와 똑같은 방식으로 커진다는 것이다. 이것이 수수께끼의 마지막 단서다. 무슨 분자인지는 중요하지 않다는 것이 분명해졌다. 온도를 두 배 올리면 부피를 두 배

◆ 절대온도는 제6장에서 다룬다.

로 늘릴 수 있다(압력을 일정하게 유지할 경우의 이야기다). 또는 부피를 일정하게 유지하고 온도를 두 배 올리면 압력이 두 배 높아진다. 이는 통계 문제기 때문에 여러 종류의 원자를 어떻게 혼합하는지는 상관이 없다. 그 누구도 완성된 빵을 보고 안에 있던 기포가 이산화탄소였는지 공기였는지 알아차릴 수 없다. 기포들을 둘러싼 단백질과 탄수화물 구조는 조리되면서 굳어진다. 기포의 크기도 고정된다. 폭신폭신하고 하얀 포카치아가 완성되었다.

기체가 행동하는 방식은 '이상기체 법칙'으로 설명할 수 있고, 이 원칙이 적용되는 방식을 보면 '이상'이라는 단어의 사용은 타당하다. 이상기체 법칙은 예외가 거의 없다. 질량이 고정된 기체의 압력은 부피에 반비례하고(압력이 두 배 올라가면 부피는 반으로 준다), 온도는 압력에 비례하며(온도가 두 배 상승하면 압력이 두 배 높아진다) 압력을 고정하면 부피는 온도에 비례한다. 기체의 종류는 상관없고 기체 안에 얼마나 많은 분자가 있는지만 중요하다. 이상기체 법칙에 의해 내연기관과 열기구가 움직이고 팝콘이 튀겨진다. 이 법칙은 물체의 온도가 올라갈 때뿐 아니라 내려갈 때도 적용된다.

남극 바람과 물 뿜는 코끼리의 공통점
단열 가열과 마그데부르크의 반구

남극 정복은 인류 역사에서 중요한 이정표다. 로알 아문센 Roald Amundsen, 스콧, 어니스트 섀클턴 Ernest Shackleton과 같은 위대한 극지 탐험가들은 전설적인 인물로 이들의 성공과 실패를 다룬 모험기는 고전으로 인정받기도 한다. 상상하기도 힘든 추위, 부족한 식량, 성난 파도, 제 기능을 못하는 옷이 그랬듯 막강한 이상기체 법칙 또한 극지 탐험가들을 괴롭혔다.

남극대륙 중앙은 높고 건조한 고원이다. 두꺼운 얼음으로 덮여 있지만 눈은 거의 내리지 않는다. 눈부신 하얀 지면은 미약하게 비추는 햇빛을 거의 다 우주로 반사하기 때문에 온도는 섭씨 영하 80도까지 떨어진다. 그곳은 고요하다. 원자적 차원에서 살펴보면, 공기 분자들은 추위 때문에 에너지가 거의 없어 상대적으로 속도가 느리므로 대기가 천천히 움직인다. 하늘의 공기가 고원으로 내려오면 얼음이 공기에 있던 열을 빼앗아가고 차가운 공기는 더욱 차가워진다. 압력이 일정하기 때문에 차가운 공기의 부피가 줄면서 밀도가 높아진다. 분자들은 서로 가까워지고 더욱 느리게 움직이기 때문에 밖에서 안으로 밀고 들어오려는 주위의 공기를 바깥으로 밀어낼 힘을 갖지 못한다. 지면이 대륙의 중앙에서 해양 쪽으로 기울어져 있어서 차갑고 밀도 높은 공기가 경사를 따라 느린 폭포처럼 멈추지 않고 흐른다. 공기는 협곡을 지나면서 가속이 붙어 계속해서 바다를 향해 나아간다. 이것이 남극의 활강바람으로 남극을 걷고 싶다면 어느 방향으로 가든 결코 피할 수 없다. 극지 탐험가들에게 자연이 주는 시련 중 이보다 더 큰 고난은 없을 것이다.

'활강'은 단지 바람의 일종을 일컫는 명칭으로 많은 곳에서 목격되며 항상 온도가 낮지는 않다. 활강바람이 아래로 내려오면 천천히 움직이던 분자들의 온도가 아주 조금 올라간다. 이 온도 상승은 극적인 결과를 불러올 수 있다.

2007년 샌디에이고에 있는 스크립스 해양연구소^{Scripps Institution of} ^{Oceanography}에서 근무한 적이 있다. 북쪽 지방 출신이어서인지 해가 내리쬐는 날만 계속되는 것이 익숙하지 않았지만 어쨌든 아침마다 50미터 수영장에서 수영할 수 있었으므로 불평할 상황은 아니었다. 일몰 또한 환상적이었다. 서쪽으로 태평양이 선명하게 보이는 해안 도시의 저녁 풍광은 정말 놀라웠다.

하지만 계절의 변화가 사무치게 그리웠다. 샌디에이고에서는 마치 꿈속에 사는 양 시간이 멈춘 듯했다. 그런데 어느 순간 산타아나^{Santa} ^{Ana} 바람이 불어오면서 화창하고 따뜻하며 쾌적하던 기후가 불쾌하게 덥고 건조해졌다. 가을마다 찾아오는 산타아나 바람은 높은 사막에서 공기가 내려오면서 캘리포니아 해안가를 따라 해양으로 이동한다. 산타아나 바람도 남극 바람과 마찬가지로 활강바람이다. 하지만 이번 바람의 경우 해안에 도달할 무렵이면 높은 곳에 있었을 때보다 공기가 훨씬 뜨거워진다. 언젠가 I-5 고속도로를 따라 북쪽으로 향하다가 마주친 거대한 협곡이 뜨거운 공기를 바다로 내보내던 광경을 잊을 수 없다. 협곡에는 하층운이 강처럼 흘렀다. 당시 남자 친구가 운전대를 잡고 있었다. 내가 "연기 냄새 나지 않아?"라고 묻자 남자 친구는 "바보 같은 소리 하지 마."라고 답했다. 하지만 다음 날 아침 눈을 떴을 때 나는 이상한 나라에 와 있었다. 샌디에이고 북쪽에서 일어난 거대한 산불이 협곡을 건너 번지면서 공기에 재가 날렸다. 덥고 건조한 대기 때문에 통제가 불가능해진 캠프파이어 불길이 바람을 타고 해안으로 향했다. 구름으로 된 강은 연기였던 것이다. 출근했던 사람들은 집으로 돌아오거나 동료들과 모여 앉아 라디오를 들으며 집이 안전한지 확인했다. 우리는 기다렸다. 수평선은 우주에서도 보일 것 같은 재 때문에 탁했지만 일몰은 황홀했다. 사흘이 지나서야 연기가 올라가기 시작했다. 내가 아는 사람들이 산불로 집을 잃었다. 사방에 재가 깔려 있었고 보건 당국 공무원들은 일주일 동안 야외 활동을 삼가라고 권고했다.

남극에서 스콧이 만났던 바람처럼, 높은 곳에 있던 뜨거운 사막의 공기는 식으면서 밀도가 높아져 경사를 타고 내리막을 내려왔다. 하지만 이곳 공기는 건조할 뿐 아니라 뜨거웠기 때문에 산불을 일으켰다. 왜 이 공기는 경사를 내려오면서 더 뜨거워졌을까? 에너지는 어디에서 왔을까? 여기에도 이상기체 법칙이 적용된다. 질량이 고정된 공기가 주변과 에너지를 교환할 시간이 없을 정도로 빠르게 이동했다. 높은 밀도의 공기 줄기가 아래로 내려가자 경사 아래에 있던 압력이 더 높은 대기가 내려온 공기를 밀어냈다. 무언가를 밀어내는 것은 에너지를 전달하는 방법 중 하나다. 다가오는 풍선의 표면을 공기 분자들이 밀어내는 장면을 상상해보자. 분자들은 움직이는 풍선 표면에서 튕겨 나가면서 처음보다 더 많은 에너지를 얻어 이동한다. 산타아나 바람의 공기는 주변 대기에 의해 안으로 수축되면서 부피가 줄어든다. 부피가 수축하면 이동하던 공기 분자가 더 많은 에너지를 얻으므로 바람의 온도가 올라간다. 이런 현상을 단열 가열이라고 한다. 해마다 산타아나 바람이 찾아오면 캘리포니아에 사는 모든 사람은 산불에 철저히 대비한다. 며칠 동안 뜨겁고 건조한 공기가 불고 나면 대기의 수분이 날아가 작은 불씨조차 산불로 변하기 쉽다. 캘리포니아의 온도를 높이는 건 강렬한 태양만이 아니다. 밀도가 높은 공기가 바다와 가까워지면서 기체 분자들이 수축되어 생긴 에너지 역시 캘리포니아를 달군다. 공기 분자의 평균속도가 변하면 온도 또한 변한다.

휘핑크림 캔에서 크림이 분사될 때는 이와 정반대의 현상이 일어난다. 크림 안에 있던 공기는 밖으로 나오면서 순식간에 퍼져 주변 공기를 밀어내며 에너지를 잃고 온도가 내려간다. 그래서 스프레이형 휘핑크림 캔의 노즐은 만지면 차갑게 느껴진다. 노즐을 통해 나오는 기체가 분자들이 자유롭게 움직이는 대기에 에너지를 방출하면서 남아 있는 에너지가 줄어들고 캔의 온도가 내려간다.

기압은 이 모든 작은 분자들이 표면을 얼마나 강하게 두드리는지 측정하는 척도일 뿐이다. 평상시에는 분자들이 모든 방향에서 같은 힘으로 표면을 두드리기 때문에 우리는 기압을 느끼지 못한다. 내가 종이 한 장을 들고 있으면 양옆에서 미는 힘이 같으므로 종이는 움직이지 않는다. 공기는 항상 밀고 있지만 거의 느끼지 못하기에 사람들은 공기가 미는 힘이 얼마나 강한지, 언제 미는 힘이 생기는지 이해하기까지 오랜 시간이 걸렸고 이해하고 났을 때의 답은 다소 충격적이었다. 실험 역시 드물게 인상적이었기 때문에 발견의 중요성을 쉽게 알 수 있었다. 중요한 과학 실험이 웅장한 공연처럼 이루어지는 경우는 흔치 않지만 이 실험은 여러 필의 말, 서스펜스, 예상치 못한 결과 그리고 신성로마제국 황제가 지켜보는 가운데 장대한 연극에 필요한 모든 요소를 적절히 갖추고 있었다.

이 실험의 문제는 공기가 어떤 사물을 얼마나 강하게 미는지 이해하기 위해서는 사물 반대편의 공기를 모두 없애 진공상태로 만들어야 한다는 데 있었다. 기원전 4세기 아리스토텔레스는 "자연은 진공을 싫어한다."라고 선언했고 이 선언은 거의 1,000년 동안 당연하게 여겨졌다. 진공상태를 만드는 것은 불가능한 일처럼 보였다. 하지만 1650년 경 오토 폰 게리케Otto von Guericke가 최초로 진공펌프를 발명했다. 그는 발명품에 대해 논문을 발표한 후 역사의 뒤편으로 사라지는 대신 웅장한 구경거리를 선보여 자신의 주장을 입증하기로 결정했다.* 그가 저명한 정치인이자 외교관이었고 당시 통치자들과 친했던 덕분이었을 것이다.

1654년 5월 8일 신성로마제국 황제이자 유럽의 수많은 지역을 지배한 페르디난트 3세Ferdinand III는 바이에른Bavaria 제국 의회 밖에서 신하들과 합석했다. 게리케는 두꺼운 구리로 만든 지름 50센티미터의 속이 빈 공을 가져왔다. 공은 부드럽고 평평한 면이 있는 반구로 나뉘어 있었다. 각각의 반구에는 바깥으로 밧줄이 연결되어 있어 줄을 당기면 갈라졌다. 게리케는 평평한 반구 표면에 기름을 칠하고 두 면을 붙인 다음 자신의 새로운 진공펌프로 공 안의 공기를 뺐다. 반구들을 결합하기 위해 어떠한 장치도 사용하지 않았지만 공기를 빼내고 나자

◆ 오늘날에는 이런 방식의 과학 실험을 그다지 권장하지 않는다.

두 반구는 마치 풀로 붙인 것처럼 붙었다. 그는 진공펌프를 통해 대기가 미는 힘이 얼마나 강한지 증명할 수 있음을 알고 있었다. 수십억 개의 미세한 공기 분자들이 공의 외부를 강타하며 반구들을 안으로 밀었다. 하지만 공 안에서는 바깥으로 미는 힘이 전혀 없었다.◆ 공기가 공을 안으로 미는 힘보다 더 강하게 밖으로 당길 수 있어야만 두 반구를 떼어낼 수 있었다.

이어 공에 말 여러 필을 연결했다. 양쪽에 각각 한 무리씩 묶인 말은 거대한 줄다리기를 하듯 서로 반대 방향으로 당겼다. 황제와 신하들이 지켜보는 가운데 말들은 보이지 않는 공기와 대결을 벌였다. 두 반구를 결합하는 유일한 힘은 커다란 비치 볼 크기의 공을 강타하는 공기 분자들뿐이었다. 하지만 말 30필의 힘으로도 공을 분리하지 못했다. 줄다리기가 끝난 뒤에 게리케가 밸브를 열어 공에 공기를 넣자 두 반구가 분리되었다. 승자가 누구인지는 의문의 여지가 없었다. 기압은 사람들이 생각했던 것보다 훨씬 강했다. 게리케가 만든 크기의 공에서 모든 공기를 뺀 다음 지면에 수직으로 세웠을 때 공 위에서 공기가 미는 힘은 이론적으로 어른 코뿔소 무게인 2,000킬로그램에 달한다. 즉, 바닥에 지름이 50센티미터인 원을 그리면 공기가 원의 면적을 미는 힘은 2,000킬로그램의 코뿔소 무게와 같다. 눈에 보이지 않는 작은 분자들이 실제로 우리를 아주 세게 때리고 있는 것이다. 게리케

◆ 게리케의 진공펌프로 공기가 얼마나 제거되었는지는 알 수 없다. 공 안에 공기가 가득 차 있지는 않았더라도 상당히 많은 공기가 남아 있었을 것이다.

는 이 실험을 여러 관중 앞에서 수차례 반복했고 실험에 쓰인 공은 그의 고향인 마그데부르크^{Magdeburg} 구^球로 불렸다.

게리케의 실험이 유명해진 것은 다른 사람들의 기록 덕분이다. 그의 아이디어는 카스파르 쇼트^{Caspar Schott}가 1657년 발간한 책에 소개되면서 주류 과학계에 알려졌다. 게리케의 진공펌프는 기체 압력을 실험한 로버트 보일과 로버트 훅에게 영감을 주었다.

당신도 말이나 황제의 도움 없이 스스로 실험할 수 있다. 유리잔과 유리잔 입구를 막을 수 있는 두껍고 평평한 판지를 준비한다. 만약을 대비해 싱크대에서 실험하는 것이 제일 안전하다. 잔에 물을 가득 채운 후 입구를 판지로 덮는다. 그다음 판지를 눌러 수면과 판지 사이에 공기가 남지 않도록 한다. 다 됐으면 잔을 거꾸로 세우고 손을 뗀다. 판지는 물의 무게를 온전히 버티면서 떨어지지 않고 그대로 있을 것이다. 공기 분자가 밑에서 판지를 강타하고 있기 때문에 판지는 움직이지 않는다. 공기의 힘은 잔 안의 물을 받치고 있을 만큼 강하다.

공기 분자가 미는 힘은 사물을 제자리에 고정시킬 때만 유용한 것이 아니다. 같은 힘으로 사물을 움직일 수도 있다. 이 원리를 처음으로 이용한 것은 인간이 아니다. 코끼리는 공기로 주변 환경을 다루는 데 능숙한 전문가 중 하나다.

거대한 아프리카코끼리는 먼지가 이는 메마른 사바나를 느릿느릿 걷는다. 코끼리 사회는 모계 중심이다. 가장 나이 많은 암컷 우두머리가 자신의 기억에 의존해 무리를 이끌고 먹이와 물을 찾아다닌다. 코끼리는 거대한 몸에만 의지해 살아가지 않는다. 엄청난 체구를 유지하기 위해 동물의 왕국에서 가장 정교하고 섬세한 장치인 긴 코를 활용한다. 코끼리 가족은 이동하면서 기이하게 생긴 코로 신호를 보내고 냄새를 맡고 먹이를 먹고 콧바람을 내뿜으며 세상을 탐험한다.

코끼리 코는 여러모로 놀랍다. 서로 연결된 근육이 네트워크를 이루고 있어 놀라울 만큼 정교하게 구부리거나 펴서 물건을 집을 수 있다. 이것만으로도 충분히 유용하지만 긴 코를 관통하는 두 개의 콧구멍 덕분에 더욱 훌륭한 능력을 발휘한다. 콧구멍은 킁킁거리는 코끝에서부터 폐까지 이어진 신축성 있는 관 형태인데 여기에는 무척 재미있는 사실이 숨어 있다.

코끼리 가족이 물웅덩이로 다가오면 다른 동물이 다가올 때와 마찬가지로 주변에 '가만히 있던' 공기가 서로 부딪치고 밀치면서 코끼리의 주름진 회색 살갗, 지면, 수면을 강타한다. 앞장선 암컷 우두머리 코끼리는 물속으로 들어가며 코를 흔들어 자신이 비친 수면에 물결을 일으킨다. 그녀는 물에 코를 담그고 입을 다문 다음 가슴 부근의 거대한 근육을 위로 올려 흉곽을 확장한다. 폐가 부풀면 안에 있던 공기 분자가 흩어지면서 새로 생긴 공간을 차지한다. 그 과정에서 차가운 물과 접촉하는 코끝 안에는 물을 강타할 분자가 별로 남지 않는다. 코끝의 공기 분자는 빠르게 이동하지만 다른 분자와 별로 충돌하지 않는다. 확장된 폐 안의 압력은 떨어진다. 따라서 물웅덩이를 강타하는 대기의 공기 분자와 코끼리 내부의 공기 분자가 벌이는 밀어내기 경쟁에서는 대기가 강세를 보인다. 코 안에서 미는 힘은 바깥에서 미는 힘을 더 이상 견디지 못한다. 물은 이 경쟁에서 그저 중간에 끼어 있을 뿐이다. 코 안의 힘이 바깥의 힘을 밀어내지 못하므로 대기는 코끼리 코로 물을 밀어 넣는다. 물이 코끼리 코 안에 있는 여분의 공간을 확보하고 나면 내부에 있는 공기 분자끼리의 거리는 처음보다 가까워지고 물은 더 이상 안으로 들어가지 않는다.

코끼리는 코로 물을 마시지 못한다. 우리처럼 코로 물을 마시면 사레들린다. 그래서 약 8리터의 물을 코에 담고 나면 더 이상 홍곽을 확장하지 않는다. 코를 위로 말아 올려 끝을 입으로 가져간 다음 가슴 근육으로 가슴통을 수축해 폐의 크기를 줄인다. 그러면 코 내부의 공기 분자가 서로 가까워지고 코의 절반까지 올라온 수면과 더 많이 충돌한다. 코 안 공기와 외부 공기 사이의 전세가 역전되면서 물이 코에서 뿜어져 나와 코끼리의 입으로 들어간다. 그때 암컷 우두머리는 폐의 부피를 조절해 몸속 공기로 바깥 공기를 미는 힘을 조절한다. 코끼리가 입을 다물면 코는 어떤 물체든 코끼리 내부로 들어갈 수 있는 통로가 되고, 코끝으로 들어간 것은 무엇이든 안으로 밀려 들어가거나 바깥으로 튀어나올 수 있다. 코끼리는 코에 들어온 것을 직접 이동시키지 않고 코와 폐를 이용해 공기를 매개로 조정한다.

사람이 빨대로 음료수를 마시는 것도 마찬가지다.◆ 우리가 폐를 부풀리면 안에 있는 공기가 퍼지면서 밀도가 낮아지고 빨대 안에서 음료수를 미는 공기 분자 수가 줄어든다. 그러면 빨대 주변에서 음료수

◆ 호흡도 마찬가지다. 우리가 마시는 모든 숨이 폐로 갈 수 있는 것은 대기가 숨을 밀어내기 때문이다.

표면을 누르는 대기가 음료를 누르는 힘이 상대적으로 강해지면서 빨대 위로 음료가 올라온다. 우리는 이런 행위를 '빤다'라고 하는데 음료를 빨아올리는 것은 우리가 아니다. 대기가 우리를 위해 빨대 위쪽으로 음료를 밀어주는 것이다. 한쪽에서 공기 분자가 미는 힘이 반대쪽보다 강하다면 물같이 무거운 물질도 움직일 수 있다.

하지만 코끼리 코나 빨대로 공기를 빨아올리는 데는 한계가 있다. 미는 힘은 양 끝의 압력 차이가 클수록 강해진다. 빨대로 음료수를 마시는 경우 대기압과 0이 가장 큰 기압차다. 대기는 10.2미터 이상 물을 밀어 올릴 수 없으므로 폐 대신에 완벽한 진공펌프를 사용하더라도 10.2미터보다 긴 빨대로는 음료를 들이킬 수 없다. 그러므로 기체 분자의 미는 힘을 십분 활용하려면 더 높은 압력이 필요하다. 대기의 미는 힘도 강하지만 다른 기체를 이용해 온도와 압력을 높이면 미는 힘이 더 강해진다. 빠른 속도로 활발하게 충돌하는 작은 기체 분자들은 문명을 탄생시킬 수 있다.

기차와 로켓은 커다란 주전자다
내연기관

거대한 증기기관차는 철로 만든 용처럼 '치익' 거친 숨을 내쉰다. 약 100년 전 이 용들은 전 세계를 돌아다니며 산업이 낳은 산물과 사회가 필요로 하는 물자들을 실어 나르고 사람들의 발을 넓혀주었다. 투박하고 시끄러우며 공기를 더럽혔지만 증기기관차야말로 공학의 꽃이었다. 증기기관차가 구닥다리가 되었을 때도 우리 사회는 그것이 사라지도록 내버려두지 않았다. 자원봉사자들, 열광적인 팬들을 비롯한 많은 사람의 깊은 애정으로 증기기관차는 살아남았다. 나는 잉글랜드 북부 지역에서 자랐기 때문에 어린 시절 제철소, 운하, 공장 그리고 무엇보다 증기로 대표되는 산업혁명의 역사를 몸소 체험했다. 런던으로 이사 온 후에는 그때를 떠올릴 일이 거의 없었는데 여동생과 블루벨Bluebell 증기철도로 여행하면서 모든 기억이 되살아났다.

증기로 움직이는 열차에서 차와 스콘을 즐기며 여행하기에 안성맞춤인 추운 겨울날이었다. 출발할 때는 역에 오래 머무르지 않았지만 셰필드 파크Sheffield Park에 도착했을 때는 기차에서 내려 느리지만 꾸준하게 발걸음을 옮겼다. 교대하며 계속해서 엔진을 손보는 한 무리의 사람들이 있었는데, 거대한 철골 괴물 옆에 있으니 난쟁이처럼 보였다. 엔진을 보수하는 사람들은 한눈에 알아볼 수 있었다. 푸른 멜빵바지에 챙 달린 모자를 썼고 대부분 수염을 길렀으며 유쾌한 표정으로 엔진을 만지다가 어디든 기대어 쉬었다. 동생이 그중 대부분이 데이브Dave라고 불리는 것 같다고 알려주었다. 증기 엔진이 멋진 이유는 원리는 매우 단순하지만 거기에서 생산된 원초적 힘은 혼내고 달래며 보살펴야 하기 때문이다. 증기 엔진과 인간은 한 팀이다.

땅에 서서 커다랗고 시꺼먼 엔진을 올려다보면 이것이 근본적으로는 커다란 주전자를 끓이는 바퀴 달린 용광로라는 사실을 믿기 힘들었다. 데이브 중 한 명이 우리를 기관실로 초대했다. 우리가 엔진 바로 뒤에 있는 사다리를 타고 올라가자 쇠로 된 레버, 다이얼, 파이프로 가득 찬 동굴이 나타났다. 파이프 사이에는 하얀 에나멜 머그잔 두 개와 샌드위치가 놓여 있었다. 하지만 기관실에서 가장 멋진 건 괴물의 배 속을 훤히 들여다볼 수 있다는 사실이었다. 증기 엔진의 심장인 거대한 용광로를 채운 석탄이 강렬한 노란색으로 활활 타고 있었다. 화부火夫가 삽을 건네며 석탄을 넣어보겠냐고 했고 나는 뒤에 있는 탄수차에서 석탄을 한 삽 떠 불타는 입으로 넣었다. 엔진은 먹성이 좋다. 18킬로미터를 움직이면 500킬로그램의 석탄을 태운다. 검은 황금 반 톤은 기체인 이산화탄소와 물로 변하고, 연소 작용으로 방출된 엄청난 에너지는 기체를 뜨겁게 만든다. 기차에 동력을 제공하기 위한 에너지전환은 이렇게 시작된다.

증기 엔진의 가장 중요한 특징 중 하나는 '엔진' 자체가 기관실에서 기차의 굴뚝까지 이어지는 긴 실린더 형태라는 것이다. 전에는 그 안에 무엇이 있을지 생각해본 적이 없었는데, 직접 보니 관으로 가득했다. 주전자 역할을 하는 관들은 엔진을 통해 화실에서 발생한 뜨거운 기체를 이송한다. 관 주변의 공간 대부분은 물로 채워져 있어 거품이 일어나는 거대한 욕조 같다. 이 부분이 관에 의해 가열되면서 뜨거운 물 분자인 증기를 만들고 분자들은 엔진 바로 위에 있는 공간에서 매우 빠르게 움직인다. 증기 엔진 대부분은 이렇게 용광로와 주전자가 만든 거대한 뜨거운 수증기 구름으로 작동한다. 이 용은 불 대신 엔진 속에 갇혀 엄청난 속도로 움직이던 높은 에너지의 분자를 수십억 개씩 내뿜는다. 기체의 온도는 섭씨 약 180도고 주전자 윗부분의 압력은 대기의 약 열 배다. 분자들은 엔진 벽을 세게 강타하지만 임무를 완수하기 전에는 탈출하지 못한다.

우리는 기관실에서 내려와 앞으로 걸었다. 우뚝 솟은 엔진, 반 톤의 석탄, 거대한 주전자와 인간의 협동 모두 우리가 앞에서 발견한 두 개의 실린더를 위한 것이다. 각각 지름이 50센티미터, 길이가 70센티미터인 실린더 안에는 피스톤이 있다. 위에 있는 거대한 용에 비하면 보잘것없어 보이지만 이곳 앞부분 아래에서 중요한 일이 일어난다. 뜨거운 고압 증기가 일정하게 실린더 한 개에 주입된다. 피스톤 반대편에 가해지는 대기의 압력은 용이 내뿜는 열 배 강한 증기와 상대가 되지 않는다. 마구 움직이는 분자들은 실린더를 따라 피스톤을 밀어낸 다음 마침내 안도했다는 듯이 '치익' 소리를 내며 대기로 탈출한다. 이것이 증기 엔진이 다가오면서 내는 '칙칙폭폭' 소리다. 할 일을 마친 수증기가 대기로 나가는 것이다. 피스톤은 바퀴를 움직이고 바퀴는 철로를 구르면서 차량을 끈다. 대부분 증기 엔진을 가동하려면 엄청난 양의 석탄이 필요하다는 사실은 알지만 얼마나 많은 물이 쓰이는지 말하는 사람은 거의 없다. 엔진에 투입된 석탄 500킬로그램이 물 4,500리터를 기체로 전환하고 이 기체가 피스톤을 밀며 '칙' 소리와 함께 대기로 사라진다.◆

이제 집으로 가기 위해 엔진과 작별하고 객실로 향해야 했다. 돌아갈 때의 기분은 달랐다. 쉭 소리를 내며 창문을 지나가는 증기구름 덕

◆ 어린이 텔레비전 시리즈 〈꼬마 기관차 토마스〉Thomas the Tank Engine에서 토마스의 탱크는 물탱크다. 기관차의 물은 석탄 칸과 분리된 별도의 칸이나 엔진 주변에 있는 탱크에 저장된다. 물을 엔진 주변에 저장하는 토마스는 직사각형 모양의 탱크기관차다.

분에 우리가 여행할 수 있었다. 시끄럽고 요란한 내부와 달리 엔진은 조용하고 침착하게 우리를 실어 날랐다. 언젠가 유리로 된 증기기관차가 만들어져 괴물 속에서 일어나는 일을 모두가 볼 수 있기를 기대해본다.

1800년대 초 증기 혁명은 기체 분자의 미는 힘을 유용하게 사용했기 때문에 가능했다. 필요한 것은 기체 분자가 어떤 표면과 강하게 충돌하는 상황이다. 기체의 미는 힘은 동일한 기본 원리에 따라 냄비 뚜껑을 들썩이고 식량, 연료, 사람을 실어 나른다. 우리는 더 이상 증기 엔진을 사용하지 않지만 여전히 기체가 미는 힘을 사용한다. 증기 엔진은 용광로가 주전자와 분리되어 있기 때문에 엄격히 말하면 '외연기관'이다. 자동차 엔진은 연소가 실린더에서 일어난다. 휘발유가 피스톤 바로 옆에서 연소되고 연소 작용은 뜨거운 기체를 생성해 피스톤을 움직인다. 이런 엔진은 내연기관으로 분류된다. 우리를 태운 자동차나 버스를 움직이는 것은 기체 분자가 미는 힘이다.

입구가 넓은 병과 껍질을 벗긴 삶은 계란이 있다면 압력과 부피의 효과를 이용한 놀이를 할 수 있다. 병의 입구는 계란보다 약간 좁아서 계란을 올려놓더라도 병 안으로 들어가지 않아야 한다. 종이에 불을 붙여 병 안에 넣고 몇 초 동안 태운 다음 계란을 병 입구에 올린다. 잠시 후 계란이 수축되면서 병 안으로 떨어질 것이다. 신기하긴 하지만 병 안에 든 계란을 뺄 수 없어 짜증이 날지 모른다. 몇 가지 해결법 중하나는 병을 거꾸로 들고 계란이 입구에 닿으면 병에 뜨거운 물을 흐르게 하는 것이다. 잠시 후 계란이 훅 빠져나올 것이다.

병 안의 기체 질량이 고정된 상태에서 병 내부 압력이 대기 압력보다 높아질 때 그리고 낮아질 때 이런 현상이 나타난다. 계란이 병 입구를 막으면 내부의 기체 부피는 고정된다. 이때 불을 붙여 온도를 올리면 내부 압력이 상승하고 입구에 놓인 계란 주변으로 공기가 빠져나간다. 온도가 다시 내려가면 내부 부피는 고정되어 있으므로 내부 압력은 내려가고 병 외부에서 미는 힘이 안에서 미는 힘보다 더 커지므로 계란이 안으로 밀려 들어간다. 부피가 일정할 경우 용기 안의 공기 온도를 올리고 내릴 수만 있다면 계란을 움직일 수 있다.

증기 엔진은 높은 압력을 안정적인 상태로 통제해 피스톤을 밀어 바퀴를 굴린다. 하지만 이게 다가 아니다. 기체와 바퀴 사이의 중간 단계에서 발생하는 에너지를 버릴 이유가 없지 않은가? 왜 고온, 고압의 기체가 차량을 직접 앞으로 밀게 하지 않을까? 총, 대포, 폭죽은 항상 이 원리로 만들어졌지만 발명 초기에는 매우 위험했다. 하지만 1900년대 초 기술이 발전하면서 사람들의 야망도 커졌다. 로켓은 직접 추진력을 가장 극단적으로 이용한 발명품이다.

제1차세계대전까지는 기술 부족으로 로켓의 안전성이 확보되지 않았으나 1930년대에는 인명 피해 없이 정확한 위치에 로켓을 발사할 수 있었다. 항상은 아니지만 대부분의 경우 그랬다. 신기술이 등장하면 으레 그렇듯 발명가들은 용도를 알 수 없는 물건을 발명한다. 발명에 대한 식지 않는 열정 때문에 새롭고 참신해 보이지만 결국 사라질 발명품이 만들어진다. 그중 하나가 로켓 우편이다.

유럽에서 로켓 우편은 게르하르트 주커^{Gerhard Zucker} 덕분에 탄생할 수 있었다. 당시 몇몇 과학자가 로켓을 만지작거리고는 있었으나 주커는 계속되는 실패에도 항상 긍정적인 자세와 끈질긴 인내심으로 로켓 분야를 선도했다. 이 독일 청년의 마음은 온통 로켓에 사로잡혔지만 군 당국은 그의 연구에 관심이 없었다. 그는 연구를 계속하기 위한 명분을 민간 분야에서 찾기 시작했다. 그리고 빠르게 대양을 건너는 로켓 우편이야말로 전 세계가 갈망하는 참신한 발명품이라고 생각했다. 초기 실험이 연달아 실패해도 기다려주던 독일인들이 등을 돌리자 주커는 영국으로 갔다. 그곳에서 만난 우표 수집가들은 새로운 우편배달 체계가 생기면 새로운 우표가 등장할 것이라는 기대감에 그를 후원했다. 상황은 진전되었다. 주커는 햄프셔Hampshire에서 소규모 실험을 한 뒤 1934년 7월 스카프Scarp섬과 해리스Harris섬 사이에서 로켓 우편을 시험해보기 위해 스코틀랜드로 갔다.

주커의 로켓은 특별히 정교하지는 않았다. 몸체는 약 1미터의 커다란 금속 실린더였다. 안에는 좁은 구리 튜브가 있고 튜브 뒤 끝에 노즐이 달렸으며 튜브 속에는 폭약이 채워졌다. 내부 튜브와 외부 실린더 사이 공간에 편지를 넣었고 부드럽게 착륙하기 위한 것으로 보이는 스프링이 뾰족한 앞코에 달려 있었다. 그의 설계도를 보면 세심하게도 폭약과 불에 잘 타는 편지들 사이에 '우편물 훼손 방지를 위해 탄약통 주변 석면 포장'이라고 적힌 얇은 막을 넣어 둘을 분리했다. 로켓은 위쪽 측면을 향해 기울어진 지지대에 가로놓였다. 전지가 폭약을 점화하면 연소 작용이 일어나면서 엄청난 양의 고온, 고압의 기체가 발생할 것이다. 빠른 속도로 이동하는 기체 분자들은 로켓 앞쪽 끝 안에서

팅기면서 로켓을 앞으로 밀지만 뒤쪽 끝은 기체가 노즐을 통해 대기로 빠져나가기 때문에 앞쪽처럼 뒤로 미는 힘이 없다. 이러한 불균형으로 로켓은 빠르게 앞으로 나아갈 수 있다. 폭약은 몇 초 동안 타면서 로켓을 하늘 높이 쏘아 올려 섬 사이를 건너게 할 것이다. 로켓이 어디로 어떻게 착륙할지에 대해서는 그다지 신경 쓴 것 같지 않지만 만일의 사태를 대비해 바다로 둘러싸인 스코틀랜드 외지에서 실험이 이루어졌다.

주커는 실험을 위해 1,200통의 편지를 모았고 편지마다 '웨스턴 아일스 로켓 우편'Western Isles Rocket Post이라고 적힌 특별한 우표로 장식했다. 그는 현지 주민들이 흥미롭게 지켜보는 가운데 초기 BBC 텔레비전 카메라 앞에서 로켓 안을 최대한 가득 채운 다음 지지대를 설치했다. 극적인 순간이 다가왔다.

발사 버튼을 누르자 전지가 폭약을 점화했다. 폭약이 빠르게 연소하면서 예상했던 대로 구리관 안에서 뜨거운 기체들이 섞였고 에너지를 받은 분자들이 로켓 앞부분을 강타하며 순식간에 로켓을 발사대에서 띄웠다. 하지만 불과 몇 초 후 커다랗고 둔탁한 소리와 함께 로켓이 연기 속으로 사라졌다. 연기가 걷히자 땅 위로 흩날리는 수백 통의 편지가 보였다. 석면은 맡은 역할을 다했지만 로켓은 그러지 못했다. 고온, 고압에서 기체는 통제하기가 어려웠고 에너지가 높은 분자들이 로켓 케이스를 박살 냈다. 주커는 탄약통에 문제가 있다고 주장했고 편지를 모아 두 번째 실험을 준비했다.

며칠 후 주커는 훼손되지 않은 793통의 편지와 142통의 새로운 편지를 두 번째 로켓에 담았다. 이번에는 해리스섬에서 스카프섬으로 발사되었다. 하지만 운이 없었다. 두 번째 로켓은 첫 번째보다 더 큰 굉음을 내며 터졌다. 주커는 또다시 타지 않은 편지들을 모아 기념으로 가장자리에 서명한 다음 전통적인 우편 서비스로 수신인에게 보냈다. 그리고 실험을 중단했다. 이후 그는 몇 년 동안 포기하지 않고 연구를 계속하며 다음에는 성공할 것이라고 확신했지만 결국 우편물 발송을 위한 로켓은 성공하지 못했다.* 주커는 명성을 얻기 위해 고군분투했지만 뒤늦게 따져보자면 타이밍이나 장소 또는 아이디어에 문제가 있었다. 세 가지 모두 갖춰졌다면 그는 천재로 환영받았을 것이다. 하지만 작은 로켓은 불안정하고 통제하기가 어려워 모터가 달린 차량과 전보보다 효율적이고 신속하게 편지를 배송할 수 없었다. 한 가지 측면에서 주커는 옳았다. 고온, 고압의 기체를 추진체로 사용하면 물체를 A에서 B로 이동시키는 엄청난 힘을 얻을 수 있다. 하지만 이 원칙에 따라 적절한 응용 분야를 발굴하고 현실적인 문제를 해결해 성공을 거둔 것은 다른 사람들이었다. 제2차세계대전에서 독일의 V1, V2 로켓이 사용되면서 로켓 개발은 군의 영역이 되었고 이후에는 민간 우주 프로그램이 참여했다.

이제 우리는 로켓이 사람들과 엄청난 화물을 싣고 국제 우주정거장으로 비행하거나 위성을 탑재하고 궤도로 발사되는 장면에 익숙하

◆ 비슷한 시기에 인도 항공우편 협회Indian Airmail Society도 로켓 우편을 실험했다. 편지뿐 아니라 소포까지 실어 270번 발사했으나 장기적인 성공은 거두지 못했다. 결국 로켓 우편은 안정성과 가격 면에서 기존 지상 우편배달 체계와의 경쟁에 승리하지 못했다.

다. 로켓은 놀라울 정도로 강력하고 로켓의 안전성과 신뢰성을 보장하는 최신 제어 시스템이야말로 인류의 큰 업적이다. 하지만 우주로 발사된 새턴 5호[Saturn V], 소유즈[Soyuz], 아리안[Arianne], 팰컨 9호[Falcon 9]의 모든 기본 메커니즘은 게르하르트 주커의 원시적인 로켓 우편과 동일하다. 고압 기체의 온도를 순식간에 올리면 수십억 개의 분자가 충돌하면서 강력한 힘이 누적된다. 소유즈 로켓의 1단 비행 압력은 대기보다 약 60배 높으므로 로켓의 미는 힘은 공기의 미는 힘보다 60배 강하다. 하지만 그래봤자 분자가 사물에 충돌하는 힘으로 미는 힘일 뿐이다. 매우 많은 양의 분자가 자주, 빠르게 충돌하는 힘으로 인간을 달에 보낼 수 있다. 눈에 보이지 않을 정도로 작은 것들을 절대 무시하지 말자!

날씨는 팝콘의 물리학으로 움직인다
기상예보

기체 분자들은 항상 우리 곁에 있다. 지구의 대기는 우리를 감싸고 강타하고 밀 뿐 아니라 생명을 유지해준다. 대기가 매력적인 이유는 정적이지 않고 지속적으로 이동하며 변하기 때문이다. 우리는 공기를 볼 수 없지만 만약 볼 수 있다면 거대한 물질들이 열을 얻고 잃으면서 상승했다 하강하고 확장했다 수축하며 계속 움직이는 모습을 관찰할 수 있을 것이다. 대기의 작용은 다른 기체 분자들과 마찬가지로 이 장에서 살펴본 이상기체 법칙을 따른다. 대기는 고래의 폐나 증기 엔진에 갇혀 있지 않지만 여전히 추진력을 발휘한다. 하지만 대기의 주변 또한 공기이기 때문에 계속해서 새로운 환경에 적응하며 스스로를 밀어낸다. 눈으로 볼 수 없는 이 현상을 우리는 '날씨'라고 부른다.

폭풍을 관찰하기에 제일 좋은 장소는 드넓은 평야다. 어제까지만 해도 하늘은 고요했고 광활한 푸른빛은 언제까지나 지속될 것처럼 보였다. 눈에 보이지 않는 공기 분자들이 끊임없이 밀치고 충돌하고 흘러 다니며 지면에서 뭉쳤다가 위로 올라가 퍼진다. 공기는 온도가 상승하고 하락함에 따라 압력이 높은 곳에서 낮은 곳으로 계속 흘러간다. 하지만 변화는 느리고 조용해 분자들이 나르는 엄청난 에너지를 알아채지 못한다.

폭풍이 일어나는 날도 전날과 다를 것 없이 시작되지만 하늘이 맑아 지면이 더 빠르게 뜨거워진다. 공기 분자는 그 에너지의 일부를 흡수하며 속도가 빨라진다. 이른 오후까지 두터운 구름이 팽창하며 다가와 지평선을 덮는다. 에너지는 이동한다. 압력 차이 때문에 기체 덩어리가 평야 전체로 퍼진다. 이 거대한 구조의 불안정함이 드라마를 연출한다. 공기 분자는 서로 강하게 밀어내지만 균형을 이루기에는 시간이 부족하다. 동시에 어마어마한 양의 에너지가 방출되기 때문에 상태는 계속 달라진다. 지면에 닿아 뜨거워진 공기가 구름을 강타해 위로 밀어내면서 구름 천장 위에 탑이 생겨난다.

머리 위로 뇌운이 다가오면 광활한 푸른빛 하늘은 어둡고 낮은 천장으로 바뀐다. 우리는 하늘에서 벌어지는 충돌 때문에 꼼짝달싹하지 못한다. 공기 분자는 볼 수 없지만 소용돌이치며 밀려드는 구름은 볼 수 있다. 구름은 공기 덩어리가 대기의 심한 압력 불균형에 맞서 뒤흔들리고 부딪치며 빠르고 격렬하게 자리 잡아가고 있음을 보여주는 유일한 단서다. 공기 분자에 의해 에너지가 교환되면서 차가워진 물방울은 점점 커지다가 비가 되어 내리기 시작한다. 공기 분자가 지면에서 빠르게 이동하면서 강한 바람이 분다.

커다란 먹구름은 파란 하늘에 얼마나 많은 에너지가 있는지 상기시켜준다. 구름을 통해 알 수 있는 충돌과 자리싸움의 흔적은 매우 격렬해 보인다. 하지만 이는 우리 머리 위에서 벌어지는 분자 간 충돌과 자리싸움의 미약한 징후에 불과하다. 공기 분자는 이상기체 법칙에 따라 끊임없이 지구 환경에 적응하며 태양에서 에너지를 흡수하고 바다에 에너지를 잃거나 구름이 형성되면서 생기는 응결로 에너지를 얻고 우주로 에너지를 방출한다. 회전하는 지구의 거칠고 불균일한 표면과 구름, 미세 입자, 여러 기체는 공기 분자들이 적응하기 더 어렵게 만든다. 기상예보는 우리 머리 위에서 벌어지는 전투를 추적하고 이곳 지상에 있는 우리에게 미칠 영향을 예측하는 방법일 뿐이다. 기상의 근본적인 원리는 코끼리의 폐, 로켓, 증기 엔진과 같다. 모두 기체법칙에 따른 것이다. 팝콘을 만드는 물리학 법칙이 날씨도 변화시킨다.

STORM IN A TEACUP

제2장

올라간 것은
반드시 내려온다

중력

우리 가족은 모두 호기심이 넘친다. 궁금한 게 생기면 말 없이 사라져 실험을 시작한다. 어느 화창한 여름날 야외 정원에서 어머니, 아버지, 여동생 그리고 할머니와 점심을 먹던 내가 갑자기 주방으로 사라졌을 때도 가족들은 전혀 놀라지 않았다. 나는 2리터짜리 싸구려 탄산 레모네이드 한 병과 건포도 한 줌을 가져와 병의 라벨을 뗀 후 식탁 가운데 놓았다. 내 새로운 실험에 대해 가족들은 별말을 하지 않았으나 흥미를 느끼고 있음이 분명했다. 내가 뚜껑을 열고 손안에 있던 건포도를 모두 털어 넣자 쉭 하는 소리와 함께 거품이 일더니 이내 사라졌고 투명해진 병 안에서 건포도들이 춤을 추었다. 그저 잠깐 재미있을 거라는 내 예상과 달리 아버지와 할머니는 한참 동안이나 건포도 춤에서 눈을 떼지 못했다. 레모네이드 병은 건포도로 된 스노 글로브 같았다. 바닥에 있던 건포도가 솟아올라 미친 듯이 소용돌이를 치면서 내려왔다. 빵 부스러기를 먹으러 식탁에 앉은 참새가 신기한 듯 병을 바라보았다. 아버지는 자리를 옮겨가며 병을 쳐다보면서 "건포도만 이런가?"라고 물었다.

대답은 '그렇다'다. 뚜껑이 닫힌 탄산음료 안의 압력은 바깥보다 훨씬 높다. 하지만 뚜껑을 열면 내부 압력은 급격히 내려간다. 높은 압력으로 물에 용해되어 있던 많은 양의 기체가 갑자기 나갈 수 있게 된 것이다. 문제는 탈출법이다. 기체가 이동하려면 기포가 있어야 하지만 새로 기포를 만들기는 매우 어렵기 때문에 원래 있던 기포에 들어가야 바깥으로 나갈 수 있다. 이때 필요한 것이 바로 건포도다. 건포도 표면의 V 모양 주름 사이에는 레모네이드가 완전히 채워지지 않은 빈공간이 있다. 주름마다 이 작은 공간들이 기체가 들어갈 수 있는 기포 역할을 한다. 따라서 건포도처럼 표면이 주름지고 물보다 밀도가 높은 물질만이 탄산음료 안에서 춤을 출 수 있다. 기체 분자가 레모네이드에서 건포도 주름 사이로 이동하면 건포도는 마치 구명조끼처럼 부푼다. 건포도 자체는 물보다 밀도가 높아 중력으로 바닥에 가라앉지만 기포로 찬 건포도는 밀도가 낮아져 위로 떠오른다. 떠오른 건포도가 공기와 접촉하면 접촉한 윗부분의 기포가 터지며 뒤집히고 다시 밑에 있던 부분이 공기와 접촉하면서 그곳의 기포가 터진다. 주름 사이에 있던 기포 구명조끼가 모두 사라지면 건포도의 밀도는 레모네이드보다 높아져 가라앉는다. 이 과정은 높은 압력으로 병 외부보다 더 많이 용해되어 있던 이산화탄소가 모두 빠져나올 때까지 반복된다.

약 30분 후 건포도들은 열정적인 춤을 마치고는 느릿느릿 표면으로 올라가며 숨을 골랐고 레모네이드는 칙칙한 노란색으로 변했다. 환상적인 부력 쇼를 보여줬던 병은 소변이 담긴 시험관에 파리가 가라앉은 것처럼 처참한 모습이었다.

직접 한번 해보길 바란다. 사람들과 모인 자리에서 분위기를 띄우는 데 이만한 게 없다. 이때 반드시 거품과 건포도가 하나로 합쳐져 같이 움직여야 한다. 건포도에 공기가 들어가면 무게는 거의 늘어나지 않지만 공간은 훨씬 넓어진다. '물체'와 공간 사이의 비율이 밀도다. 따라서 기포가 있는 건포도는 없는 건포도보다 밀도가 낮다. 중력은 '물체'만을 끌어당기므로 밀도가 낮은 물질은 지구 중심으로 향하는 힘을 덜 받는다. 물체는 이러한 원리에 의해 뜬다. 즉, 물체에 작용하는 중력의 크기에 따라 뜨거나 가라앉는다. 밀도가 높은 액체는 중력에 의해 밑으로 내려가고 액체 속 밀도가 낮은 물질은 위로 밀려난다. 물체가 액체보다 밀도가 낮으면 '부력이 있다'고 말한다.

어떤 공간에 공기를 채워 상대적인 밀도를 조절한다면 부력을 통제할 수 있다. 유명한 일화를 예로 들자면 타이태닉호 선체 하단에는 배가 '침몰하지 않도록' 물이 새어 들어오지 않는 수밀구획이 설치되었다. 공기가 채워진 수밀구획은 건포도에 붙은 기포처럼 배의 부력을 높여 수면 위로 띄운다. 하지만 타이태닉호가 좌초하자 수밀구획에 물이 들어왔고 물이 가득 찬 배는 기포가 터져 나가 하강하는 건포도와 같았다. 기포 구명조끼를 잃은 건포도처럼 타이태닉호는 바다 깊이 가라앉았다.* 우리는 물체가 가라앉고 떠오르는 현상을 당연하게 여기지만 그 원인인 중력에 대해 진지하게 생각해본 사람은 거의 없을 것이다. 이 영원불변한 힘은 우리 삶의 무대를 지배하고 '아래'가 어디인지 분명히 보여준다. 중력은 정말 유용하다. 모든 것을 바닥으로 끌어당겨 흐트러지지 않도록 해주니 말이다. 또한 중력은 우리가 쉽게 경험할 수 있는 유일한 힘이기도 하다. 일반적으로 힘은 눈에 보이지 않고 어디로 향하는지 알기 힘든 기이한 현상이다. 하지만 중력은 항상 존재하고 세기가 균일하며(최소한 지표면에서는) 동일한 방향을 향하기 때문에 가장 쉽게 체감할 수 있다. 만약 힘을 가지고 놀고 싶다면 중력은 훌륭한 시작이다. 그리고 낙하야말로 중력을 관찰하기 위한 더없이 좋은 실험이다.

스프링보드나 하이보드에서 다이빙을 하면 극한의 자유와 크나큰 공포를 동시에 느낄 수 있다. 보드에서 발을 떼는 순간 중력에서 완전히 자유로워진다. 중력이 사라지는 것이 아니라 중력에 완전히 몸을 맡겼기 때문에 거기에 대항하는 힘이 사라지는 것이다. 마치 우주를 떠다니는 것처럼 이론적으로는 자유로운 몸으로 회전할 수 있다. 하지만 세상에 공짜는 없다. 당신은 곧 수면과 충돌해야 한다. 두 가지 방법이 있다. 손이나 발로 수면에 작은 구멍을 내어 물을 거의 튀기지 않고 우아하게 들어갈 수 있다. 아니면 팔다리, 배 또는 등을 수면에 강타해 엄청난 파도를 일으킬 수도 있다. 두 번째 방법은 꽤 아플 것이다.

◆ 우연히도 타이태닉호가 선체 크기와 비교해 가라앉은 깊이(선체 길이의 14배)는 건포도가 2리터 병에서 가라앉은 깊이(크기가 큰 건포도는 약 2센티미터고 병은 깊이가 약 30센티미터)와 상당히 비슷하다. 타이태닉호의 선체 길이는 269미터였고 3,784미터 깊이의 바다에 가라앉았다.

나는 20대에 수년간 스프링보드다이빙 선수와 감독으로 활약했으나 하이보드다이빙은 끔찍이 싫었다. 탄성을 지닌 스프링보드는 수면에서 1미터 또는 3미터 떨어져 있다. 트램펄린 위를 뛰는 느낌이긴 하지만 착지할 때는 더 부드럽다. 딱딱한 판자로 된 하이보드는 5미터, 7.5미터, 10미터 높이에 있다. 내가 훈련했던 수영장에는 5미터 하이보드밖에 없었지만 그마저도 피해 다녔다.

5미터 위에서 물까지의 거리는 너무 멀어 보였다. 물결이 전혀 없더라도 바닥에서 항상 거품이 올라와 수면이 어디인지 알 수 있었다. 가장 기초적인 다이빙 기술인 전방 낙하는 말 그대로 앞으로 떨어진다. 우선 보드 끝에 선 후 몸을 'ㄱ' 자 모양으로 만들어 구부린 허리만 빼고 모든 부분을 곧게 편 후 머리 위에서 팔짱을 낀다. 이 자세를 하면 머리가 수면에 가까워지기 때문에 공포가 줄어들 것이라고 생각하겠지만 그건 오산이다. 이제 까치발을 선 후 낙하한다. 바로 이때 다이버의 몸은 완전히 자유로워진다. 다이버와 6×10^{24}킬로그램의 지구는 중력만으로 연결되어 우주의 법칙에 따라 서로를 끌어당긴다.

다른 힘과 마찬가지로 중력은 가속도를 일으킨다. 이는 합력이 속도를 변화시킨다는 뉴턴의 제2법칙에 의한 것이다.* 점프한 직후 다이버는 순간적으로 공중에서 멈췄다가 움직이기 시작하므로 속도가 느리다. 가속도는 1초마다 변화하는 속도로 측정한다. 처음 1미터를 낙하할 때는 상대적으로 긴 시간이 걸린다(0.45초). 하지만 다음 1미터

◆ 힘＝질량×가속도 또는 F＝ma로 나타낼 수 있다.

는 훨씬 빨리 내려가기 때문에 더 짧은 시간에 가속도가 일어난다. 뛰어내린 후 처음 1미터의 속도는 초속 4.2미터였지만 2미터 밑으로 내려가면 초속 6.2미터가 된다. 따라서 다이빙을 하는 동안 대부분의 시간을 가장 높은 곳에 머무른다. 5미터 다이빙에 걸린 시간 중 첫 절반 동안 떨어진 거리는 1.22미터에 불과하지만 이후 속도는 순식간에 빨라진다. 5미터를 다 내려오는 데 1초밖에 걸리지 않고 물에 들어가기 직전 속도는 초속 9.9미터다. 부디 이때 몸을 죽 펴서 물보라를 일으키지 않고 깔끔하게 입수하길 바란다.

경기가 있는 날이면 다른 선수들은 높은 보드에 오르려 했지만 난 그러지 않았다. 공중에 머무는 시간이 길수록 일이 꼬일 가능성이 클 것 같았다. 사실 몇 미터 더 높은 곳에서 뛴다고 해도 시간은 별 차이가 없으므로 이런 생각은 옳지 않다. 5미터를 낙하하는 데 걸리는 시간은 약 1초고 10미터는 1.4초다. 뛰는 높이가 두 배가 되어도 속도는 40퍼센트만 빨라진다. 나는 이 사실을 알고 있었다. 하지만 4년간의 선수 생활 동안 5미터가 넘는 높이에서 다이빙을 한 적은 한 번도 없다. 내가 무서운 건 높이가 아니라 충격이었다. 중력으로 가속도가 생기는 시간이 길어질수록 속도가 낮아질 때 받는 충격이 커진다. 휴대전화를 떨어트린 적이 있는 사람이라면 중력에 굴복하는 것이 때론 좋지 않을 수 있음을 잘 알 것이다. 떨어지는 높이가 높을수록 속도는 올라간다. 하지만 그렇지 않을 때가 있다.

지구에서 중력이 우리에게 가하는 힘은 제한적이다. 가속은 합력이라 부르는 전체적인 힘에 의해 발생하기 때문이다. 물체는 떨어지면서 속도를 올리며 공기를 밀어내지만 공기 역시 물체를 밀어내 공기와 반대 방향인 중력의 효과를 감소시킨다. 시간이 지나면 물체는 공기의 힘과 중력이 균형을 이루는 최종 속도에 도달해 일정한 속도로 움직인다. 낙엽, 풍선, 낙하산에 가해지는 공기의 힘은 커서 상대적으로 낮은 속도에서 힘의 균형이 이루어진다. 하지만 사람이 낙하할 경우 최종 속도는 초속 약 120미터에 이른다. 안타깝게도 이렇게 아찔한 속도에 이르기까지 공기의 저항은 무시할 수 있을 만큼 미미하다. 10미터를 안심하고 뛰어내리기에는 턱없이 부족하다.

하늘과 바다의 경계에서 일어나는 일
중력의 방향

나는 해수면의 물리 현상을 연구한다. 실험주의자라 바다에 나가 하늘과 바다의 복잡하고 아름다운 경계에서 무슨 일이 일어나는지 관찰하는 게 내 일의 일부다. 온갖 장비를 갖춘 이동식 연구 단지인 관측선을 타고 몇 주씩 일하기도 한다. 이곳에서는 중력이 엉망진창이어서 '아래'라는 개념이 불분명하다. 육지에서 물건을 떨어트리면 보통 같은 속도와 방향으로 낙하한다. 하지만 바다 위에서는 탁자에 물건을 놓으면 어디로 향할지 모른다. 바다에서의 삶은 예측할 수 없는 방향으로 물건을 끌어당기는 힘이 있을 때 생활을 정돈하도록 도와주는 것들로 가득하다. 배 안에는 항상 밧줄이 준비되어 있고 침대 매트는 탈부착이 가능한 부직포인 벨크로로 고정되어 있으며 서랍은 사용하지 않을 경우 잠가놓는다. 그러지 않으면 변덕스러운 중력 탓에 물건들이 날아다녀 과학적 폴터가이스트 현상을 연출하게 된다. 나의 구체적인 연구 주제는 폭풍이 일어날 때 파도에서 나오는 거품이라 이렇게 불안한 환경의 관측선에서 몇 달을 보내야 할 때도 있다. 사실 나는 금세 적응해 잘 지내는 편이다. 이곳에 있으면 우리가 중력을 얼마나 당연히 여기는지 알 수 있다.

남극을 항해할 때 관측선에서 직위가 가장 높은 승무원이 일주일에 세 번씩 연구자들을 소집해 운동을 시켰다. 우리는 벽이 금속이라 소리가 울리는 화물칸에 모여 한 시간 동안 순순히 제자리 뛰기, 윗몸 일으키기, 줄넘기를 했다. 아마 내가 지금까지 해본 훈련 중 가장 효과적이었을 것이다. 어떤 힘에 저항해야 하는지 알 수 없었기 때문이다. 배가 파도를 타고 내려올 때 윗몸일으키기를 하는 것은 터무니없이 쉽다. 중력이 감소하기 때문이다. 하지만 좋은 시간은 잠시뿐이고 배가 파도의 골 밑에 도달하면 고통이 밀려온다. 파도를 타고 배가 올라가면 중력은 50퍼센트 강해져 마치 바닥에서 내 등을 고무줄로 당기는 것처럼 느껴진다. 윗몸일으키기를 네 번 정도 하고 나면 중력은 다시 사라진다. 제자리 뛰기를 하면 공중에서 내려올 때 바닥이 어디를 향할지 몰라 어질어질하다. 마침내 운동이 끝나고 씻을 때도 이리저리 흔들리는 샤워 꼭지의 물줄기를 따라다니느라 우왕좌왕한다.

물론 중력 자체에는 아무런 문제가 없다. 배 위의 모든 것은 모두 같은 힘으로 지구 중심을 향해 당겨졌다. 우리가 중력의 힘을 느끼는 것은 가속에 저항하기 때문이다. 당신의 몸을 싣고 있는 거대한 배가 자연에 의해 흔들리면서 주변이 저절로 가속한다면 당신의 몸은 중력에 의한 가속과 다른 요인에 의한 가속을 구분하지 못한다. 따라서 당신이 느끼는 '실질적 중력'은 출처가 여러 개인 힘들의 합이다. 이런 원리에 따라 엘리베이터가 출발하면서 최고 속도를 향해 가속할 때나 멈추기 위해 감속할 때만 이상한 기분을 느낀다. 우리 몸은 엘리베이터의 가속과 중력에 의한 가속을 구분하지 못하므로[*] 강도가 약해진 또는 강해진 '실질적 중력'만을 느낀다. 1초도 안 되는 매우 짧은 시간이지만 다른 행성으로 이동한 것처럼 지구와 다른 중력장을 경험할 수 있다.

다행히도 우리는 대부분의 시간 동안 이러한 복잡한 현상에서 자유롭다. 중력은 일정하고 지구의 중심을 향한다. '아래'는 물체가 떨어지는 방향이다. 식물조차 아는 사실이다.

어머니가 언제나 정원을 정성스럽게 가꾸었기 때문에 나는 어릴 때부터 씨를 뿌리고 잡초를 뽑으며 징그러운 애벌레를 보고 코를 찡그렸고 퇴비 더미를 뿌리는 일에 익숙했다. 한번은 묘목들이 위아래를 분명하게 구분하는 것을 보고 크게 감탄했다. 어두운 땅속에서 씨의 껍질이 열리면서 뿌리는 아래로 향하고 새싹은 위로 얼굴을 내밀

◆ 일반상대성이론이 대체 무엇인지 궁금했던 적이 있다면 바로 이 예시가 잘 설명해줄 것이다. 문이 닫힌 엘리베이터 안에 서 있거나 캐치볼을 하거나 윗몸일으키기를 하면 어떤 힘이 중력에 의해 작용하는지 아니면 가속으로 인한 것인지 구분할 수 없다. 아인슈타인은 중력에 의한 힘과 가속에 의한 힘이 실제로는 같은 힘이므로 구분이 불가능한 공간에서는 물질이 우주에 어떤 영향을 미치는지 알 수 있다고 규명했다.

었다. 어린 묘목을 뽑아보면 망설이거나 한눈을 판 흔적이 전혀 없다. 뿌리는 그저 밑으로 뻗고 싹은 곧바로 위를 향했다. 묘목은 어떻게 알았을까? 몇 년 후 알게 된 답은 단순하고 명쾌했다. 씨 안에는 작은 스노 글로브처럼 생긴 특수한 세포인 평형포들이 있다. 평형포 안에는 세포의 다른 부분보다 밀도가 높은 특수한 녹말 과립들이 있고 이 과립들이 세포 바닥을 향해 몰려 있다. 씨앗의 단백질 네트워크는 과립의 위치를 파악할 수 있기 때문에 씨앗은, 그리고 그 후에는 식물은 어느 방향이 위인지 알 수 있다. 다음에 씨앗을 볼 기회가 있다면 안에 든 스노 글로브를 상상해보자. 어느 방향으로 심든 식물은 위아래를 맞힐 것이다.

중력은 매우 유용한 도구다. 다림줄과 기포수준기는 저렴하지만 정확하다. 어느 곳에서나 '아래'가 어디인지 알 수 있다. 하지만 모든 물체가 다른 모든 물체를 당긴다면 멀리 보이는 산은 어떨까? 그 산이 나를 당기고 있을까? 지구의 중심이 특별한 이유는 무엇일까?

나는 파도, 거품, 일몰, 해풍 등 해안의 모든 면이 좋지만 가장 좋아하는 것은 광활한 바다 풍경을 바라볼 때 만끽할 수 있는 해방감이다. 내가 캘리포니아에서 살던 작은 집은 밤에 파도 소리가 들릴 만큼 해변과 가까웠다. 뒤뜰에는 오렌지 나무가 있었고 입구 계단에 앉으면 세상의 움직임을 관찰할 수 있었다. 바쁜 하루가 끝나면 도로 끝까지 걸어가 닳아서 평평해진 바위 위에 앉아 태평양을 바라보는 호사를 누렸다. 어린 시절 영국에서는 바다에 가면 물고기나 새, 거대한 파도만 바라봤다. 하지만 샌디에이고에서는 바다를 보며 지구의 모습을 생각했다. 태평양은 지구 적도 둘레 중 3분의 1을 감쌀 정도로 거대하다. 일몰을 바라보며 내가 살고 있는 거대한 암석 덩어리와 멀리 오른편 북쪽에 있는 알래스카와 북극 그리고 왼편 남쪽에 있는 기나긴 안데스산맥과 남극을 상상했다. 머릿속에 이 모든 것을 그리면 현기증이 났다. 한번은 이 모든 장소를 몸으로 직접 느낄 수 있었다. 장소들이 하나하나 나를 당겼고 나도 그들을 당겼다. 모든 물질은 다른 물질을 당긴다. 중력은 매우 약해 어린아이도 거대한 지구가 당기는 중력에 저항할 수 있다. 하지만 미세하게 당기는 힘들은 분명 존재한다. 작은 힘들이 수없이 모여 하나의 힘, 즉 우리가 느끼는 중력이 된다.

위대한 과학자 아이작 뉴턴 Isaac Newton 은 1687년 그의 역작 《자연철학의 수학적 원리》Philosophiae Naturalis Principia Mathematica 에서 이 문제를 다루었다. 두 물체 사이의 중력은 거리의 제곱에 반비례한다는 규칙을 토대로 한 그의 주장에 따르면 지구의 각 부분이 서로 당기는 힘을 합하면 옆으로 작용하는 힘은 상쇄되어 결과적으로 지구 중심을 향해 아래로 작용하는 힘만 남는다. 이 힘은 지구의 질량과 아래로 당겨지는 물체의 질량에 비례한다. 산과 나의 거리가 두 배 늘어나면 산이 나를 당기는 힘은 4분의 1이 된다. 따라서 멀리 있는 물체는 영향력이 작다. 하지만 여전히 힘은 작용한다. 내가 앉아서 일몰을 바라보는 동안 나는 북극에 의해 옆으로, 알래스카에 의해 약하게 아래로, 남극에 의해 옆으로, 안데스산맥에 의해 약하게 아래로 당겨지고 있었다. 하지만 북쪽과 남쪽으로 당기는 힘들은 서로 상쇄되어 아래로 당기는 힘만 남았다.

따라서 (바로 지금) 히말라야산맥, 시드니 오페라하우스, 지구의 내

핵, 수많은 바다 달팽이가 우리를 당기고 있어도 그 힘을 다 알 필요가 없다. 복잡한 힘들은 스스로 정리해 상황을 단순하게 만든다. 지구가 나를 당기는지 알아보려면 지구의 중심이 얼마나 먼지 그리고 지구의 전체 질량이 얼마인지만 알면 된다. 뉴턴의 이론은 단순하면서도 우아하고 실용적이라 아름답다.

하지만 힘은 여전히 묘하다. 중력에 관한 아이작 뉴턴의 설명은 기발하지만 메커니즘이 없다는 중대한 결함을 지녔다. 지구가 사과를 당긴다고 말하기는 쉽지만* 어떻게 당기는 것일까? 눈에 보이지 않는 실이 있을까? 작은 요정이라도 있는 걸까? 이 문제는 아인슈타인이 일반상대성이론을 발표하기 전까지 만족스럽게 해결되지 않았다. 하지만 뉴턴의 중력 모델은 매우 정확해 230년 동안 인정받았고 지금도 여전히 널리 수용되고 있다.

저울, 타워브리지, 공룡의 시소 타기
관성모멘트

힘은 우리 눈에 보이지 않지만 거의 모든 집의 주방에는 힘을 측정할 수 있는 도구가 있다. 어떠한 요리책도 언급하진 않지만 요리, 특히 제빵에 꼭 필요한 요소다. 그 요소가 필요한 이유는 재료의 양이 중요하기 때문이다. 우리는 '물질'을 계량해야 하고 계량은 정확

◆ 이 일화의 출처는 불분명하지만 내용은 사실이다!

해야 한다. 요리책에서 언급하지는 않지만 계량을 가능하게 해주는 핵심 요소는 간단하다. 지구만 한 크기의 것이면 무엇이든 된다. 에클스 케이크, 빅토리아 스펀지케이크, 초콜릿 케이크를 좋아하는 사람 모두에게 다행히도 우리가 바로 그 위에 앉아 있다.

나는 여덟아홉 살부터 직접 요리책을 만들어왔고 어릴 때 기록한 레시피에 따라 요리하기를 좋아한다. 당근 케이크도 그중 하나로 오랜 세월에 너덜너덜해진 페이지 첫 줄에는 밀가루 200그램을 준비하라고 적혀 있다. 이때 요리사라면 누구나 당연하게 여기지만 사실은 기발한 작업을 한다. 그릇에 밀가루를 넣은 다음 지구가 얼마나 강한 힘으로 밀가루를 당기는지 측정하는 것이다. 이것이 바로 저울이 하는 일이다. 우리는 저울을 거대한 지구와 작은 그릇 사이에 놓고 저울이 얼마만큼 눌리는지 측정한다. 어떤 물체와 지구 사이의 당기는 힘은 그 물체와 지구의 질량에 비례한다. 지구의 질량은 변하지 않으므로 당기는 힘은 그릇 안에 있는 밀가루의 질량에 의해서만 변한다. 저울은 밀가루와 지구 사이의 힘인 무게를 측정한다. 무게는 주방에서는 변하지 않는 항수인 중력의 힘을 밀가루의 질량에 곱한 값일 뿐이다. 따라서 무게를 잴 때 중력의 힘을 안다면 그릇 안 밀가루의 질량을 알 수 있다. 다음으로 버터 100그램을 넣어야 하므로 저울을 누르는 힘이 밀가루를 넣었을 때의 절반이 될 때까지 그릇에 버터를 넣는다. 이 방법은 물체의 양을 매우 편리하고 간단하게 알게 해주며 지구상에 사는 사람이라면 누구라도 이용할 수 있다. 무거운 물체가 무거운 이유는 더 많은 '물질'로 이루어져 있어 지구가 더 강하게 당기기 때문이다. 우주에서는 행성이나 항성에 매우 가깝지 않은 이상 국부중력이 매우 약해 물체를 당기지 못하므로 그 어떤 것도 무거울 수 없다.

하지만 주방 저울이 우리에게 알려주는 사실은 지구와 태양계를 결합하고 인류 문명을 지배하는 거대한 힘인 중력이 믿을 수 없을 정도로 작고 약하다는 것이다. 질량이 6×10^{24}킬로그램에 달하는 지구는 작은 고무줄만큼의 힘으로 밀가루 한 그릇을 당긴다. 그렇지 않으면 생명은 존재할 수 없으므로 다행한 일이다. 더구나 지구의 중력은 우리가 좀 더 넓은 시각으로 세상을 바라보게 해준다. 우리는 무언가를 집어 들 때마다 지구 전체의 중력에 저항한다. 태양계가 거대한 이유는 중력이 약하기 때문이다. 하지만 중력이 다른 모든 인력引力과 차별화되는 중요한 특징은 범위다. 중력은 약하고 지구에서 멀어질수록 더 약해지지만 우주에서 매우 먼 거리까지 세력을 미쳐 다른 행성과 항성, 은하 들을 당긴다. 당기는 힘은 약하지만 이 미약한 힘의 장에 의해 우주가 구조를 유지할 수 있다.

다 만든 당근 케이크를 집어 올리는 데도 어느 정도의 노력이 필요하다. 케이크가 식탁 위에 놓여 있으면 식탁 표면은 케이크와 지구 사이의 당기는 힘이 정확히 균형을 이룰 정도의 힘으로 케이크를 위로 올린다. 당신이 케이크를 집어 올리려면 그보다 약간 더 큰 힘을 주어 케이크에 가해지는 전체적인 힘이 위를 향하도록 해야 한다. 우리의 삶은 개별적인 힘들이 아니라 균형을 이루고 난 뒤 남은 힘에 의해 좌우된다. 그 결과 많은 일들이 단순해진다. 거대한 힘이 있더라도 반대편에 똑같이 거대한 힘을 적용하면 효과가 상쇄된다. 이 현상을 가장 쉽게 살펴볼 수 있는 방법은 당기는 힘이 작용하더라도 형태를 유지하는 단단한 물체를 관찰하는 것이다. 런던의 타워브리지야말로 관찰하기 좋을 만큼 매우 견고하다.

공기 중에 물체를 고정하고 싶을 때 중력은 성가실 수 있다. 공중에 무언가를 설치하려면 아래로 당기는 힘에 저항해야 한다. 그러지 않으면 모든 것이 바닥으로 떨어질 것이다. 액체는 아래로 흐르는 것이 순리다. 하지만 고체는 다르다. 중심축이라는 개념 덕분에 반대쪽에 무거운 물체를 설치해 시소를 만들면 중력을 효과적으로 무력화할 수 있다. 시소 반대쪽은 교묘하게 감출 수 있다. 런던 타워브리지에 있는 두 개의 우아한 타워가 대표적인 예다. 두 인공 섬 사이에 세워진 타워브리지의 두 타워는 템스강을 3분의 1씩 나눈다. 바다에서 런던으로 들어가는 관문인 타워브리지에는 런던 북쪽과 남쪽을 잇는 도로가 나 있다.

인도에서 시끌벅적한 관광객들이 카메라 앞에서 런던의 택시, 기념품 판매상, 커피 노점, 개와 산책하는 사람, 버스를 배경으로 포즈를 취한다. 관광 가이드는 혼란 속을 헤치며 나아가고 우리는 어미를 졸졸 따라다니는 새끼 오리처럼 그의 뒤에서 한 줄로 걷는다. 가이드가 타워 한 곳의 지하 철문을 열고 후미진 곳으로 우리를 안내하자 갑자기 조용해지더니 돌로 만든 정원 같은 곳이 나타났다. 관광객들은 다른 관광객들 사이에서 살아남아 목적지에 도착해 금속 다이얼, 거대한 레버, 견고한 밸브처럼 우수한 빅토리아시대의 기술을 감상할 수 있다는 사실을 깨닫고 안도의 한숨을 내쉬었다. 동화에 나오는 성같이 아름답고 섬세한 타워브리지의 외관은 세계적으로 유명한 관광 명소지만 우리가 이곳에 온 이유는 그 안에 숨어 있는 우아하고 강력한 철골 괴물을 보기 위해서다.

런던은 2,000년 동안 항구였다. 강이 흐르는 도시의 매력은 해안가 도시처럼 한편에만 해변이 있지 않고 양쪽에 강둑이 있다는 것이다. 하지만 템스강은 물에 뜨는 물체에는 중요한 공공 도로지만 지상에서 걷거나 굴러다니는 물체에는 거대한 장애물이다. 약 1,000년 동안 템스강에 수많은 다리가 생겼다가 사라졌고 1870년대 다시 다리를 지어야 한다는 요구가 거세졌다. 하지만 문제가 있었다. 어떻게 해야 강을 지나는 높은 선박을 방해하지 않으면서 말과 수레의 주인들을 만족시킬 수 있을까? 타워브리지는 기발한 해답을 내놓았다.

돌로 된 작은 은신처 밑에 나선형 계단이 있고, 그 아래를 내려가면 타워 토대 안에 숨어 있던 아주 거대한 벽돌 동굴들이 나온다. 마치 나니아Narnia로 들어가는 옷장 같다. 그러니까 이곳은 기술자를 위한 나니아다. 첫 번째 동굴에는 초기 수압펌프들이 있고 훨씬 더 큰 옆 동굴에는 전기를 사용하지 않고 임시로 에너지를 저장하는 2층 건물 높이의 거대한 목재 통이 대부분의 공간을 차지하고 있다. 하지만 내가 정말 보고 싶었던 곳은 가장 큰 세 번째 동굴이다. 이 방에는 평형추가 있다.

두 타워 사이의 길은 반으로 갈라진다. 해마다 배가 다리를 1,000번 정도 통과하도록 도로가 통제된다. 갈라진 도로의 각 절반이 위로 향하고, 타워 아래 이 어두운 방에 위치한 평형추 반대편에 숨겨진 절반은 아래로 향한다. 나는 시소의 밑면을 올려다보며 위에 매달려 있는 것이 무엇인지 물었다. 가이드 글랜은 내 질문에 신이 난 듯 "저 위에는 약 460톤의 납덩이와 선철이 있습니다."라고 경쾌하게 답했다. "철이 굴러다니기 때문에 다리가 열리면 소리가 들립니다. 다리에 변화가 생기면 철이나 납을 더 넣거나 빼서 완벽하게 균형을 맞춥니다." 우리는 세상에서 가장 큰 오자미 바로 밑에 서 있었다.

중요한 것은 균형이다. 어떤 것도 다리를 들어 올리지 않는다. 엔진들은 중심축의 양쪽이 정확히 균형을 이루는 다리를 약간 기울일 뿐이다. 즉, 축받이의 마찰을 극복하기 위한 아주 적은 에너지만으로 다리를 움직일 수 있다. 한쪽에서 아래로 당기는 힘이 반대쪽에서 아래로 당기는 힘과 정확히 균형을 이루기 때문에 중력은 사실상 사라진다. 우리는 중력을 이길 수 없지만 중력을 사용해 중력에 대항할 수 있다. 빅토리아시대 사람들이 깨달았듯이 거대한 시소를 만들면 된다.

투어가 끝나고 강을 따라 조금 걷다가 뒤를 돌아 다리를 바라보았다. 다리에 대한 시선은 완전히 바뀌었고 전과 다른 관점으로 바라볼 수 있어 행복했다. 빅토리아시대에는 전기를 쉽게 사용할 수 없었고 컴퓨터로 물체를 통제할 수 없었으며 플라스틱이나 강화 콘크리트처럼 획기적인 신소재도 없었다. 하지만 당시 사람들은 단순한 물리학 법칙들을 능수능란하게 활용했고 타워브리지의 단순함은 나를 매료시켰다. 타워브리지는 매우 단순한 원리로 지어졌기 때문에 거의 개조하지 않고 120년이나 지속될 수 있었다. 고딕 리바이벌 건축(동화 속에 나오는 성을 의미하는 전문 용어)은 거대한 시소를 감추기 위한 가림막일 뿐이다. 타워브리지를 다시 짓는다면 투명하게 만들어서 모든 사람이 최고의 기술을 감상할 수 있으면 좋겠다.

중력 문제를 줄이기 위한 이런 기술은 어디서나 볼 수 있다. 예를 들어 중심축이 땅에서 4미터 높이에 있고 양옆이 각각 6미터인 시소를 생각해보자. 이 시소는 다리가 아니다. 백악기 세계를 상징하는 육식동물 티라노사우루스다. 두 개의 두툼한 다리가 몸통을 지탱하고 중심축은 엉덩이다. 앞으로 고꾸라지지 않을 수 있었던 건 무시무시한 이빨이 있는 거대한 머리가 긴 근육질의 꼬리와 균형을 이루었기 때문이다. 하지만 걸어 다니는 시소로 사는 데는 문제가 있다. 아무리 고집 센 티라노사우루스라도 걷다가 방향을 바꿔야 할 때가 있는데 이들은 방향 전환에 소질이 없었다. 티라노사우루스가 45도 정도 각도를 트는 데 약 1~2초가 걸린 것으로 추측되므로 〈쥐라기 공원〉Jurassic Park에 나온 영리하고 민첩한 모습과는 거리가 멀다. 무엇이 거대하고 힘센 공룡을 방해했을까? 물리학이 내놓은 답은 이렇다.

아이스스케이트 선수의 회전은 아름다움, 우아함 그리고 인체 능력에 대한 놀라움을 세상에 선사한다. 하지만 당신이 기회만 있으면 설명하려 드는 물리학자들과 어울린다면, 아이스스케이트 선수들의 유일한 공로는 팔을 모았을 때보다 뻗었을 때 회전이 느려진다는 사실을 보여주는 것뿐이라고 말해도 용서받을 수 있을 것이다. 아이스스케이트가 좋은 예가 될 수 있는 이유는 얼음은 마찰이 거의 없어 스케이트 선수가 도는 회전의 '양'이 정해져 있기 때문이다. 속도를 줄이는 요소는 존재하지 않는다. 따라서 흥미롭게도 스케이트 선수가 몸의 형태를 바꾸면 속도가 변한다. 물체가 회전축에서 멀어지면 한 번 도는 동안 이동하는 거리가 늘어나면서 정해져 있는 '회전'의 양을* 더 많이 차지한다. 팔을 뻗으면 축에서 멀어지므로 이를 보상하기 위해 회전 속도가 떨어진다. 이것이 티라노사우루스의 근본적인 문제였다. 티라노사우루스의 다리가 생성하는 회전력은 클 수밖에 없고 거대한 머리와 꼬리는 스케이트 선수의 팔이 매우 뚱뚱하고 무거우며 비늘로 뒤덮인 꼴이므로 회전도 느릴 수밖에 없다. 원시인처럼 작고 민첩한 포유류가 티라노사우루스의 이러한 약점을 파악하면 훨씬 안전했다.

이 논리는 우리가 넘어지려고 할 때 팔을 양옆으로 뻗는 이유를 설명해준다. 내가 똑바로 서 있는 상태에서 오른쪽으로 넘어지려고 하면 나는 발목을 중심으로 돌 것이다. 내가 넘어지기 전에 팔을 뻗거나 위로 뻗으면 넘어지려는 힘은 나를 멀리 움직이지 못하게 하고 그 사이 나에게는 서 있는 상태를 유지하기 위해 몸을 바로잡을 시간이 늘어난다. 그렇기 때문에 체조 선수들이 평균대 위에서 항상 팔을 수평으로 펴고 있는 것이다. 팔을 양옆으로 펴면 관성모멘트가 길어지기 때문에 자세를 고칠 시간이 많아져 넘어지지 않을 수 있다. 또한 팔을 펴면 회전할 때 팔을 올리거나 떨어트려 균형을 잡을 수 있다.

1876년 마리아 스펠테리니Maria Spelterini는 외줄 타기로 나이아가라폭포를 건넌 최초의 여성이다. 밧줄을 반쯤 건넜을 때 찍힌 사진에서 그녀는 극적인 연출을 위해 발에 바구니를 신고 균형을 잡고 있다. 하지만 가장 확실한 안전장치는 균형을 맞추는 최고의 도구인 긴 막대였다. 팔을 길게 뻗을 수도 있었지만 팔 대신 사용한 긴 막대가 스펠테리니

◆ 물리학 용어로 각운동량을 지칭한다.

가 절묘하게 균형을 이루는 비결이었다.* 그녀가 막대와 몸으로 T 모양을 만들면 막대기 양끝 때문에 회전력의 효과가 떨어져 균형을 잃더라도 그 속도가 매우 낮아진다. 스펠테리니는 한쪽으로 넘어지는 것을 걱정했지만 긴 막대 때문에 좌우로 몸이 비틀어질 가능성은 매우 낮았다. 이는 티라노사우루스도 마찬가지였다. 스펠테리니가 50미터 아래로 추락해 거친 물살에 휩쓸려 죽음을 맞지 않도록 해준 물리학 법칙 때문에 7천만 년 전 티라노사우루스는 재빨리 방향을 바꿀 수 없었다.

우리 자체가 중력이 작용하는 고체기 때문에 우리는 중력이 고체를 당기는 현상에 익숙하다. 하지만 고체 물체 주변에는 유체가 흐른다. 공기와 물이 주변에 작용하는 힘에 반응하며 이동한다. 애석하게도 유체가 이동하는 모습은 나뭇잎이 떨어지고 다리가 올라가는 것처럼 쉽게 볼 수 없다. 액체는 힘이 가해져도 고체처럼 모양을 유지하지 않아도 된다. 따라서 유체역학이 만들어내는 곡선, 소용돌이, 물결은 세상 곳곳을 아름다움과 놀라움으로 장식한다.

거품과 부력의 비밀
아르키메데스의 원리와 유체역학

거품이 멋진 이유는 어디에나 존재하기 때문이다. 주전자, 케이크, 생물반응기, 욕조 등등에서 잠깐 생겼다가 사라지지만 온갖

◆ 이후 그녀는 손과 발에 족쇄를 채우고 눈을 가리고 건넜다.

유용한 역할을 하는 거품은 물리학 세계의 숨은 영웅이라고 할 수 있다. 거품은 너무 익숙해서 우리는 그 실체를 제대로 보지 못한다. 몇년 전 내가 5~8세 아이들에게 거품을 어디서 볼 수 있냐고 묻자 모두 신나서 탄산음료, 욕조, 어항이라고 답했다. 하지만 그날 마지막 그룹의 아이들은 피곤했는지 내가 쾌활하게 물어도 멀뚱히 쳐다볼 뿐이었다. 아이들이 서로 미루며 침묵한 지 한참이 지나고 여섯 살배기 한 명이 무표정한 얼굴로 손을 들었다. 내가 기뻐하며 "그래, 어디서 거품을 볼 수 있지?"라고 물었다. 소년은 '내가 꼭 눈을 반짝여야만 해?'라는 표정으로 나를 똑바로 쳐다보며 "치즈랑…… 콧물이요."라고 외쳤다. 전혀 생각하지 못한 답이었지만 반박할 수도 없었다. 소년은 나보다 콧물 방울을 생생하게 경험한 것 같았다. 하지만 어떤 동물에게는 콧물 방울이 모든 생활의 열쇠다. 바로 진보라고둥이다.

바다에 사는 고둥은 보통 대양저나 바위 위를 이동한다. 한 마리를 바위 위에서 떼어내 물에 올려놓으면 가라앉는다. 고대 그리스 학자 아르키메데스Archimedes('유레카'를 외친 바로 그 유명인)는 물체가 언제 뜨고 가라앉는지에 관한 원리를 처음으로 규명했다. 그의 관심은 선박에 있었을 테지만 동일한 원리가 고둥, 고래처럼 액체에 완전히 또는 반 정도 잠기는 모든 물체에 적용된다. 아르키메데스에 따르면 물에 잠긴 물체(고둥)와 고둥이 없었더라면 그 공간을 차지했을 물은 서로 경쟁한다. 고둥과 고둥 주위에 있는 물 모두 지구의 중심 방향으로 당겨진다. 물은 유체기 때문에 물속 물체들은 쉽게 움직일 수 있다. 물체에 가해지는 중력은 물체의 질량과 비례하므로 고둥의 질량이 두 배가 되면 고둥을 당기는 힘도 두 배가 된다. 하지만 고둥 주변의 물 역시 아래로 당겨지는데, 물이 더 당겨진다면 고둥은 위로 떠오르고 고둥 밑에 물이 들어갈 공간이 많아진다. 이 보잘것없는 연체동물에 적용된 아르키메데스의 원리에 따르면, 고둥의 자리를 차지했을 물을 아래로 당기는 중력과 고둥을 위로 미는 힘이 동일한 크기로 가해진다. 이것이 물에 잠긴 모든 물체가 경험하는 부력이다. 고둥이 고둥 모양의 공간을 채우는 물보다 질량이 크다면 중력의 경쟁에서 승리해 가라앉는다. 반면 고둥의 질량이 작아 밀도가 낮다면 아래로 당겨지는 경쟁의 승자는 물이 되고 고둥은 떠오를 것이다. 바다에 사는 달팽잇과 대부분은 바닷물보다 밀도가 높아 가라앉는다.

바다 달팽이는 지구에 출연한 이후 대부분 물에 가라앉은 채 살아왔고 그것이 자연스러운 삶이었다. 하지만 과거 어느 날 '평범한' 바다 달팽이의 껍질 안에 운이 나쁘게도 공기 방울이 들어왔다. 부력의 특징 중 하나는 전체 물체에서 평균 밀도만이 중요하다는 것이다. 물체의 질량은 바꿀 필요가 없다. 물체 안에서 공간만 확보하면 공기가 그곳을 차지한다. 평소보다 커다란 공기 방울이 껍질 안에 갇힌 바다 달팽이는 몸의 균형이 깨지면서 태양빛을 향해 물 위로 떠올랐다. 수면에 있는 거대한 식품 저장고의 문이 열린 것이다. 하지만 몸집을 부풀릴 수 있는 바다 달팽이만이 식량을 차지할 수 있었다. 그렇게 진화가 시작되었다.

처음으로 길을 잃은 바다 달팽이의 후손인 진보라고둥은 따뜻한 바다에서 흔히 볼 수 있다. 밝은 보라색인 진보라고둥은 우리가 이른 아침 정원에 있는 돌에서 볼 수 있는 끈적끈적한 점액을 분비하고 근육으로 된 다리로 점액을 접어 그 사이에 대기의 공기를 가둔다. 그리고 때론 자기 몸보다 더 크게 만든 거대한 거품 뗏목에 올라 몸 전체 밀도를 바닷물보다 낮춘다. 그렇게 항상 거꾸로 떠다니며(거품 뗏목이 위에 있고 껍질이 아래를 향하도록) 지나가는 해파리를 잡아먹는다. 해변에서 파란 달팽이 껍질을 봤다면 아마 진보라고둥의 집이었을 것이다.

부력을 이용하면 밀봉된 물체 안에 무엇이 있는지 쉽고 빠르게 알 수 있다. 예를 들어 같은 크기의 탄산음료 두 캔이 있다고 하자. 하나는 다이어트 음료, 다른 하나는 설탕 함량이 높은 일반 음료라면 다이어트 음료 캔은 담수에서 떠오르고 일반 음료 캔은 가라앉는다. 캔의 부피는 모두 같고 다른 점은 밀도가 높은 설탕이 들어 있는지 안 들어 있는지 여부뿐이다. 330밀리리터의 일반 탄산음료에는 35~50그램의 설탕이 들어 있어 물보다 밀도가 높다. 즉, 일반 음료는 중력 경쟁에서 물을 이겨 가라앉는다. 반면 다이어트 음료에 첨가하는 설탕 대용 감미료는 질량이 낮아서 캔 안에는 물과 공기만 있는 것과 다름없기 때문에 물에 뜬다. 좀 더 유용한 예로 날계란을 들 수 있다. 신선한 계란은 물보다 밀도가 높아 차가운 물에서 가로로 가라앉는다. 하지만 계란을 냉장고 안에 며칠 방치하면 서서히 건조되어 수분이 껍질에서 나오고 공기 분자가 계란 끝의 약간 뾰족한 부분에 있는 공기 주머니로 스며든다. 약 일주일이 된 계란은 물에 가라앉지만 안에 들어간 공기가 수면과 가까워지도록 세로로 선다. 계란이 물 위에 완전히 뜬다면 너무 오래된 것이므로 다른 아침거리를 찾아야 한다!

우리가 얼마나 많은 공기를 몸에 지니고 어디에 그 공기가 차지할 공간을 마련할지 정할 수 있다면 당연히 우리 마음대로 물에 뜨거나 가라앉을 수 있다. 내가 거품을 연구하기 시작할 무렵 발견한 1962년도 논문에는 권위적인 어투로 다음과 같이 적혀 있었다. "거품은 부서지는 파도뿐 아니라 물질의 부패, 어류의 트림, 해저에서 나오는 메탄에 의해서도 발생한다." 어류의 트림? 나는 이 논문을 세상과 동떨어진 편협한 학자가 런던의 한 클럽에서 와인을 마시며 가죽 소파에 앉아 썼을 것이라고 확신했다. 그가 한 착각이 참 재미있다고 생각했다. 3년 뒤 내가 퀴라소^{Curaçao}섬 해저를 관찰할 때 길이가 1.5미터에 달하는 거대한 타폰^{tarpon} 물고기가 내 어깨 위로 헤엄치면서 아가미로 크게 트림을 했다. 틀린 건 나였다……. 실제로 경골어류 중 상당수는 부레라고 불리는 공기 주머니가 있어 부력을 조절할 수 있다. 우리가 몸의 밀도를 주변과 동일하게 유지한다면 균형이 잡혀 그 자리에 머무를 수 있다. 타폰은 아가미를 통해 산소를 배출할 뿐 아니라 직접 공기를 호흡하는 특이한 어류다. 타폰의 부레는 일반적인 부레와 다르지만 어쨌든 난 물고기도 트림을 한다는 사실을 인정해야 했다. 하지만 물고기의 트림이 바다에 거품을 조성하는 데 큰 역할을 했다고는 생각하지 않는다.* 중력은 당겨지는 물체가 무엇인지에 따라 결과가 달라진다. 타워브리지는 고체기 때문에 다리의 위치는 바꿀 수 있지만 모양은 바꾸지 못한다. 고둥 또한 고체고 흐르는 바닷물 속에서 움직인다. 기체 역시 흐르고 이 흐르는 성질 때문에 액체와 기체 모두 유체라고 불린다. 또한 고체는 중력의 당기는 힘에 복종하는 동시에 기체 속을 이동할 수 있다. 파티에 쓰이는 헬륨 풍선과 체펠린^{Zeppelin} 비행선은 고둥이 공기 주머니가 든 콧물을 분비해 물 위로 떠오르는 것과 같은 원리로 떠오른다. 모두 주변 유체와의 중력 싸움에서 패배한 것이다.

따라서 중력이 일정하더라도 환경을 불안정하게 만들 수 있고 그럴 경우 힘의 불균형이 생겨 다시 균형이 이루어질 때까지 물질들은 이동한다. 고체 물체가 불안정해지면 기울어지거나 넘어질 것이고 주변에 있던 액체나 기체는 흘러 그 물체가 움직일 수 있는 공간을 만든다. 하지만 불안정한 물체가 풍선과 같이 하나의 고체 물체가 아니라 유체라면 어떤 일이 발생할까?

성냥을 그어 촛불 심지에 불을 붙이면 환하고 뜨거운 기체 분수가 생긴다. 촛불은 몇 세기 동안 학자, 음모자, 학생, 연인 들에게 따뜻한 빛을 제공했다. 부드럽고 겸손한 연료인 밀랍은 놀라운 변화를 만든다. 하지만 친숙한 노란 불빛은 아주 강력한 용광로 같아서 분자들을 분해해 작은 다이아몬드로 만들 수 있다. 모든 불꽃의 모양은 중력으로 만들어진다.

심지에 불을 붙이면 성냥불이 심지 안에 있는 밀랍과 심지 근처에 있는 밀랍을 녹여 액체로 만든다. 파라핀을 구성하는 탄화수소는

◆ 어류는 부레가 진화하면서 해수면에서 깊이를 일정하게 유지하는 데 필요한 에너지를 줄일 수 있었다. 하지만 이러한 진화의 큰 혜택이 최근 몇 년 동안 치명적인 약점으로 바뀌었다. 부레는 소리를 통해 쉽게 탐지되기 때문이다. 주요 남획 기술 중 하나인 어군탐지기는 공기 방울을 추적해 어류를 탐지하는 음향 장치다. 부레에서 나오는 공기 방울들로 정체가 드러난 물고기 떼는 쉽게 추적되어 포획된다.

20~30개의 탄소 원자가 이어진 탄소골격을 갖춘 긴 분자 사슬이다. 탄화수소에 열을 가해 에너지를 제공하면 마치 한무더기의 뱀처럼 서로 겹쳐져 미끄러지고(분자들의 움직임을 볼 수 있다면 액체 밀랍을 이런 식으로 묘사할 수 있다), 일부는 심지에서 완전히 탈출해 멀리 달아난다. 그 결과 뜨거운 기체 연료 기둥이 형성된다. 이 기둥은 매우 뜨거워 주변 공기를 세게 밀어내고 상대적으로 적은 수의 분자가 거대한 공간을 차지한다. 분자 수는 변함이 없으므로 작용하는 중력의 총량은 그대로다. 하지만 차지하는 공간이 커졌기 때문에 세제곱센티미터당 작용하는 중력은 줄어든다.

고둥이 해양에 분비한 거품 점액처럼 이 뜨거운 기체도 밀도가 높은 차가운 공기가 밑으로 들어가면서 떠오른다. 뜨거운 공기는 보이지 않는 굴뚝을 타고 밀려 올라가면서 산소와 섞인다. 우리가 성냥을 촛불에서 멀리 떼기도 전에 연료는 분해되어 산소를 태우고 기체를 더욱 뜨겁게 만든다. 불꽃의 푸른 부분은 무려 섭씨 1,400도에 달한다. 뜨거운 공기가 더욱 빨리 올라가면서 분수는 더욱 강해진다. 가늘고 긴 심지는 불에 녹은 다른 밀랍 분자들을 빨아올리는 스펀지 역할을 하므로 불꽃은 밑에서부터 연료를 공급받는다.

하지만 연료는 완벽하게 타지 않는다. 완벽하게 탄다면 불꽃은 푸른색이 될 것이므로 조명이 될 수 없다. 긴 분자 사슬이 열에 의해 끊어지고 닳으면서 생긴 부산물 중 일부는 주변에 산소가 충분하지 않아 타지 않고 남는다. 작은 탄소 덩어리인 그을음은 유체의 흐름을 타고 위로 올라와 열을 받는다. 그을음이 섭씨 1,000도로 오르면서 편안

한 노란빛을 낸다. 촛불의 빛은 엄청난 열의 부산물에 불과하고 이 불빛은 불 속에 있는 뜨거운 작은 석탄이 발산하는 광선이다. 작은 탄소 입자들은 너무 뜨거워서 잉여 에너지를 빛의 형태로 발산해 주변을 밝힌다. 촛불 속 혼돈으로 생성되는 그을음은 우리가 검은 탄소를 생각하면 흔히 떠올리는 흑연만 있는 것이 아니다. 촛불은 버키볼, 탄소 나노튜브, 다이아몬드 가루처럼 희귀한 탄소 결합물들을 소량이나마 생성한다. 일반적으로 촛불은 1초마다 약 150만 개의 나노다이아몬드를 생산하는 것으로 추산된다.

촛불은 유체가 중력에 따라 재배열될 때 일어나는 현상을 완벽하게 보여주는 예다. 뜨거운 연료는 차가운 공기가 밑에서 밀어내기 때문에 매우 빠르게 위로 올라가 지속적인 대류전류를 형성한다. 촛불을 불어서 끄면 기체 연료 기둥이 몇 초 동안 양초 위로 계속 올라가고 성냥을 양초 위에서 밑으로 내리면 기둥에 다시 불이 붙으면서 불꽃이 심지로 옮겨가는 것을 볼 수 있다.◆ 양초에서 나타나는 대류전류는 유체가 아래에서 열을 받으면 에너지를 이동시켜 발산하도록 도와준다. 이런 원리로 수족관 히터, 바닥 난방장치, 가스레인지 위에 올려놓은 냄비가 효과를 발휘한다. 이 모두가 중력 없이는 무용지물이다. 우

◆ 수많은 실용적인 발견을 한 19세기 실험가 마이클 패러데이Michael Faraday는 1826년 런던에 있는 왕립연구소The Royal Institution of Great Britain에서 현재까지도 계속되고 있는 '어린이를 위한 크리스마스 강연'을 시작했다. 그가 한 여섯 번의 강의 중 하나인 '양초의 화학사'Chemical History of a Candle에서 그는 양초의 과학에 대해 토론하고 다양한 곳에 적용할 수 있는 중요한 과학 법칙들을 설명했다. 패러데이가 나노다이아몬드에 대해 알았다면 분명 크게 기뻐하며 단순한 양초가 선사하는 놀라움이 아직도 남았다는 사실에 감탄했을 것이다.

리가 '열이 올라간다'고 말하는 것은 사실 맞지 않다. '차가운 유체가 중력 싸움에서 승리해 가라앉는다'가 정확한 말이다. 하지만 이렇게 지적한다면 누구도 고마워하지 않을 것이다.

지구의 가장 큰 엔진
해양 컨베이어 벨트

부력은 열기구, 고둥, 촛불을 켠 낭만적인 저녁 식사에만 중요한 것이 아니다. 지구의 거대한 엔진인 바다는 다른 모든 것처럼 중력에 따라 움직인다. 바다의 깊이는 고정되어 있지 않다. 몇 세기 동안 햇빛을 보지 않은 물이 지구의 사방을 돌아다니며 빛을 보기 위해 길고 느린 여행을 한다. 하지만 바다 깊은 곳을 바라보기 전에 우선 위를 보자. 맑은 날 높은 하늘에 작고 반짝이는 여객기가 순항하는 모습을 보며 그곳이 얼마나 높을지 추측해보라. 약 10킬로미터일 것이다. 그다음 가장 깊은 해저인 마리아나해구Marianas Trench의 바닥에 서 있다고 상상해보자. 해수면까지의 높이는 방금 본 비행기까지의 높이와 같다.◆ 바다의 평균 깊이는 4킬로미터로 비행기까지 높이의 절반이 채 안 된다. 바다는 지구 표면의 70퍼센트를 차지한다. 지구에는 물이 매우 많다.

◆ 민간 항공기의 순항고도는 약 1만 미터고 마리아나해구의 가장 깊은 곳인 챌린저해연Challenger Deep은 깊이가 10,994미터다.

깊은 바다에는 익숙한 패턴이 숨어 있다. 레모네이드에서 건포도를 춤추게 한 것과 같은 메커니즘에 따라 거대한 대양의 바닷물이 지구 위를 천천히 움직인다. 규모가 다르고 결과가 미치는 영향도 훨씬 크지만 원칙은 동일하다. 푸른 행성 지구의 푸른색은 계속 움직인다.

그런데 왜 움직일까? 바다는 수백만 년 동안 환경에 적응해왔다. 분명 바닷물은 지금 지나는 곳이 어디든 그곳에 도달하기로 되어 있던 것일까? 바닷물이 담긴 그릇을 계속 젓는 것은 두 가지다. 열과 염분이다. 열과 염분이 중요한 이유는 밀도에 영향을 주기 때문이다. 밀도가 다른 각 부분의 유체는 중력 싸움에 적응하기 위해 유동한다. 바닷물이 짜다는 걸 모르는 사람은 없지만 나는 바다에 얼마나 많은 소금이 있을지 생각할 때마다 놀란다. 집에 있는 욕조에 물을 받아 바다만큼 짜게 만들기 위해서는 약 10킬로그램의 소금을 커다란 양동이에 한가득 담아 쏟아야 한다. 욕조 하나에 양동이 가득 말이다! 바다의 염도는 모든 곳에서 균일하지 않다. 약 3.1퍼센트에서 3.8퍼센트 사이인데 차이가 큰 것 같지 않아 보이지만 중요한 문제다. 탄산음료에 설탕을 넣으면 밀도가 높아지듯이 바닷물은 다량의 소금 때문에 담수보다 밀도가 높다. 차가운 물이 따뜻한 물보다 밀도가 높은데 바다의 온도는 극지방에서는 섭씨 0도까지 내려가고 적도 부근에서는 섭씨 30도에 이른다. 따라서 차갑고 염도가 높은 물은 가라앉고 따뜻하고 염도가 낮은 물은 떠오른다. 바닷물은 이같이 단순한 원칙에 따라 지구 위에서 끊임없이 움직인다. 한 방울의 바닷물이 원래 자리로 돌아오기까지는 수천 년이 걸린다.

북대서양에서◆ 바닷물은 바람에 열을 빼앗겨 온도가 내려간다. 해수면이 얼어 생긴 얼음은 주로 물로 이루어지고 소금은 바닷물에 남는다. 이 과정에서 바닷물은 온도가 더욱 내려가고 염도와 밀도는 높아져 중력의 법칙에 따라 해저 바닥을 향해 밑으로 가라앉으며 밀도가 낮은 물을 밀어낸다. 이후 해저 바닥을 천천히 유영하다가 강물처럼 협곡을 흐르고 산등성이에 부딪히기도 한다. 북대서양에서 출발한 바닷물은 해저에서 1초에 몇 센티미터씩 남쪽으로 흐르고 약 1,000년 뒤 첫 장애물인 남극대륙에 도달한다. 그리고 대륙 때문에 남쪽으로 이동하는 길이 막히면서 동쪽으로 움직이다가 남극해를 만난다. 지구 바닥의 거대한 해양 교차로인 남극해는 남극대륙을 감싸고 돌면서 대서양 하단, 인도양, 태평양과 결합해 모든 바닷물을 연결한다. 북대서양에서 출발해 천천히 흐르던 엄청난 양의 바닷물은 남극대륙 주변을 돌다가 다시 북으로 이동해 인도양이나 태평양으로 향한다. 약 1,600년 동안 한 줄기의 햇살도 받은 적 없던 물이 주변의 물과 점차 섞여 밀도가 내려가면 해수면으로 떠오른다. 그곳에서 빗물, 강물, 얼음이 녹은 물로 염분이 희석되고 바람이 일으킨 해류에 밀려 다시 북대서양에 도달하면 여정은 재개되고 반복된다. 이를 '열 염분 순환'이라고 부르며 이같이 바닷물이 역전되는 현상을 해양 컨베이어 벨트라고 한다. 컨베이어 벨트가 주는 이미지는 다소 단순할 수 있지만 분명 컨베이어 벨트처럼 움직이는 해류가 지구를 감싸고 있고 중력이 이 벨트를 돌

◆ 남극대륙 해안 근처도 마찬가지다.

린다. 바람이 일으키는 해수면의 표층 해류는 몇 세기 동안 탐험가와 상인을 실어 날랐다. 그런데 해양의 컨베이어시스템은 탐험가와 상인만큼 인류 문명에 중요한 요소인 열을 이동시킨다.

적도는 태양이 다른 곳보다 높이 뜨고 지표면이 가장 크기 때문에 다른 지역보다 태양열을 많이 흡수한다. 적은 양의 물을 데우는 데도 많은 에너지가 필요하다. 따라서 따뜻한 바다는 태양에너지를 담는 거대한 배터리와 같다. 움직이는 바닷물은 에너지를 지구에 배분한다. 또한 지구의 기상 패턴 뒤에는 열 염분 순환이라는 메커니즘이 작용한다. 지속적으로 에너지를 공급하고 극단적 기상 상황을 잠재우는 안정적 열 저장고 위에서 변덕스럽고 얇은 대기층이 움직인다.

모든 관심은 대기가 받지만 배후 세력은 바다다. 지구본이나 지구의 위성사진을 볼 기회가 있다면 바다를 그저 대륙 사이를 메우는 파란 공간으로만 생각하지 말자. 천천히 움직이는 거대한 해류를 이끄는 중력을 상상하면서 파란 부분이 지구의 가장 큰 엔진임을 기억하자.

STORM IN A TEACUP

제3장

작은 것이 아름답다

표면장력과 점성

VISCOSITY

milk

lab-on-a-chip

COFFEE

SURFACE TENSION

MICROGRAPHIA

GIANT REDWOODS

AGNES POCKELS

capillary phenomenon

Pockels' trough

커피는 전 세계적으로 사랑받는 상품이고, 보잘것없는 콩에서 완벽한 음료를 추출하는 마법은 미식가들의 끊임없는 논쟁거리(이자 허세거리)다. 하지만 나는 로스팅이나 에스프레소 기계의 압력에는 관심이 없다. 그보다 커피를 흘릴 때 일어나는 현상에 매력을 느낀다.◆ 흘린 커피는 일상에서 일어나는 신비로운 현상 중 하나지만 그 누구도 궁금해하지 않는다. 딱딱한 표면에 흘린 커피는 방울진 모양의 액체로 특별할 것이 없다. 하지만 마를 때까지 내버려두면 1970년대 탐정 드라마에서 살인 현장에 시체가 있던 자리에 그려진 선 같은

◆ 미안하지만 진짜다. 하지만 인스턴트커피여도 상관없으니 비싼 커피숍의 원두커피를 과학에 허비할 필요는 없다.

갈색 테두리를 발견할 수 있을 것이다. 처음 커피를 흘렸을 때는 분명 안에도 액체가 채워져 있었으나 마르면서 커피는 모두 바깥으로 이동했다. 흘린 커피를 관찰하는 것은 페인트가 마르는 과정을 지켜보는 것만큼 지루할 뿐 아니라 지켜본다고 해도 큰 변화를 볼 수 없다. 커피를 움직인 물리학은 우리 눈으로 직접 보기에는 너무 작은 규모로 작용한다. 하지만 그 결과는 분명하게 볼 수 있다.

흘린 커피를 확대해보면 물 분자들이 범퍼카 놀이를 하고 있고 더 큰 구 모양의 갈색 커피 입자들이 그 중간에서 떠다닌다. 물 분자는 서로 매우 강하게 결합하기 때문에 하나의 분자가 물방울 표면에서 약간이라도 떨어지면 밑에 있던 분자들이 바로 끌어내린다. 즉, 항상 매끄러운 물 표면은 아래에 있는 물을 향하기 때문에 마치 테두리에 고무줄이 들어간 침대보가 아래로 평평하게 당겨지는 것과 같다. 이렇게 표면에 나타나는 탄성이 앞으로 자세히 살펴볼 표면장력이다. 커피 방울 테두리에서 물 표면은 아래로 부드럽게 휘어지며 테이블 표면과 닿아 방울의 위치를 고정한다. 하지만 방이 따뜻하면 물 분자가 표면에서 완전히 탈출해 수증기가 되어 공기로 날아간다. 이것이 바로 증발 현상이다. 증발은 물 분자에만 서서히 일어나기 때문에 증발되지 않은 커피 가루는 커피 방울에 갇힌다.

테두리는 테이블에 고정되기 때문에(그 이유는 나중에 알아보자) 물이 탈출할수록 신기한 현상이 일어난다. 테이블에 매우 강력하게 고정된 테두리는 그 자리에 남아 있을 수밖에 없다. 하지만 공기에 노출된 물 분자의 비율은 가운데보다 테두리에서 더 높기 때문에 테두리에서 증발이 더 빨리 일어난다. (같이 커피를 마시는 사람에게 얼룩이 마르는 장면을 감상하는 것이 최신 유행이라고 설득하면서) 커피 방울을 관찰하더라도 커피 방울 속 내용물이 움직이는 모습은 볼 수 없다. 하지만 가운데 있던 커피 액체는 테두리로 이동해 날아간 물을 대체한다. 물 분자는 커피 입자를 데리고 이동하지만 공기로 날아갈 때는 커피와 함께하지 못한다. 따라서 커피 입자는 점차 테두리로 이동하고 물이 다 날아가버리면 원 모양의 커피만 남는다.

내가 흘린 커피에 매료된 이유는 바로 코앞에서 벌어지는 재미있는 현상이 너무 작아 볼 수 없기 때문이다. 작은 것들의 세계는 완전히 다른 세상이다. 그 세계에서 중요한 규칙과 이 세계에서 중요한 규칙은 다르다. 앞으로 살펴보겠지만, 작은 세계에도 중력과 같이 우리에게 익숙한 힘은 여전히 존재한다. 하지만 분자들이 춤을 추기 때문에 발생하는 다른 힘들은 더 중요하다. 작은 세계에서 물체들은 몹시 이상해 보일지 모른다. 작은 곳에서 작용하는 규칙들은 요즘 우유에는 왜 크림이 없는지, 거울에 왜 김이 서리는지, 나무가 물을 어떻게 빨아들이는지를 비롯해 그 밖에 우리가 사는 큰 세계의 다양한 원리를 설명해준다. 그뿐만 아니라 우리는 이러한 규칙들을 이용해 우리의 세계를 조작할 수 있다. 또한 어떻게 작은 세계의 규칙들로 병원 설계를 개선하고 새로운 진단 방식을 개발해 수백만 명의 생명을 구할 수 있을지 알게 될 것이다.

푸른박새와 결핵
점성

눈에 보이지 않을 만큼 작은 물체에 대해 걱정하기 위해서는 우선 그 물체의 존재를 알아야 한다. 인류는 이 문제를 앞에 두고 딜레마에 빠졌다. 무언가가 있는지 알지 못한다면 왜 그것을 찾아야 할까? 하지만 1665년 로버트 훅이 발표한 최초의 과학 베스트셀러 《미크로그라피아》Micrographia가 모든 것을 바꾸었다.

로버크 훅은 영국 왕립학회의 실험 책임자였기 때문에 당시 존재했던 모든 과학 장난감을 마음껏 갖고 놀 수 있었다. 《미크로그라피아》는 현미경이라는 놀라운 장치의 잠재력을 독자에게 소개하는 책이었다. 타이밍은 완벽했다. 당시는 실험의 시대였고 과학 지식이 빠르게 발전했다. 몇 세기 동안 렌즈는 인간 문명의 변두리만을 맴돌며 정식 과학 도구가 아닌 신기한 구경거리 정도로 여겨졌다. 하지만 《미크로그라피아》의 등장과 함께 렌즈의 전성기가 도래했다.

《미크로그라피아》가 훌륭한 이유는 왕립학회 명성에 걸맞은 체통과 권위를 갖추었지만 과학자가 재미로 한 놀이의 결과물이기 때문이다. 많은 돈을 들여 세심하게 제작한 이 책에는 자세한 설명과 아름다운 삽화가 가득하다. 하지만 기본적으로 로버트 훅은 현미경을 처음 본 아이들이 할 법한 행동을 했을 뿐이다. 그는 그저 돌아다니며 모든 것을 관찰했다. 면도날, 쐐기풀 가시, 모래알, 불에 탄 야채, 머리카락, 불똥, 생선, 책벌레, 실크를 놀라울 정도로 자세히 그렸다. 섬세하게 묘사된 작은 세계는 충격적이었다. 파리의 눈이 그렇게 아름다울지 누가 알았겠는가? 혹은 사물들을 자세하게 관찰했으나 관찰 대상을 심층적으로 연구하지는 않았다. 책 중 '요로결석'(주로 소변기 안쪽에서 발견되는 결정체)에 대한 부분에서 그는 이 고통의 원인을 치료할 수 있는 방법을 추측했지만 문제를 풀 막중한 임무를 다른 사람에게 기꺼이 떠넘겼다.

> 따라서 의사들은 결석 또는 결정이 있는 소변에는 결석이나 결정을 녹이는 무언가가 섞이지 않았을 가능성을 조사해야 할 것 같다. 일반적인 형상을 보았을 때 결정화된 구조가 보이기도 했다……하지만 난 이 문제를 적임자인 의사나 화학자에게 맡기고 하던 일을 계속하겠다.

혹은 하던 일을 계속하기 위해 곰팡이, 깃털, 해조류, 달팽이 이빨, 벌침을 관찰했다. 이 과정에서 그는 코르크 껍질을 구성하는 단위를 설명하면서 '세포'라는 단어를 만들었고 이때부터 생물학은 독립적인 학문이 되었다.

혹은 단지 작은 세계로 통하는 길을 보여준 것만이 아니었다. 그는 모든 사람에게 파티장의 문을 열어주었다. 《미크로그라피아》는 이후 몇 세기 동안 가장 유명한 현미경 과학자들에게 영감을 주었고 유행에 민감한 런던 사람들에게 과학적 흥미를 불러일으켰다. 사람들은 책에서 소개하는 굉장한 보물들이 항상 곁에 있던 것이라는 사실에 매료되었다. 썩어가는 고기 주변을 성가시게 맴도는 까만 점은 다리에 털이 복슬복슬하고 눈이 동글납작하며 까칠까칠한 가시가 솟은 반짝이는 외피로 덮인 작은 괴물임이 밝혀졌다. 충격적인 발견이었다. 당시 장거리 항해가 성공하면서 새로운 세계와 인종이 등장했고 사람들은 머나먼 곳에서 이루어지는 발견에 흥분했다. 배꼽을 뚫어지게 바라보는 것의 가치가 제대로 인정받지 못했을 수도 있으며 배꼽에 낀 보푸라기도 세상에 들려줄 이야기가 많으리라고는 누구도 생각하지 못했다. 일단 벼룩의 털북숭이 다리를 보고 받은 충격을 극복하고 나자 작은 세상이 어떻게 돌아가는지 알 수 있었다. 그 작은 세계는 기계적이고 이해하기 쉬웠다. 인간이 수년 동안 짐작은 했지만 설명하지 못했던 것들을 현미경이 밝혀주었다.

하지만 현미경은 작은 세상을 향한 항해의 시작일 뿐이었다. 10만 개가 모여야 코르크 세포 하나의 길이가 되는 작은 원자의 존재가 밝혀지기까지는 200여 년의 시간이 더 걸렸다. 저명한 물리학자 리처드 파인먼Richard Feynman이 그로부터 여러 해가 지난 후 지적했듯이 바닥에는 많은 공간이 있다. 우리 인간은 우리의 세계를 구성하고 토대가 되는 아주 작은 구조들을 알지 못한 채 크기 척도의 중간에서만 거닐 뿐이다. 하지만 훅의 《미크로그라피아》가 발표된 지 350년이 지나고 변화가 일어나고 있다. 이제 우리는 어린아이가 박물관에서 전시품을 만지지 못하고 유리 벽을 통해서만 보듯이 세상을 보지 않는다. 유리 벽은 사라졌고 우리는 직접 다가가 작은 세계의 척도에서 원자와 분자를 다루는 법을 배우기 시작했다. '나노'는 새로운 유행이 되었다.

작은 세계를 매력적이면서도 유용하게 만드는 가장 중요한 부분은 작은 규모에서는 물질이 작용하는 방식이 다르다는 사실이다. 인간에게는 불가능한 일이 벼룩에게는 매우 중요한 삶의 기술일 수 있다. 벼룩이 사는 우주에는 당신과 내가 사는 우주와 동일하고 똑같은 물리학 법칙들이 적용된다. 하지만 우선시되는 힘이 다르다.* 우리가 사는 세상을 지배하는 힘은 두 가지다. 첫째는 우리 모두를 밑으로 당기는 중력이다. 둘째는 관성이다. 우리는 매우 크기 때문에 우리를 움직이거나 우리의 속도를 낮추기 위해서는 힘이 많이 든다. 하지만 우리가 작아지면 중력의 당기는 힘과 관성 역시 작아진다. 그러면 이제까지 계속 존재했으나 세기가 미미했던 다른 힘들이 중력, 관성과 경쟁하기 시작한다. 그중 하나가 커피 방울이 마를 때 커피 입자를 움직였던 표면장력이다. 또 하나는 점성이다. 작은 세상에서 작용하는 점성 때문에 우유 위를 덮었던 포근한 크림이 사라졌다.

그들은 항상 금색 아니면 은색의 우유병 뚜껑을 노렸다. 이른 아침 조심스럽게 대문을 열면 그들과 마주칠 수 있었다. 작은 새들은 병 위에 앉아 구슬 같은 눈을 반짝이며 주변을 살피고 얇은 알루미늄 뚜껑을 쪼아 구멍을 낸 후 크림을 서둘러 먹어치웠다. 들킨 걸 알아채면 곧장 날아가 또 다른 행운을 기대하며 이웃집을 기웃거렸다. 푸른박새는 금세기 들어 약 50년 동안 가장 뛰어난 우유 크림 도둑이었다. 엉성

◆ 친숙하지 않은 양자역학을 몰라도 작은 세계의 많은 부분을 탐험할 수 있다. 양자역학은 원자와 분자 단위 이하부터 적용된다. 세상에는 원자나 분자보다 훨씬 크지만 여전히 우리가 볼 수 없을 만큼 작은 것이 매우 많다. 흥미롭게도 우리는 이러한 중간 크기의 물질들은 선명하게 볼 수 없지만 직감으로 이해한다(양자 세계의 규칙으로는 불가능하다).

한 뚜껑 바로 밑에 부드럽고 영양가 높은 먹이가 있다는 사실을 서로 알려주었고 소문은 영국 전역에 있는 모든 푸른박새에게 퍼졌다. 다른 새들은 이 기술을 알아채지 못한 것 같지만 푸른박새들은 매일 아침마다 우유 배달부를 기다렸다. 하지만 이 게임이 갑작스럽게 끝난 것은 플라스틱 병의 등장이 아닌 더 근본적인 이유 때문이었다. 인간이 소에서 우유를 짜는 한 크림은 항상 떠올랐다. 그러나 요즘에는 그렇지 않다.

배고픈 푸른박새가 기웃거린 우유병에는 온갖 성분이 섞여 있었다. 우유 대부분은 물이지만(거의 90퍼센트) 당류(어떤 사람은 소화하지 못하는 유당), 작고 둥근 막에 모여 있는 단백질 분자, 입자가 큰 지방 덩어리들이 떠다녔다. 모든 성분은 섞여 있으나 한참 동안 내버려두면 패턴이 나타났다. 우유 속 지방 입자들은 1~10마이크로미터로 매우 작다. 즉, 100~1,000개의 입자를 정렬해야 자에서 1밀리미터 눈금까지 채울 수 있다. 이 작은 입자들은 주변의 물보다 밀도가 낮다. 동일한 부피에 들어 있는 '물질'이 적은 것이다. 따라서 지방 입자들은 주변 물질들과 섞여 움직일 때 방향이 미세하게 다르다. 중력이 지방 입자보다 주변에 있는 물을 조금 더 세게 밑으로 당기고 지방은 아주 부드럽게 위로 밀려난다. 즉, 지방은 약한 부력이 생겨 우유 위로 서서히 떠오른다.

문제는 얼마나 빨리 떠오르느냐는 것이다. 여기서 물의 점성이 중요하다. 점성은 유체의 한 층이 다른 층 곁을 미끄러지며 지나갈 수 있는 능력이다. 찻잔을 저을 때를 생각해보자. 티스푼을 둥글게 저으면

티스푼 주변 액체가 옆에 있는 액체를 지나간다. 물은 점성이 그리 높지 않으므로 물로 이루어진 층들은 서로 쉽게 지나간다. 하지만 시럽이 담긴 컵을 젓는다고 가정해보자. 당 분자는 주변 분자들과 강력하게 결합해 있다. 이 분자들이 서로 지나갈 수 있도록 만들려면 우선 결합을 끊어 움직일 수 있도록 해야 한다. 시럽으로 된 유체는 움직이기가 매우 힘들기 때문에 점성이 높다고 말한다.

우유에서 지방 입자는 부력 때문에 위로 밀린다. 하지만 위로 떠오르려면 올라가면서 주변 액체를 밀쳐야 한다. 지방 입자가 밀어낼 때 주변 액체는 미끄러져 지나가야 하므로 점성이 중요하다. 점성이 높을수록 떠오르는 지방 입자에 가해지는 저항이 커진다.

푸른박새 다리 바로 아래에서 이런 싸움이 벌어진다. 지방 입자들은 부력 때문에 위로 밀리지만 지나가야 하는 주변 액체 탓에 저항을 받는다. 똑같은 힘이 똑같은 지방 입자에 가해지더라도 크기에 따라 타협점이 달라진다. 물질의 크기가 작을수록 일정한 질량당 노출되는 표면적이 커지므로 저항의 영향이 훨씬 커진다. 따라서 수많은 주변 물질을 헤쳐 나갈 수 있는 부력이 작아지고 그 결과 같은 액체에 들어 있더라도 작은 지방 입자는 큰 입자보다 천천히 떠오른다. 작은 세계에서는 일반적으로 점성이 중력보다 우세하다. 물질은 천천히 움직인다. 그리고 정확한 크기가 매우 중요하다.

우유에서 지방은 입자가 클수록 빠르게 떠오르면서 작고 천천히 움직이는 입자들과 충돌하며 결합해 무리를 형성한다. 이 무리들은 입자 상태일 때보다 훨씬 크기가 커지면서 부력 또한 커지고 가해지는 저항이 약해지면서 그 결과 떠오르는 속도가 빨라진다. 푸른박새는 그저 병 위에 앉아 기다리기만 하면 발밑에 아침 식사가 준비될 것이다.

그 후 균질화 공정이 등장했다.* 우유 제조업체들은 우유를 아주 얇은 관으로 고압에서 짜면 지방 입자가 쪼개져 직경을 5분의 1로 줄일 수 있다는 사실을 발견했다. 그러면 질량은 125분의 1이 된다. 이제 약한 부력은 점성으로 인해 완전히 무력화된다. 균질화된 지방 입자들이 떠오르는 속도는 신경 쓰지 않아도 될 만큼 매우 낮아졌다.** 단순히 지방 입자들을 작게 쪼갰을 뿐인데 전세가 역전되어 점성이 대승을 거두었다. 더 이상 우유에 크림은 떠오르지 않았다. 푸른박새는 다른 아침거리를 찾아야 했다.

큰 세계와 작은 세계에는 같은 힘이 존재하지만 힘의 서열이 다르다.*** 기체와 액체 모두 점성이 있다. 기체 분자는 액체처럼 서로 결합하지는 않지만 서로 거칠게 떠밀고 기체의 거대한 범퍼카 놀이는

◆　삶의 다양성과 즐거움을 사랑하는 사람으로서 이 단어를 볼 때마다 애석하다. 모든 것을 똑같이 만들면 편리할 때도 있지만 삶의 재미를 빼앗긴 것 같은 기분이 든다. 우리가 푸른박새라면 더욱 그럴 것이다.

◆◆　작아진 입자들에 단백질 코팅을 입히면서 무게는 더 무거워지고 부력은 약해지면서 속도는 더욱 낮아졌다. 이를 위해 아주 정밀한 측정 작업이 수행되었다. 우유 한 병에도 수많은 과학의 신비가 담겨 있다는 사실이 놀랍다.

◆◆◆　더 자세한 내용을 알고 싶다면 생물학자 존 홀데인John Burdon Sanderson Haldane이 1920년대 쓴 유명한 짧은 에세이 〈적당한 크기가 되는 것에 관하여〉On Being the Right Size를 참고하라 (http://irl.cs. ucla.edu/papers/right-size.html). 그의 글에서 가장 인상적인 부분은 매우 마음 아프지만 사실이다. "생쥐와 그보다 작은 동물에게 그것(중력)은 그다지 위험하지 않다. 생쥐를 약 900미터 갱도 아래로 떨어뜨리면 지면이 푹신할 경우 약간의 충격만 받을 뿐 다시 기어간다. 들쥐는 죽고, 사람은 다치고 말은 터져버린다." 내가 알기로는 이를 실제로 실험한 사람은 없다. 이 실험의 선구자가 되지 마라. 실험을 하더라도 나를 원망하지 않길 바란다.

액체 분자와 동일한 효과를 일으킨다. 그렇기 때문에 공기를 모두 빼낸 진공관이 아닌 이상 곤충과 대포는 낙하하는 속도가 다르다. 공기의 점성은 곤충에게는 매우 중요하지만 대포에는 거의 무의미하다. 공기를 없애면 곤충과 대포에 작용하는 힘은 중력뿐이다. 작은 곤충은 공중에서 날기 위해 우리가 물속에서 수영할 때 쓰는 기술을 쓴다. 우리가 수영할 때처럼 점성이 곤충 주변을 지배하기 때문이다. 크기가 가장 작은 곤충들은 공기 중에서 나는 게 아니라 헤엄친다고 할 수 있다.

우유의 균질화 공정이 보여주는 물리학 법칙은 우유병이 있는 대문 앞에서만 적용되지는 않는다. 당신이 재채기를 할 때 방에 퍼트리는 입자의 크기를 생각해보라. 크림이 위로 떠오르는 것을 방해한 원리에 의해 병균은 아래로 내려가지 못한다.

결핵은 수천 년간 인간을 괴롭혀왔다. 결핵에 관한 가장 오래된 기록은 기원전 2400년 고대 이집트 미라에서 발견되었다. 기원전 240년 히포크라테스는 결핵을 소모성 질환으로 인식했고 유럽 왕족은 연주창을 어루만져주는 치료 의식을 수행했다. 산업혁명 후 사람들이 도시로 이주하면서 폐결핵이 도시 빈민 사이에 유행했고 1840년대에는 잉글랜드와 웨일스의 사망 원인 중 4분의 1을 차지했다. 1882년이 되어서야 작은 세균인 결핵균이 원인으로 규명되었다. 찰스 디킨스Charles Dickens는 어디서나 볼 수 있는 기침하는 결핵 환자를 묘사했지만 질병의 가장 중요한 요인에 대해서는 어떠한 글도 남기지 못했다. 눈으로 볼 수 없었기 때문이다. 결핵은 공기로 전염된다. 환자가 기침할 때마다 수천 개의 작은 액체 방울이 열을 지은 작은 병정들처럼 폐에서 뿜어져 나온다. 이 중 일부는 3,000분의 1밀리미터 크기의 작은 막대 형태인 결핵균을 포함한다. 액체 방울 자체는 1밀리미터의 수십 분의 1 정도로 크기가 큰 편이다. 이 액체 방울이 중력에 의해 아래로 당겨지면서 바닥에 닿으면 최소한 다른 곳으로는 가지 않는다. 하지만 점성을 갖는 것이 액체만이 아니므로 바닥에 바로 닿지 않는다. 공기 또한 점성을 가지므로 물체가 이동하려면 공기를 밀어내야 한다. 액체 방울은 밑으로 내려가며 공기 분자와 충돌하고 스치면서 하강 속도가 줄어든다. 우유병에서 크림이 점성을 지닌 우유를 뚫고 천천히 떠오른 것처럼 액체 방울도 점성을 지닌 공기를 헤치면서 바닥에 닿는다.

공기를 헤치고 지나가지 못하면 바닥에 닿지 못한다. 액체 방울은 대부분 물로 되어 있고 물은 바깥 공기에 몇 초 동안 노출되면 증발한다. 크기가 큰 액체 방울은 중력 덕분에 점성을 지닌 공기를 뚫고 내려갈 수 있으나 물이 증발하면 작은 점으로 변한다. 처음에는 결핵균들이 침방울에 떠다녔으나 물이 증발하면 남은 유기물들이 덩어리로 뭉친다. 이 새로운 덩어리에 가해지는 중력은 공기의 기류를 이기지 못한다. 공기의 흐름대로 세균도 움직인다. 균일화된 우유의 작게 분쇄된 지방 입자처럼 유기물 덩어리는 계속 떠다닌다. 덩어리는 면역력이 약한 사람과 접촉해 새 군체를 만들고 새로 생긴 균들은 기침을 통해 밖으로 나와 다시 퍼진다.

결핵은 적절한 약을 복용하면 치료된다. 따라서 서구에서는 거의 사라졌다. 하지만 내가 이 책을 쓰는 지금 결핵은 HIV/AIDS 다음으로 가장 높은 사망 원인이며 개발도상국에서는 심각한 문제다. 2013년 900만 명이 결핵에 걸렸고 이 중 150만 명이 사망했다. 결핵균은 새로운 항생제가 나올 때마다 돌연변이를 일으켜 내성을 갖기 때문에 약물만으로는 결핵을 근절할 수 없다. 여러 약제에 내성을 지닌 결핵균 종이 증가하고 있다. 결핵은 병원과 학교에서 자주 발병한다. 그래서 최근에는 앞에서 설명한 작은 액체 방울에 관심이 모이고 있다. 결핵에 걸린 후 치료하기보다는 처음부터 세균 덩어리들이 확산되지 않도록 건물 구조를 바꾸는 것이 어떨까?

리즈 대학교University of Leeds의 토목공학 교수 캐스 녹스Cath Noakes는 이 분야의 연구자다. 캐스는 떠다니는 작은 입자들을 정확히 이해하면 상대적으로 단순한 해결책이 나올 수 있다고 확신한다. 그녀를 포함한 많은 과학자들이 질병을 퍼트리는 작은 운반체들이 어떻게 움직이는지 연구했고 입자 안 내용물의 종류와 내용물이 입자 안에 머무는 시간은 중요하지 않다는 사실을 밝혔다. 중요한 것은 입자에 작용하는 힘들 사이에 벌어지는 전투고, 전선은 입자의 크기에 따라 결정된다. 아무리 큰 입자라도 공기에 난류가 있으면 뜰 수 있고 우리가 생각한 것보다 멀리 이동할 수 있다.* 가장 작은 입자들은 자외선과 청색광에 손상되지만 며칠 동안 공기 중에 머무를 수 있다. 입자가 크기의 척도에서 어디에 위치하는지 안다면 어디로 향할지도 예상할 수

◆ 우유를 계속 저으면 크림이 다시 안에서 섞이므로 위로 떠오르지 않는다. 여기에도 같은 원리가 적용된다. 입자는 떨어지는 속도보다 빠른 기류를 만나면 계속 섞이므로 밑으로 많이 내려가지 못한다.

있다. 이에 따라 병원의 환기 시스템을 설계할 때 특정 크기의 입자를 제거하거나 유지하도록 구상해 결핵의 확산을 통제하는 기술이 개발되고 있다. 캐스는 병에 걸리는 데 필요한 세균의 양(홍역의 경우 극히 소량)과 질병에 걸리는 신체 부위(같은 결핵균이라도 폐와 기관지에 일으키는 영향이 다르다)에 따라 공격 방안이 달라진다고 말한다. 연구는 아직 초기 단계지만 매우 빠르게 발전하고 있다.

인류는 수세대 동안 결핵에 꼼짝없이 당했지만 균이 퍼지는 양상을 예측할 수 있게 되면서 이제 질병을 무력화할 기회를 맞이했다. 우리 조상들은 공기가 퀴퀴한 곳에서 병이 발생한다고 짐작만 했지만 지금 우리는 질병 입자들이 환자 주변에서 발생하는 미세한 공기 소용돌이에 따라 어떻게 배열되고 움직이며 어떤 결과를 일으키는지 이해한다. 이러한 연구 성과는 향후 병원 설계에 반영될 것이고 대규모 공학 기술이 소규모 입자들을 통제해 수많은 생명을 구할 것이다.

작은 세계에서, 점성의 파트너
표면장력

점성은 지방 입자가 우유에서 떠오르거나 작은 세균이 공기를 헤치고 낙하할 때처럼 작은 물체가 하나의 유체에서 움직일 때 중요하다. 작은 세계에서 점성의 파트너인 표면장력은 두 개의 유체가 접촉하는 곳에서 중요하다. 우리가 쉽게 볼 수 있는 예는 공기와 물의 접촉이고 공기와 물이 섞일 때 일어나는 거품은 누구라도 좋아할 것이다.* 그렇다면 거품 목욕부터 이야기해보자.

욕조를 채우는 독특한 소리를 들으면 행복하다. 힘겨운 하루를 보상받으려 할 때나 치열한 테니스 경기 후 몸을 회복해야 할 때, 아니면 일상에서 사치를 부리고 싶을 때 욕조에 물을 받는다. 하지만 거품 입욕제를 넣는 순간 소리가 바뀐다. 요란하던 소리는 거품이 일면서 부드럽고 조용해지고 물이 끝나고 공기가 시작되는 경계를 찾기가 더어려워진다. 물로 된 막 안에 공기 주머니가 갇힌 것이다. 이 모든 일이 병에서 입욕제를 조금 떨어트리면서 일어났다.

표면장력의 퍼즐을 맞추기 시작한 사람은 19세기 말 유럽 과학자들이었다. 빅토리아시대 사람들은 거품을 사랑했다. 1800~1900년 비누 산업은 크게 성장했고 산업혁명 노동자들은 하얀 비누 거품으로몸을 씻었다. 빅토리아시대에 완벽한 청결과 순결의 상징이었던 거품은 설교의 좋은 재료였다. 또한 특수상대성이론과 양자역학이 등장해질서 정연한 우주가 풍선처럼 팽창한다는 주장에 날카로운 바늘을 들이대기 몇 년 전까지 거품은 당시 성행한 고전물리학의 대표 분야였다. 하지만 실크 모자를 쓰고 수염을 기른 남자들은 점잔을 빼며 거품의 비밀을 직접 파헤치지 않았다. 거품은 어디에서나 누구라도 접할수 있었다. 아그네스 포켈스Agnes Pockels는 종종 '독일 주부'로 소개되지만 한정된 자원과 뛰어난 창의성을 활용해 표면장력을 실험한 총명하고 비판적인 사상가였다.

◆　거품을 연구하는 물리학자인 나는 말할 것도 없다.

1862년 베니스에서 태어난 포켈스가 살던 시대에 여성은 집에 있는 것이 당연했다. 따라서 남동생이 대학에 가기 위해 떠났을 때 그녀는 집에 남았다. 하지만 그녀는 남동생이 보내준 자료로 고급 물리학을 공부하고 집에서 실험하며 학계 동향을 주시했다. 어느 날 그녀는 영국 물리학자 존 레일리 경^{John William Strutt Rayleigh}이 자신이 여러 차례 실험한 표면장력에 관심을 보인다는 소식을 듣고 그에게 편지를 썼다. 레일리 경은 편지에 담긴 그녀의 실험 결과에 크게 감탄했고 이를《네이처》^{Nature}에 기고해 당대 모든 과학계 인사와 공유했다.

포켈스의 실험은 아주 단순하지만 기발했다. 그녀는 실 끝에 단추만 한 작은 원형 금속판을 매단 다음 수면에 놓았다. 그리고 금속판을 수면에서 들어 올릴 때 드는 힘을 측정했다. 이상하게도 물이 금속판을 붙들었다. 즉, 수면에서 금속판을 떼는 데 탁자에서 떼는 것보다 힘이 더 들었다. 포켈스는 우리가 표면장력이라고 부르는 물이 당기는 힘을 측정한 것이다. 당기는 힘을 일으킨 얇은 분자층은 너무 작아 눈으로 직접 볼 수 없었지만 수면은 시험할 수 있었다. 그 방법은 잠시 후 알아보기로 하고 우선 욕조 이야기로 돌아가자.

물로만 가득 찬 욕조에서는 빼곡히 모인 물 분자가 서로 거칠게 밀치며 범퍼카 놀이를 한다. 하지만 물이 특별한 액체인 이유는 분자 간 강력한 결합 때문이다. 물 분자는 큰 산소 원자 한 개와 작은 수소 원자 두 개로 구성된다(H_2O는 두 개의 H와 한 개의 O를 의미한다). 수소 원자 둘 사이에 산소 원자가 끼어 있는 납작한 V 모양이다. 산소 원자는 수소 원자 둘과 매우 강하게 결합하지만 주변을 지나는 다른 원자에도 치근덕댄다. 다른 물 분자의 수소도 계속 당기는 것이다. 물 분자들은 이런 식으로 결합한다. 이를 수소결합이라고 하며 이 결합은 무척 강력하다. 욕조 안에서 물 분자들은 주변에 있는 다른 물 분자들을 계속 당기기 때문에 물 전체가 뭉쳐진다.

수면에 있는 물 분자 일부는 방치된다. 아래에 있는 분자들이 밑으로 당기기는 하지만 위에서는 아무것도 당기지 않는다. 따라서 아래와 옆으로는 당겨지지만 위로는 당겨지지 않는다. 그 결과 수면은 가장자리에 고무줄이 달린 침대보처럼 된다. 아래에 있는 물 분자에 의해 팽팽히 당겨지면서 스스로도 안쪽으로 웅크려 크기를 최대한으로 줄인다. 이것이 표면장력이다.

수도꼭지를 돌리면 공기가 욕조 밑으로 이동하면서 거품이 인다. 하지만 수면으로 떠오르면 거품은 유지되지 못한다. 거품의 돔 형태 표면이 늘어나지만 표면장력은 이를 도로 당길 만큼 강하지 않다. 그래서 거품이 터지고 만다.

포켈스는 단추를 수면에서는 떨어지지 않을 정도로 팽팽히 고정했다. 그다음 주변 수면에 세제를 한 방울 떨어트렸다. 1~2초 후 단추는 수면에서 떨어졌다. 세제가 물에서 퍼지면서 표면장력을 감소시킨 것이다. 물이 아닌 물질로 된 얇은 막이 수면을 덮으면 표면장력이 약해진다.

거품 입욕제를 넣을 때가 되면 깔끔하고 평평하며 매끈한 수면과 헤어져야 한다. 향기가 나는 끈적끈적한 액체는 물에 빠지자마자 가장자리로 숨는다. 입욕제 분자의 한쪽은 물을 좋아하고 다른 쪽은 물을 싫어한다. 물을 싫어하는 쪽이 공기를 만나면 그대로 머무르려 하지만 물을 좋아하는 쪽 역시 자신의 성향을 포기하지 않는다. 따라서 물이 공기와 접촉하는 수면에 얇은 입욕제 막이 생성된다. 이 막은 분자 하나의 두께만큼 얇다. 각 분자는 모두 둥글기 때문에 물을 좋아하는 쪽은 물에 잠기고 물을 싫어하는 쪽은 공기와 접촉한다. 이 얇은 코팅 막만 있다면 표면이 넓어도 문제가 되지 않는다. 거품 입욕제는 물처럼 강하게 당기는 힘이 없으므로 고무줄 침대보 효과는 매우 약해진다. 이제 수면에서 거품 파티를 시작할 시간이다. 입욕제 때문에 표면장력이 약화되면 공기 방울의 넓은 표면은 훨씬 안정되어 오래 지속된다.

여기서 한 가지 짚고 넘어가자. 우리는 하얀 거품이 무언가를 깨끗하게 만든다고 생각하지만 현재는 수면과 강력하게 결합해 거품이 잘 나는 물질이 옷에서 때를 빼고 그릇의 기름을 제거하는 최고의 세제가 아니다. 거품이 거의 나지 않더라도 아주 훌륭한 세제가 될 수 있고 오히려 거품이 방해가 될 때도 있다. 하지만 세제 회사들은 아름다운 하얀 거품이 그릇이나 옷을 깨끗하게 만든다고 주장해왔기 때문에 소비자들의 불만을 막기 위해 거품을 내는 기포제를 첨가한다.

점성과 마찬가지로 표면장력은 우리 세계에서 인지는 되지만 중력과 관성보다는 중요하지 않다. 하지만 작은 세상으로 가면 표면장력의 서열이 올라간다. 표면장력은 물안경에 김이 서리는 이유와 걸레의 원리를 설명해준다. 작은 세계의 진정한 매력은 하나의 거대한 물체 안에서 작은 일들이 수없이 일어나고 이 일들의 효과가 누적되는 데 있다. 예를 들어 표면장력은 작은 세계에서만 지배적이지만 지구에서 가장 큰 생명체의 생명을 유지해주기도 한다. 이를 살펴보기 전에 우선 표면장력의 다른 측면을 알아보자. 기체와 액체를 분리하는 표면이 고체와 충돌하면 어떤 일이 벌어질까?

　내가 처음 참가한 야외 수영 대회는 겁 많은 사람에게는 적합하지 않았다. 다행히 나는 그 사실을 몰랐기 때문에 걱정하지 않았다. 샌디에이고 스크립스 해양연구소에서 근무할 때 수영 동호회의 가장 큰 연중행사는 라호야La Jolla 해변에서 출발해 꽤 깊은 해저 협곡을 헤엄쳐 4.5킬로미터 떨어진 스크립스 부두까지 갔다가 돌아오는 대회였다. 그전까지는 수영장에서만 수영을 해봤지만 항상 새로운 일에 도전하는 것을 좋아했고 오랫동안 수영을 했기 때문에 신출내기처럼 보이고 싶지 않아 대회에 참가했다. 출발할 때는 사람들이 우르르 움직이면서 혼잡했지만 시간이 지나면서 나아졌다. 얼마 지나지 않아 바다 밑으로 멋진 해조류 숲이 나왔고 그 위를 헤엄치니 마치 하늘을 나는 것 같았다. 육지에 있는 숲처럼 거대한 해조류 숲 사이로 햇빛이 스며들었지만 곧 컴컴한 어둠 속으로 해조류가 사라졌고, 나는 보이지 않는 곳에서 떠다니는 수많은 생명체를 상상했다. 해조류 숲을 지나자 물이 출렁이기 시작해 방향을 유지하기 위해 집중해야 했다. 코스는 점점 힘들어졌다. 부두가 수평선에서 흐릿하게 보였지만 밑으로는 아무것도 볼 수 없었다. 꽤 오랜 시간이 지나서야 눈앞에 모든 것이 사라진 이유가 물안경에 김이 서려 있기 때문이란 사실을 깨달았다. 이런.

　따뜻해진 눈 주위 피부에서 난 땀이 플라스틱 물안경 안에서 증발한 것이다. 몸을 움직일수록 더 많은 땀이 증발했다. 내 얼굴과 물안경 사이에 갇힌 공기는 뜨겁고 습한 초소형 사우나가 되었다. 반면 나를 감싼 바닷물은 시원하고 쾌적해 바깥에서 물안경 표면의 온도를 낮추었다. 공기 중의 물 분자들이 시원하게 식은 플라스틱 표면과 충돌하면 열을 방출하면서 응축해 다시 액체가 된다. 하지만 문제는 이게 아니다. 물안경 안의 물 분자들이 다른 물 분자들과 만나면서 플라스틱보다 강하게 결합했다. 표면장력에 의해 물 분자들은 작은 물방울로 모여 표면을 최대한 줄인다. 물방울 하나는 직경이 10~50마이크로미터로 작다. 플라스틱에 붙은 물방울에 가해지는 중력은 표면장력보다 훨씬 작기 때문에 물방울이 아래로 흐르길 기대하는 것은 바보 같은 일이다.

작은 물방울들은 렌즈와 같아서 들어오는 빛을 굴절하고 반사한다. 내가 고개를 들어 부두를 바라보자 눈으로 들어오는 빛이 물방울 때문에 이리저리 흩어졌다. 거울이 가득한 작은 집처럼 물방울들이 시야를 흐트려 희미하고 흐릿한 회색 윤곽만 보일 뿐이었다. 잠시 멈춰서 물안경을 헹구자 잠깐 동안 부두가 선명하게 보였다. 하지만 다시 김이 서렸다. 다시 헹구었다. 다시 김이 서렸다. 다시 헹구었다. 결국 나는 빨간 모자를 쓴 수영 파트너에게 시선을 고정하고 수영하기 시작했다. 빨간색은 괘씸한 작은 물방울들을 통과했기 때문이다.

부두에 도착한 후 잠시 쉬면서 모두 괜찮은지 점검했다. 숨을 돌리자 한 주 전 스쿠버다이빙 강사가 알려준 방법이 떠올랐다. 물안경 안쪽에 침을 뱉은 후 손으로 문지르는 것이었다. 그때는 얼굴을 찌푸렸지만 지금은 다시 두 눈을 가리고 협곡을 건너고 싶지 않았기 때문에 침을 뱉었다. 돌아가는 길은 올 때와는 완전히 달랐다. 한 가지 이유는 수영 파트너가 지루하다며 중도에 포기하는 바람에 다른 사람들과 보조를 맞추기가 어려웠기 때문이다. 하지만 더 큰 이유는 주변 사람들, 해조류, 우리가 도착할 해변, 이따금 나타나는 호기심 많은 물고기를 볼 수 있었기 때문이다. 침은 세제와 마찬가지로 표면장력을 감소시킨다. 물안경은 여전히 초소형 사우나였고 물은 계속 응축했으나 표면장력이 약해져 물 분자들은 물방울로 뭉치지 못하고 표면 전체를 덮은 얇은 막에서 흩어질 뿐이었다. 빛은 물방울의 경계를 통과할 필요가 없어지자 직선으로 도달했고 나는 선명하게 앞을 볼 수 있었다. 해변에 이르자 완주했다는 안도감과 해저 세계를 선명하게 감상했다는 기쁨이 충만했다. 나는 비틀거리며 물 밖으로 나왔다.

이처럼 계면활성제를 표면에 얇게 바르는 것은 김을 제거하는 방법 중 하나다. 침, 샴푸, 면도 크림, 값비싼 김 서림 방지제 등 여러 물질로 김을 제거할 수 있다. 응축된 물은 계면활성제와 닿으면 바로 코팅이 된다. 이 코팅으로 물방울의 표면장력은 약해지고 힘들의 전투에서 표면장력이 밀리면서 물이 플라스틱을 균일하게 덮는다. 당기는 다른 힘이 없으므로 물은 물안경 표면 전체에 붙는다. 표면장력은 물과 물안경이 결합하는 힘에 맞서는 유일한 경쟁 상대이므로 표면장력이 약해지면 문제는 사라진다.*

표면장력을 약화시키는 것도 하나의 해결책이지만 다른 방법도 있다. 물안경의 끌어당기는 힘을 증가시키는 것이다. 물방울은 안으로 움츠려 공 모양을 만든다. 물방울을 플라스틱이나 유리 위에 떨어트리면 물 분자는 움직이면서 플라스틱이나 유리에 닿는 분자 수를 최대한 줄여 표면과 접촉하는 부분을 최소화하므로 물방울의 높이가 높아진다. 하지만 물 분자끼리 당기는 힘만큼 물 분자들을 강하게 끌어당기는 고체 표면에 물방울을 떨어트리면 물은 표면으로 파고들 것이다. 표면이 물 분자들을 주변에서 당기는 힘만큼 강하게 당기면 물방울은 생기 넘치는 둥근 모양을 만들지 못하고 납작해진다. 최근에 나는 물을 끌어당기는, 즉 친수성 코팅을 입힌 물안경을 샀다. 여전히 물은 응축되지만 표면으로 퍼지면서 코팅과 결합한다. 물안경의 응축은 계속 일어나지만 더 이상 김은 서리지 않는다.♦♦

표면장력이 약해지면 여러모로 편리하다. 하지만 물 분자끼리 당기는 힘은 매우 강하다. 또한 물의 부피가 작을수록 표면장력은 중요해진다. 그러므로 가장 작은 규모로 물을 배관한다면 표면장력은 정말 유용하다. 작은 세계에서는 물을 움직일 때 펌프, 관, 다량의 에너지가

♦ 물을 싫어하는 물체에 물방울을 떨어트리면 이를 직접 실험할 수 있다. 토마토 주스가 그 예다. 떨어진 물방울은 표면에 머무를 것이다. 막대기 끝에 세제를 약간 묻힌 다음 물방울을 살짝 건드리면 즉시 물방울이 옆으로 퍼진다. 주스를 마시기 전에 세제를 제거하길 바란다.

♦♦ 물을 표면으로 이끄는 힘과 물이 안으로 움츠리는 힘 사이의 균형을 조절하면 다른 여러 문제도 해결할 수 있다. 영국인들이 골치 아파하는 문제 중 하나는 티 포트에서 찻물을 다 따른 후에 주둥이에서 흘러내린 물이 티 포트 표면과 테이블에 흐르는 것이다. 티 포트가 물을 끌어당기기 때문에 생기는 일이다. 찻물이 흐르는 속도가 줄어들면 주둥이가 물을 당기는 힘이 물이 앞으로 나가는 추진력보다 강해진다. 찻물을 전혀 끌어들이지 않는 소수성疏水性 주전자를 개발하면 문제가 해결될 것이다. 하지만 안타깝게도 내가 이 책을 쓰고 있는 지금 그런 티 포트를 파는 회사는 없는 것 같다.

필요하지 않다. 중력이 의미가 없을 만큼 물체를 작게 만들어 표면장력이 다 알아서 하게 하면 된다. 하기 싫지만 하지 않는다면 엉망이 될 청소 이야기를 해보자.

쏟은 우유를 걸레로 닦을 수 있는 이유
모세관 작용

나는 요리를 잘하는 편이지만 요리하면서 주변을 정리하지 않고 음식에만 집중하기 때문에 항상 주방이 지저분해진다. 그래서 다른 사람의 주방에서 요리할 때면 긴장이 된다. 몇 년 전 폴란드의 한 학교에서 일할 때 이곳을 방문한 외국 자원봉사자들을 위해 애플파이를 만들었다.♦ 시작은 좋지 않았다. 키가 크고 인상이 날카로운 학교 조리사에게 주방을 써도 되냐고 묻자 그녀는 큰 소리로 "아니요!"라고 고함을 질렀다. 잠시 당황했으나 곧 우리가 폴란드어로 대화하고 있다는 사실을 깨달았다. 폴란드어에서 '아니요'는 '네'를 의미했다. 나는 폴란드어를 잘 못해 그녀의 말을 다 이해하진 못했지만 주방을 깨끗이 정리해야 한다는 강력한 메시지는 이해할 수 있었다. 아주 깨

♦ 애플파이는 미안함의 표시였다. 나는 자원봉사자들과 크라쿠프Krakow로 가는 길에 유대인 지구에 있는 근사한 레스토랑에서 저녁을 사기로 약속했다. 하지만 당시는 스마트폰이 없던 시절이어서 길을 잃었다. 12명이 배를 곯으며 어두컴컴한 텅 빈 길을 헤맸으나 가려고 했던 훌륭한 레스토랑은커녕 어떤 식당도 찾을 수 없었다. 결국 우리는 맥도날드에 갔다. 나는 애플파이로나마 사과하고 싶었다.

끗하게. 어떤 얼룩도 남지 않도록. 먼지 하나 없도록. 그녀가 퇴근한 후 늦은 밤 나는 모든 재료를 준비해 주방으로 갔다. 그리고 여느 때처럼 시작하자마자 새로 뜯은 커다란 우유 팩부터 엎었다.

처음에는 우유가 저절로 사라져 무서운 조리사가 우유를 쏟았다는 사실을 전혀 모르길 바랐다. 미끄덩거리고 끈적끈적한 우유는 손이나 빗자루로 쓸어 담을 수도 없었으며 주방 바닥을 빠른 속도로 흘러갔다. 하지만 액체를 한곳으로 모을 수 있는 도구가 있었다. 바로 걸레다.

우유가 걸레에 닿자 일련의 새로운 힘이 작용하기 시작했다. 걸레의 재료인 면은 물을 끌어당긴다. 작은 세계에서 물 분자들은 면섬유와 결합하며 천천히 섬유 표면으로 올라간다. 또한 물 분자는 서로 강하게 끌어당기기 때문에 걸레에 닿은 첫 분자는 홀로 섬유 위로 올라가지 못한다. 옆에 붙은 분자를 데려가야만 위로 올라갈 수 있다. 따라간 분자 역시 자기 옆의 분자를 데려간다. 따라서 물은 우유 안에 있는 모든 성분과 함께 면섬유를 타고 올라간다. 물을 걸레에 있는 섬유와 결합시키는 힘은 무척 강해서 미세하게 아래로 당기는 중력은 무의미하다. 아래로 쏟아졌던 물질들은 다시 신나게 위로 올라간다.

하지만 이것으로 끝이 아니다. 걸레의 가장 중요한 특징은 솜털이다. 걸레의 섬유들이 물로 얇게 뒤덮이면 액체를 많이 흡수할 수 없다. 하지만 걸레의 솜털은 수많은 공기 주머니와 좁은 통로를 만든다. 물이 좁은 통로로 들어가면 사방에서 당겨지며 위로 올라가고 중간까지 올라간 물은 계속 위로 끌려간다. 통로가 좁을수록 중간에 있는 물방울이 닿는 면적은 넓어진다. 솜털이 복슬복슬한 걸레의 표면적은 넓고 솜털 사이에는 아주 좁은 틈이 있어서 물을 많이 흡수할 수 있다.

우유가 걸레로 사라지는 것을 보는 동안 작은 물 분자들이 서로 엉키며 솜털 안에서 부딪쳤다. 아래에 있는 분자들이 주변의 다른 분자들과 결합하며 무리를 따라 이동했다. 면섬유와 접촉한 분자들은 한쪽에서는 면섬유와 결합하고 반대편에서는 다른 물 분자와 결합하며 자리를 유지했다. 걸레의 마른 부분과 접촉한 분자들은 면섬유에 들러붙었고 결합한 후에는 뒤따라오는 다른 분자들을 끌어 올려 걸레 안의 간격들을 채웠다. 맨 위에 있는 분자들은 바로 밑에 있는 물 분자들과 결합해 주변을 가능한 한 많은 물 분자로 채우려 했고 이 과정에서 물을 위로 끌어 올렸다. 이를 모세관 작용이라고 한다. 중력은 솜털 사이에 있는 우유를 당겼다. 하지만 중력은 위에서 모든 것을 끌어들이는 힘, 즉 우유가 수많은 작은 공기 주머니 안에 있는 마른 면섬유와 접촉하며 발생하는 힘과 경쟁할 수 없었다. 내가 걸레를 뒤집어 훔치자 새로운 부분의 공기 주머니에 액체가 채워졌다.

수많은 공기 주머니에서 생기는 작은 힘들의 합이 지구의 중력과 균형을 이룰 때 솜털 사이의 통로를 통해 걸레로 올라가던 물은 멈춘다. 그렇기 때문에 우리가 걸레 끝을 물에 담그면 물이 몇 센티미터까지 재빠르게 올라가다가 멈추는 것이다. 이동을 멈추었을 때 물의 무게는 표면장력이 위로 끄는 힘과 정확히 균형을 이룬다. 걸레의 솜털 간격이 좁을수록 면적이 넓어 표면장력이 강해지고 물이 더 높이 올라간다. 여기서 크기는 매우 중요하다. 똑같은 모양의 솜털을 100배 크게 만들면 흡수력은 전혀 없을 것이다. 하지만 크기를 줄이면 힘의 서열이 바뀌면서 물이 올라간다.

걸레의 가장 큰 장점은 말리면 공기 주머니에서 물이 증발해 대기로 사라진다는 것이다. 수건에 모인 액체가 알아서 사라지니 골칫거리를 없애는 훌륭한 방법이 아닐 수 없다.◆

나는 우유를 닦은 후 애플파이를 완성하고 주방을 티끌 하나 없이 청소했다. 하지만 표면장력이 전혀 해결하지 못한 문제가 있었다. 애플파이를 먹은 학생들의 표정에서 알 수 있듯이 파이에 곁들인 휘핑크림이 정말 맛이 없었던 것이다. 덕분에 폴란드어로 된 휘핑크림 용기 라벨에서 '크림' 앞에 있는 단어가 '사우어'를 뜻한다는 사실을 알게 되었지만 외국어를 배우기에 좋은 방법은 아니었다. 그래도 살아가고 배우며 앞으로 다시는 그런 실수를 하지 않을 것이다.

걸레를 면으로 만드는 이유는 면을 구성하는 긴 당 사슬인 셀룰로오스가 물 분자와 쉽게 결합하기 때문이다. 탈지면, 행주, 싸구려 종이 모두 물을 좋아하는 작은 셀룰로오스 보풀이 액체를 흡수한다. 그렇다면 크기에 의존하는 물리학의 한계는 어디일까? 물리적으로 가능한 한 가장 작은 통로를 만든다면 어디에 쓸 수 있을까? 미세한 셀룰로오스 통로로 물을 끌어 올리는 것은 걸레만이 아니다. 자연은 우리보다 한참 전부터 이를 이용했다. 작은 세계의 물리학이 지닌 능력을 보여주는 가장 강력한 예는 지구에서 가장 큰 생명체인 자이언트 레드우드giant redwood다.

◆ 물론 우유의 지방, 단백질, 당류는 증발하지 않고 수건에 남기 때문에 꼭 빨아야 한다.

자이언트 레드우드와 랩온어칩
미세유체

숲은 조용하고 습하다. 항상 그 모습 그대로 거의 변화 없이 여기 있을 것처럼 보인다. 나무줄기 사이의 숲 바닥은 이끼와 양치류로 덮여 있고 눈에 보이지 않는 새들이 부르는 노랫소리와 나무가 흔들리며 불안하게 삐걱거리는 소리만 들린다. 머리 위로는 녹색 나뭇가지 사이로 파란 하늘이 보이고 발아래에는 개울, 진흙탕, 계곡으로 향하는 물줄기가 있어 사방에 물이 가득하다. 길을 거닐다가 불현듯 숲과 어울리지 않는 어두운 그림자가 드리우면 잠재의식이 나를 깨운다. 그림자의 주인공은 맹수가 아니다. 어린 나무 사이로 우뚝 솟아 숲에 어둠을 새기는 1,000년 거목이다.

학명이 세쿼이아 셈퍼비렌스Sequoia sempervirens인 자이언트 레드우드는 캘리포니아 북쪽의 여러 지역에 서식했다. 현재 자이언트 레드우드는 몇몇 지역에서만 자란다. 나는 그중 가장 유명한 험볼트 카운티Humboldt County의 레드우드 국립공원Redwood National Park을 방문했다. 모든 몸통이 하늘을 향해 수직으로 곧게 뻗어 있다. 높이가 무려 115미터에 달하는 지구에서 가장 키 큰 나무가 이곳에 있다.◆ 몸통 직경이 2미터가 넘는 나무도 자주 보였다. 가장 놀라운 사실은 거칠고 주름이 깊게 팬 나무껍질 안에서 아직도 새로운 나이테가 만들어지고 있다는 것이다.

◆ 빅벤Big Ben이 있는 웨스트민스터Westminster의 시계탑 높이는 96미터다. 이 나무들은 이름 그대로 거대하다.

나무들은 살아 있다. 내 머리 100미터 위에서 작은 상록수 잎들이 태양이 주는 에너지를 흡수하고 저장하며 나무를 성장시킬 물질을 만들고 있다.

하지만 생명체는 물이 필요하고 물은 내가 서 있는 이 아래에 있다. 따라서 내 주위 모든 곳에서 물이 위로 흐른다. 이 흐름은 나무 씨에서 싹이 난 이래 한순간도 멈추지 않았다. 어떤 나무는 로마제국이 몰락한 때부터 이곳에 있었다. 나무들은 화약이 발명되었을 때,《둠즈데이 북》Domesday Book이 만들어졌을 때, 칭기즈칸이 아시아를 휩쓸며 다녔을 때, 로버트 훅이《미크로그라피아》를 발표했을 때, 일본이 진주만을 폭격했을 때 캘리포니아 안개 속에 서 있었다. 그동안 물은 단 한 번도 흐름을 멈추지 않았다. 우리가 이를 확신할 수 있는 이유는 모든 메커니즘이 결코 멈추지 않는 흐름에 의존하기 때문이다. 어떤 경우에도 멈추었다 다시 시작할 수 없다. 이 흐름은 아주 기발한 배관 장치고 이 장치가 작동하며 살아 숨 쉬는 구조물을 유지해줄 수 있는 것은 파이프의 직경이 나노미터 단위에 불과하기 때문이다.

물이 이동하는 통로인 물관부는 작은 셀룰로오스 관으로 이루어져 있고 뿌리부터 잎까지 나무 전체에 퍼져 있다. 물관부는 목재 대부분을 차지하지만 나무가 자라면서 목재의 가장 안쪽 부분은 배관에 관여하지 않는다. 걸레가 물을 흡수할 수 있었던 모세관 작용으로는 나무가 물을 몇 미터밖에 끌어 올리지 못한다. 키가 큰 나무에는 쓸모가 없다. 나무뿌리도 스스로 압력을 생성해 물을 위로 밀어 올릴 수 있지만 역시 몇 미터에 불과하다. 가장 큰 동력은 미는 힘이 아니다. 물은 당기는 힘으로 움직인다. 모든 나무가 잘하는 일이지만 레드우드야말로 이 시스템을 가장 잘 활용한다.

쓰러진 나무 몸통에 앉아 옆에 있는 거대한 나무를 올려다본다. 머리 위로 100미터 높이에서 작은 이파리들이 산들바람에 흔들린다. 광합성에는 햇빛, 이산화탄소, 물이 필요하다. 공기 중의 이산화탄소는 잎 아래에 있는 작은 기공을 통해 나무로 들어간다. 기공 내벽 일부에는 셀룰로오스 섬유로 된 네트워크가 있고 섬유 사이의 통로들은 물로 채워져 있다. 이 통로들이 나무 수로의 꼭대기 부분이고 밑으로 이어진 수로들은 올라오면서 계속 갈라지며 너비가 좁아지다가 이곳 기공에 도달한다. 마침내 공기와 닿을 때 수로의 직경은 약 10나노미터다.[◆] 물 분자들은 각 통로의 셀룰로오스 벽과 강하게 결합하고 통로 안 물 표면은 나노 크기의 그릇처럼 오목하게 휘어진다. 햇빛이 잎과 잎 안의 공기에 열을 가하면 통로 안의 물 표면에 있던 물 분자 중 하나가 에너지를 얻어 아래에 있는 물 분자와 분리되며 증발한다. 증발한 물 분자는 잎에서 탈출해 공기로 간다. 그 결과 나노 그릇은 더욱 오목해져 형태가 망가진다. 표면장력은 표면적을 줄이기 위해 물 분자들을 가까이 모아 안으로 끌어당기려고 한다. 공간을 메울 새로운 분자는 많지만 모두 통로 안쪽에 있다. 따라서 통로의 물은 날아간 분자들을 대체하기 위해 앞으로 끌려간다. 그러면 통로 더 깊은 곳의 물은 위로 당겨진 물이 있던 부분을 채우기 위해 이동하고 이 과정이 나

◆ 1나노미터는 1밀리미터의 100만 분의 1로 매우 작다.

무 아래까지 이어진다. 통로가 무척 좁기 때문에 표면장력은(수백만 개의 잎과 협동해) 통로에 있는 물 전부를 나무 위로 올릴 만큼 엄청난 힘을 발휘할 수 있다. 놀라운 발상이 아닐 수 없다. 중력이 나무 전체의 물을 아래로 당겼지만 수많은 작은 힘들이 뭉쳐 중력을 이겨냈다.[*] 또한 단순히 중력하고만 전투를 벌이는 것이 아니다. 위로 당기는 힘은 좁은 수로 벽으로 물이 지나가면서 발생하는 마찰과의 싸움에서도 승리했다.

나를 둘러싼 숲 바닥에서 1년밖에 되지 않은 어린 나무들이 올라오고 있다. 수로들은 이제 막 모양을 형성했다. 어린 나무가 자라면 배관 시스템이 확장되지만 연결은 절대 끊어지지 않기 때문에 수로 꼭대기는 항상 기공 안을 적신다. 나무가 자라는 동안 물은 공기 쪽으로 끌린다. 나무는 수로가 비어버리면 다시 채우지 못하지만 자라는 동안에는 항상 물로 채워져 있다. 나무가 얼마나 자라든 수로는 절대 끊어지지 않는다. 가장 키가 큰 레드우드들이 해안가에 있는 이유는 바다 안개 덕에 잎이 촉촉하게 유지되기 때문이다.[**] 뿌리에서 꼭대기까지 이동해야 하는 물이 적어 배관 시스템은 속도를 늦출 수 있고 그 결과 나무는 더 크게 성장할 수 있다.

◆ 하지만 한계가 있다. 물을 더 끌어 올리기 위해 장력을 높이려면 기공이 더 작아야 한다. 기공이 작으면 이산화탄소가 적게 통과하므로 광합성 재료가 부족해진다. 이론상 나무가 자랄 수 있는 최대 높이는 122~130미터로 이보다 더 높은 곳에서는 이산화탄소를 충분히 흡수할 수 없어 키가 자라지 못한다.

◆◆ 안개가 증발을 막을 뿐 아니라 반대로 기공에 들어가 물을 채운다는 증거도 있다.

물이 잎에서 증발하는 현상인 증산작용은 나무에 햇빛이 비칠 때마다 일어난다. 자이언트 레드우드는 잠든 것처럼 보이지만 실은 숲 바닥에서 물을 빨아들여 광합성을 하고 남은 물은 하늘로 보내는 거대한 물길이다. 다른 모든 나무도 마찬가지다. 나무는 지구 생태계의 중요한 요소고 물을 빨아들이지 못하면 하늘로 치솟지 못한다. 나무는 엔진이나 펌프 없이도 하늘에 닿을 수 있어 아름답다. 나무는 문제를 축소한 다음 작은 세계의 규칙을 적용해 해결했다. 이 작은 과정이 수백만 번 반복되면 자이언트 레드우드처럼 거대한 물리적 현상이 나타난다.

표면장력, 모세관 작용, 점성이 중력과 관성을 이기는 작은 세계는 언제나 우리 일상의 일부였다. 그 메커니즘은 보이지 않으나 결과는 그렇지 않다. 이제 우리는 작은 세계에서 벌어지는 정교하고 신비로운 일을 그저 감탄하며 바라보는 구경꾼이 아니다. 스스로 엔지니어가 되어 그 안에서 벌어지는 일을 다루기 시작했다. 유체를 좁은 통로로 이동시켜 조작하고 통제하는 미세유체microfluidics 분야가 빠르게 발전하고 있다. 지금은 낯설지만 앞으로 우리 삶에 막대한 영향을 미칠 것이고 특히 의학 분야를 크게 바꿀 것이다.

현재 당뇨병 환자는 간단한 기기와 시험지로 혈당을 검사할 수 있다. 시험지에 피를 한 방울 떨어트리면 모세관 작용에 의해 바로 흡수제로 번진다. 시험지에 난 작은 구멍들에 들어 있는 포도당산화효소가 혈당과 반응하면 전기 신호를 일으킨다. 손바닥만 한 기계가 이 신호를 측정하면 화면에 정확한 혈당 수치가 '짠' 하고 나타난다. 종이가 흡수한 액체를 측정할 수 있다는 건 누가 봐도 뻔한 설명처럼 보일지도 모른다. 그게 뭐 어떻단 말인가? 하지만 여기에 적용되는 원리는 생각보다 훨씬 정교하다.

작은 관과 필터만 있다면 액체를 한곳으로 이동시켜 다른 화학물질과 섞어 진단을 내릴 수 있다. 유리로 된 시험관이나 휴대용 피펫, 현미경은 필요 없다. 이것이 현재 성장 중인 소형 의료 시험기 분야 '랩온어칩'lab-on-a-chip 산업이다. 피를 많이 뽑는 건 누구도 원하지 않지만 한 방울 정도는 참을 만하다. 일반적으로 진단 기기가 작을수록 저렴하고 유통도 쉽다. 또한 고분자나 반도체처럼 첨단 신소재도 필요하지 않다. 종이면 충분하다.

하버드 대학교의 조지 화이트사이즈 교수는 이를 연구하고 있다. 연구 팀이 설계한 종이로 된 진단 시험기는 우표만 한 크기지만 안에는 친수성 종이로 된 통로들이 미로를 이루고 미로 중간에는 왁스를 처리한 소수성 벽들이 있다. 피나 소변 한 방울을 정확한 곳에 떨어트리면 이것이 모세관 작용에 의해 통로를 따라 이동한 후 여러 시험 구간으로 갈라진다. 각 구간마다 여러 생물학적 검사를 위한 시료가 포함되어 있어 결과에 따라 색이 다르게 나타난다.* 연구자들은 병원에 가기 힘든 환자가 직접 시험하고 결과를 사진으로 찍은 다음 전문가에게 이메일로 보내면 분석을 받을 수 있다고 말한다. 훌륭한 아이디

◆ 이 기기의 이름인 '미세유체 종이를 이용한 전기화학 기기'microfluidic paper-based electrochemical device(줄여서 uPAD)는 누구나 기억하기 쉬울 것이다. 비영리단체 다이그노스틱스 포 올Diagnostics for All은 이 아이디어를 현실화하기 위해 설립되었다.

어다. 저렴한 종이를 사용하고 전기가 필요하지 않으며 매우 가벼울 뿐 아니라 태우기만 하면 완벽하게 처분할 수 있다. 단순한 아이디어지만 실용되기까지는 수많은 검증이 필요하다. 하지만 이 같은 기기가 미래 의료 분야에 큰 부분을 차지할 것임은 확실하다.

이 모든 것의 핵심은 어떤 문제에 직면했을 때 가장 풀기 쉬운 크기로 문제를 바꾸는 것이다. 우리가 가장 적합한 물리학 법칙을 선택하는 것과 같다. 작은 세계는 정말 아름답다.

STORM IN A TEACUP

제4장

최적의 순간을 찾아서

평형을 향한 행진

equilibrium

BEN NEVIS MT

NATURAL FREQUENCY

TAIPEI 101

Keck observatory

HOOVER DAM

The 2nd law of thermodynamics

나른한 일요일 오후 시간을 보내기 가장 좋은 곳은 영국식 술집인 펍이다. 오래된 오크 골격에 기이한 형태의 공간들이 숨은 펍의 내부는 누군가 설계한 것이 아니라 스스로 생겨난 듯한 인상을 준다. 당신은 반짝반짝한 놋쇠 요강과 조지 왕조 때 상으로 수여된 돼지를 찍은 사진이 걸린 벽 앞 테이블에 앉아 점심을 주문한다. 모든 음식에는 포테이토칩 한 접시와 케첩 한 병이 딸려 오는데 이 조합을 즐기려면 대가를 치러야 한다. 수십 년 동안 오크 나무 기둥은 줄곧 이 광경을 목격했다. 한바탕 전투를 치르지 않고는 병에서 케첩을 나오게 할 수 없다.

　낙관주의자인 당신은 케첩병을 집어 포테이토칩 접시 위에서 거꾸로 든다. 아무 일도 일어나지 않지만 이 과정을 생략하는 사람은 거의 없다. 케첩은 걸쭉하고 점도가 높아 약한 중력으로는 병에서 나오지 않는다. 케첩이 걸쭉한 이유는 두 가지다. 우선 점도가 높으면 병을 한참 동안 내버려두어도 안의 재료들이 가라앉지 않아 매번 흔들어 섞을 필요가 없다. 하지만 더 중요한 이유는 사람들이 포테이토칩에 케첩을 듬뿍 찍어 먹길 바라는데 케첩이 묽어서 흐른다면 그럴 수 없기 때문이다. 그러나 아직 포테이토칩에는 케첩이 묻어 있지 않다. 여전히 병 안에 있으니까.

잠시 후 여태껏 경험한 다른 모든 케첩병과 마찬가지로 이 케첩병에도 중력이 소용없음이 밝혀지면 희망에 찬 사람들이 병을 흔들기 시작한다. 병을 흔드는 손길은 점점 더 거칠어지고 이내 다른 한 손이 병 바닥을 두드리기 시작한다. 합석한 사람들이 싸움을 피하려고 몸을 뒤로 젖힐 때쯤 병 안 내용물 중 4분의 1이 한꺼번에 쏟아진다. 분명 케첩은 아주 쉽고 빠르게 흐를 수 있었다. 접시를 가득 덮은(테이블도 반 정도 덮었을지 모른) 케첩을 보면 말이다. 이상하게도 케첩은 전혀 움직이지 않다가 움직이기 시작하면 격정적으로 흐른다. 어떻게 된 일일까?

케첩은 특이하게도 천천히 밀면 거의 고체처럼 움직인다. 하지만 빠르게 힘을 가해 움직이면 액체처럼 쉽게 흐른다. 케첩이 병 바닥이나 포테이토칩 위에 있다면 가해지는 힘은 약한 중력뿐이므로 고체처럼 움직이지 않는다. 하지만 세게 흔들어서 움직이기 시작하면 액체처럼 매우 빠르게 이동한다. 중요한 것은 시간이다. 같은 일을 하더라도 빠르게 하는지 느리게 하는지에 따라 결과가 완전히 달라진다.

케첩은 짓이긴 토마토에 식초와 향신료를 넣어 만든다. 그대로 두면 평범한 묽은 액체다. 하지만 병 안에는 0.5퍼센트의 긴 다당류 분자 물질이 숨어 있다. 바로 잔탄검xanthan gum이다. 박테리아로 생성되는 잔탄검은 흔히 쓰이는 식품첨가물이다. 테이블 위에 병을 세우면 주위를 물로 감싼 잔탄검의 긴 분자들이 다른 비슷한 사슬들과 약하게 결합한다. 따라서 케첩은 움직이지 않는다. 병을 세게 흔들면 긴 분자들은 약간 풀어졌다가 곧 다시 결합한다. 병 바닥을 치면 케첩이 갑자기 움직이면서 결합이 해체되고 재결합하기 전에 다른 자리로 밀쳐진다. 이 분기점을 지나면 케첩은 더 이상 고체처럼 행동하지 않고 병 밖으로 나온다.◆

이 문제를 해결할 방법이 있다. 하지만 영국인들은 매일같이 포테이토칩을 케첩에 찍어 먹으면서도 이 해결책은 거의 쓰지 않는다. 병을 거꾸로 세운 다음 손으로 병 바닥을 두드린다고 해도 액체로 변하는 부분은 손으로 치는 윗부분이므로 그다지 효과적이지 않다. 병 입구는 여전히 꿈적도 안 하는 찐득한 케첩으로 막혀 있다. 이를 해결하려면 케첩병을 비스듬히 들고 입구를 두드려 병목 부분의 케첩을 액체로 만들면 된다. 두드린 부분의 케첩만 액체로 변하므로 나오는 양이 적다. 같은 테이블에 앉은 사람들은 당신의 팔꿈치와 케첩 세례에 공격당하지 않고 포테이토칩도 케첩에 파묻히지 않을 것이다.

◆ '전단 박화'shear-thinning라고 불리는 이 행동은 달팽이에게 유용하다. 이에 대해서는 뒤에 자세히 이야기하겠다.

물리학 세계에서는 시간이 중요하다. 어떤 일이 벌어지는 속도에 따라 발생하는 영향이 달라지기 때문이다. 어떤 일을 두 배의 속도로 한다면 보통 같은 결과를 절반의 시간에 달성할 것이다. 하지만 결과가 완전히 달라지는 경우도 많다. 이를 유용하게 활용한다면 다양한 방식으로 우리의 세계를 통제할 수 있다. 각종 현상은 다양한 시간 척도에 따라 발생하므로 우리가 누릴 수 있는 시간의 종류는 많다. 시간은 커피, 비둘기, 고층 건물 모두에 중요하지만 각각 중요하게 여기는 시간의 척도는 다르다. 단지 편리를 위해 우리 삶의 평범한 일들의 시간을 비트는 것은 아니다. 생명체는 물리학 세계가 결코 자신의 속도를 따라잡지 못하기 때문에 존재 가능하다. 하지만 출발선부터 시작하자. 우선 너무 느려 아무도 따라잡지 못하는 꼴등의 마스코트를 이야기해보자.

달팽이와 케첩의 공통점
점액과 점성

어느 화창한 날 나는 케임브리지에서 달팽이에게 패배를 인정하고 말았다.

대학원생이 졸업을 앞둔 마지막 해에 정원을 가꾸는 일은 일반적이지 않지만, 세 친구와 같이 사는 집의 정원을 그냥 두기에는 유혹이 너무 컸다. 연구와 운동을 한 후 짬이 날 때마다 무성히 자란 쐐기풀을 자르면 숨어 있던 담황색 식물과 장미 덤불이 나타났다. 아버지는 내가 감자를 심었다고 말하니 어쩔 수 없는 폴란드 사람이라며 놀렸지만 감자는 텃밭의 한구석만 차지할 뿐이었다. 가장 흥미로운 장소는 돌무더기와 포도 덩굴이 가득한 꼬질꼬질한 온실이었다. 봄에 텃밭으로 옮겨 심을 리크^{leek}와 비트 묘목을 키우기 위한 곳이었다. 2월 말이 되자 모종 상자에 씨를 뿌리고 새 식물이 자라기를 기다렸다.

얼마 후 묘목은 보이지 않고 달팽이만 들끓었다. 내가 물뿌리개를 들고 가보니 상자 한가운데마다 달팽이들이 흙과 먹다 남은 녹색 새 순 위를 나뒹굴고 있었다. 질 수 없다는 마음에 달팽이들을 밖으로 던져버리고 다시 씨를 심은 다음 달팽이가 올라오기 어렵도록 벽돌 위에 상자들을 올려놓았다. 2주 뒤 묘목의 싹은 사라졌고 달팽이는 더 늘어났다. 여러 방법을 써봤지만 모두 실패했다. 남은 방법은 한 가지뿐이었다. 두 개의 빈 화분 위에 쟁반을 엎어 기둥이 두 개인 커다란 버섯 모양을 만들었다. 그리고 화분 가장자리에 기름칠을 하고 묘목 상자를 쟁반 위에 놓았다. 비료를 교체하고 마지막 씨앗을 심은 다음 행운을 빌고는 다시 응집물질 물리학을 공부했다.

약 3주 동안 묘목은 어떤 방해도 받지 않고 자랐다. 하지만 어느 날 묘목이 있어야 할 자리에 통통한 달팽이 한 마리가 행복하게 앉아 있었다. 나는 온실에 서서 이놈이 올라올 수 있을 만한 경로를 전부 분석했다. 두 가지밖에 없었다. 첫째는 온실 안 벽으로 올라와 천장에서 씨앗 상자 위로 정확히 낙하하는 경로다. 이는 불가능해 보였다. 둘째는 선반 위를 기어가다가 화분 옆면으로 올라온 다음 거꾸로 매달려 떨어지지 않고 쟁반 가장자리를 지나 묘목 상자까지 도달한 것이다. 어떤 경로를 택했든 달팽이는 큰 수확을 얻었다.[*] 대체 어떻게 해낸 걸까? 두 경로 모두 점액에만 의지해 표면에 거꾸로 매달려야 한다. 달팽이는 애벌레와 달리 이동할 때 바닥에서 몸을 떨어트리지 않는다. 달팽이는 점액에 붙어 있지만 다른 곳으로 이동할 수 있다. 달팽이의 비밀 병기인 점액과 케첩은 같은 원리로 이동한다.

달팽이가 움직이는 모습을 보면 다리 바깥 부분이 느린 속도로 일정하게 이동할 뿐이다. 다리 가장자리에서는 모든 일이 서서히 일어나므로 점액은 정지된 케첩처럼 걸쭉하고 찐득하다. 하지만 다리 한가운데 아래에서는 점액의 파도가 달팽이를 뒤에서 앞으로 이동시킨다. 파도가 점액을 앞으로 세게 밀어 빠르게 움직인다. 점액은 케첩처럼 전단 박화 물질이어서 빠르게 이동시키면 갑자기 흐른다. 달팽이는 강한 파도로 인해 저항이 낮아진 액체 점액 위를 항해한다. 앞으로 이동할 때는 걸쭉한 점액을 밀며 나간다. 달팽이와 민달팽이가 이동할 수 있는 유일한 이유는 점액이 가해지는 힘의 속도에 따라 고체 또는 액체처럼 행동하기 때문이다. 이 방법의 큰 장점은 점액이 표면에서 절대 떨어지지 않으므로 거꾸로 매달려도 추락하지 않는다는 것이다.

점액은 어떻게 이 기술을 쓸 수 있을까? 점액은 당단백질이라고 부르는 아주 긴 분자들이 섞인 젤^{gel}이다. 젤이 가만히 있을 때는 사슬 사이에 화학적 연결 고리들이 생성되어 고체처럼 행동한다. 하지만 젤을

◆ 물론 세 번째 경로도 있다. 비료 안에 달팽이 알이나 유충이 있었을 수 있다. 하지만 내가 본 달팽이는 꽤 컸고 그렇게 짧은 시간에 빨리 자라는 건 불가능하다.

세게 밀면 바로 고리들이 끊어지면서 스파게티 면 가닥처럼 긴 분자들이 풀어진다. 그대로 몇 초가 지나면 다시 고리들이 생기며 젤이 된다.

이 사실을 진작 알았더라면 묘목을 지킬 수 있었을까? 달팽이가 달라붙거나 넘어오지 못하는 표면은 없다. 달팽이 점액은 집에 있는 모든 물건에 쉽게 붙을 수 있고 심지어 프라이팬에 음식이 들러붙지 않도록 까는 종이 호일에서도 떨어지지 않는다. 여러 실험에서 달팽이는 물과 거의 접촉하지 않는 극소수성 표면에도 매달릴 수 있었다. 정말 놀라운 능력이다. 지켜야 할 소중한 묘목이 없는 사람들이라면 더 크게 감탄할 수 있을 것이다.

흘러내리지 않는 페인트 역시 같은 원리로 설명할 수 있다. 페인트는 가만히 있으면 걸쭉하고 찐득하다. 하지만 붓으로 누르면 점성이 떨어져 벽에 얇게 펴 바를 수 있다. 그리고 붓을 떼면 바로 점성이 높아져 마르기 전까지 벽에서 흘러내리지 않는다.

자연과 인간의 시간 척도
액상화

케첩과 달팽이처럼 작은 사물에 적용된 물리학 원리가 거대하고 중대한 결과를 불러올 수 있다. 2002년에 방문한 뉴질랜드의 크라이스트처치Christchurch는 매력이 넘치는 평화로운 도시였다. 이곳의 땅은 수백만 년 동안 에이번Avon강에 의해 퇴적된 모래로 이루어진 아름다운 곳이다. 하지만 도시는 시한폭탄 위에 있었다. 2011년 2월 22일

오후 12시 51분 진도 6.3의 지진이 시내 중심에서 불과 10킬로미터 떨어진 곳에서 발생했다. 사람이 공중으로 날아가고 건물이 무너졌다. 하지만 더 심각한 문제는 도시가 세워진 퇴적층이 가만히 있을 때만 단단한 고체라는 사실이었다. 퇴적층은 케첩과 마찬가지로 강하게 흔들리자 액체로 변했다. 세부적으로는 약간의 차이가 있다. 긴 분자 사슬 사이의 결합이 끊어진 것이 아니라 물이 모래 안으로 파고들면서 모래알들이 흘렀다. 하지만 전체적인 물리학 원리는 같다. 고체였던 지면이 갑자기 뒤흔들리자 액체처럼 흐르기 시작한 것이다.

자동차는 무거워서 중력이 강하게 끌어당기므로 바퀴 아래 지반을 세게 누른다. 고체 지반은 그 힘을 견딜 만큼 단단하기 때문에 차는 땅으로 가라앉지 않는다. 하지만 이 일반적인 규칙이 크라이스트처치에서는 몇 분 동안 지켜지지 않았다. 그날 모래로 된 길가에는 많은 차들이 수십 년 동안 움직이지 않은 토양 위에 주차되어 있었다. 하지만 지진이 땅을 흔들자 모래층들이 매우 빠르게 풀어져 서로의 사이를 지나다녔다. 이 과정이 서서히 일어났다면 자동차는 무사했을 것이다. 하지만 매우 빠르게 일어났기 때문에 모래 알갱이 사이에 물이 들어갔고, 모래알들은 제자리로 돌아가지 못한 채 각기 다른 방향으로 움직였다. 그 결과 땅은 모래가 겹겹이 쌓인 구조가 아니라 고정된 형태가 없는 모래와 물의 혼합물로 변했다. 이 혼합물 위에 서 있던 차들은 땅이 흔들리는 동안 진흙 반죽 아래로 가라앉았다. 하지만 흔들림이 멈추고 1~2초 후 모래알들은 자리를 잡았고 주변은 물이 아닌 다른 모래알로 채워졌다. 땅은 다시 굳었지만 차는 반쯤 묻혔다.

이 과정으로 인해 크라이스트처치는 심각한 피해를 입었다. 지반이 버티지 못해 자동차는 땅으로 꺼졌고 건물은 무너졌다. 이를 '액상화'라고 한다. 지진처럼 퇴적물을 빠르게 움직일 수 있는 강력한 힘이 있어야 일어나는 현상이다. 하지만 부드러운 모래 바닥이 빨리 움직이면 바닥의 힘은 사라진다. 그러므로 당신이 모래 구덩이에 빠졌다면 마구 몸부림쳐서는 안 된다. 몸부림칠수록 모래가 액체처럼 변해 가라앉고 만다. 천천히 움직인다면 그 자리에서 몸을 가눌 수 있다. 시간이 중요하다. 우리가 어떤 일을 할 때 시간의 척도를 바꾸면 결과는 달라질 수 있다.

아주 빠르게 일어난 일을 '눈 깜박할 사이에 일어났다'고 말한다. 눈은 3분의 1초 동안 깜박이고 인간의 평균 반응 시간은 약 4분의 1초다. 꽤나 짧은 시간처럼 들리지만, 표준 반응 검사를 받는다면 이 시간 동안 무슨 일이 일어날지 알아보자. 불빛이 망막에 닿으면 탐지에 특화된 분자들이 주변을 맴돌며 일련의 화학반응을 일으켜 약한 전류를 생성한다. 이 신호는 시신경을 통해 뇌로 이동해 뇌세포를 자극하고 뇌세포는 반응이 필요한 일이 발생했다는 사실을 깨닫고 서로 신호를 전달한다. 그러면 전기신호는 근육으로 이동한다. 전기신호는 신경세포 사이를 건널 때 화학물질의 확산을 이용하므로 속도가 느려진다. 근육을 수축하라는 지시가 근육에 전달되어 근섬유 분자들이 서로 당기고 나서야 손이 버튼을 누른다. 아무리 빨리 움직이려고 해도 이 모든 과정을 거쳐야 한다.

우리 몸은 굉장히 정교한 대신 속도를 포기해야 한다. 인간은 무엇을 하든 수많은 단계를 거쳐야 하므로 물리학 세계를 어슬렁거리는 느림보 괴물 같다. 우리가 터덜터덜 걷는 동안 우리 몸보다 단순한 여러 물리학 시스템들은 무수한 일을 처리한다. 단순하지만 신속한 이 과정들은 너무 빨라 우리 눈에는 보이지 않는다. 높은 곳에서 커피에 우유 한 방울을 떨어트리면 어떤 일이 벌어질지 어느 정도는 짐작할 수 있다. 우유 방울은 표면에서 바로 튀어 올랐다가 커피 잔으로 들어간다. 우리가 감지할 수 있는 가장 빠른 현상 중 하나다. 대학원 시절 내 박사 학위 논문 지도교수는 우리가 빨리 움직인다면 커피에 우유를 넣은 다음 마음이 바뀌더라도 우유 방울이 튈 때 낚아챌 수 있을 거라고 말했다. 하지만 나는 사람보다는 작고 빠른 사물들의 도움이 필요하리라고 확신한다.

굼뜬 인간이 얼마나 많은 것을 잃는지에 대한 궁금증은 내 박사 학위 논문에 많은 영감을 주었다. 나는 많은 일들이 바로 내 눈앞에서 벌어지지만 너무 작고 빨라서 볼 수 없다는 사실에 매료되었다. 그래서 논문을 쓰기 전에 맨눈으로 볼 수 없는 매우 빠른 세계를 보여주는 고속사진 기술을 활용할 수 있는 주제를 골랐다. 카메라는 인간만이 이용할 수 있다. 하지만 당신이 비둘기라면 이 문제를 어떻게 풀 수 있을까?

비둘기, 빗방울, 운하의 시간 척도
시간과 평형

1977년 진취적인 과학자 배리 프로스트Barrie Frost는 비둘기를 트레드밀(러닝 머신)에 오르도록 설득했다. 그의 실험은 우리를 웃게 하는 동시에 고민하게 만드는 완벽한 예로, 요즘이었다면 이그노벨상 Ig Nobel Prize을 받았을 것이다. 트레드밀 벨트가 서서히 뒤로 움직이자 비둘기는 자리를 유지하기 위해 같은 속도로 움직여야 했다. 비둘기는 생각보다 빨리 트레드밀의 작동 원리를 이해했지만 무언가가 어색했다. 광장에서 먹이를 찾아 헤매는 비둘기 떼는 걸으면서 머리를 앞뒤로 흔든다. 그럴 때마다 비둘기는 불편해 보였고 쓸데없이 힘을 낭비하는 것 같았다. 하지만 프로스트의 실험에서 트레드밀 위에 놓인 비둘기는 머리를 흔들지 않았다. 비둘기는 머리를 흔들지 않아도 걸을 수 있으므로 운동 물리학은 상관이 없었다. 머리를 흔드는 행위는 시야와 관련된 것이었다. 트레드밀에서는 비둘기가 걷더라도 주변 풍경은 변하지 않는다. 비둘기가 머리를 움직이지 않으면 계속 같은 광경을 본다. 따라서 쉽게 주변을 관찰할 수 있다. 하지만 비둘기가 땅 위를 걸을 때는 풍경이 계속 변한다. 비둘기들은 장면의 변화를 포착할 만큼 '빨리' 보지 못한다. 사실 비둘기는 머리를 앞뒤로 흔드는 것이 아니다. 머리를 앞으로 내민 다음 몸이 머리를 따라잡기 위해 한 걸음 앞으로 나아가고 다시 머리를 앞으로 내미는 것이다. 한 걸음을 내딛는 동안 머리는 한자리에 머물러 있으므로 다음 걸음을 걸을 때까지 주변을 분석할 시간이 길어진다. 머릿속으로 주변 광경을 스냅사진처럼 찍은 다음 머리를 앞으로 내밀어 다음 사진을 찍는다. 비둘기를 한참 지켜보면 이를 알 수 있다(머리를 상당히 빠르게 움직이기 때문에 인내심을 갖고 지켜봐야 한다).* 왜 어떤 새들은 다른 새들과 달리 시각 정보를 모으는 속도가 느려서 머리를 앞뒤로 흔드는지 정확한 이유는 밝혀지지 않았다. 어쨌든 느린 새들은 세상을 정지 화면들로 쪼개야만 주변을 파악할 수 있다.

우리 눈은 우리가 걷는 속도를 따라잡을 수 있지만 걷거나 뛰다가 가까운 곳에 있는 것을 봐야 할 때는 잘 보기 위해서 멈춘다. 눈은 우리가 움직이는 동안 모든 자세한 정보를 빠르게 모으지 못한다. 사실 인간은 머리를 흔들지 않지만 비둘기와 같은 원리로 뇌로 하여금 우리가 눈치채지 못하게 일련의 사건을 연결하게 한다. 우리 눈은 이곳저곳을 빠르게 움직이고 멈출 때마다 머릿속 이미지에 정보를 추가한다. 우리가 거울 앞에서 한쪽 눈을 바라본 다음 다른 쪽 눈을 보면 옆에 있는 사람은 우리 눈동자가 한쪽에서 반대편으로 잽싸게 움직이는 것을 볼 수 있어도 우리 스스로는 절대 볼 수 없다. 뇌는 각 장면 사이에 있는 빈 공간을 알아차리지 못하도록 인식을 연결하지만 사실 빈 공간은 항상 생긴다.

우리는 비둘기보다 약간 빠를 뿐이고 이 사실은 우리보다 빠른 일이 얼마나 많은지를 생각하게 한다. 우리는 1초에서 수년에 이르는 한

◆ 프로스트의 논문 중에 무척 재미있는 부분이 있다. 실수로 트레드밀의 속도를 매우 느리게 하자 어떤 일이 벌어졌는지에 관한 설명이었다. 평상시에 나는 난 사람들을 웃기기 위해 과학 논문을 인용하지 않지만 그의 논문은 그러지 않을 수 없다. "새를 촬영하고 나서 실수로 트레드밀의 전원을 끄는 대신 속도를 매우 낮추었다. 얼마 지나지 않아 새는 머리를 천천히 앞으로 내밀다가 넘어졌다. 더 관찰한 결과 트레드밀이 앞으로 매우 천천히 움직이면(유도되는 걸음과 반대 방향) 비둘기는 넘어지거나 자세를 크게 바꾸었다. 우리가 감지할 수 없을 정도로 낮은 속도에서 비둘기는 걷지 않지만 머리를 한자리에 고정하려 하고, 그 결과 균형을 잃기도 한다."

정된 시간의 척도에 익숙하지만 그것이 전부가 아니다. 과학의 도움이 없다면 우리는 1,000분의 1초 혹은 수백만 년 동안 벌어지는 일을 전혀 볼 수 없다. 우리는 그 중간에서 일어나는 일만 인식할 수 있다. 그렇기 때문에 많은 일을 할 수 있는 컴퓨터가 때로 미스터리하게 느껴진다. 컴퓨터는 우리가 시간이 지났는지도 모르는 찰나 동안 엄청나게 복잡한 임무를 완수한다. 컴퓨터는 점차 빨라지지만 우리는 그 이유를 모른다. 100만 분의 1초나 10억 분의 1초나 알아차릴 수 없을 만큼 짧은 순간이기는 마찬가지다. 하지만 그렇다고 해서 그 차이가 중요하지 않은 것은 아니다.

우리가 무엇을 보는지는 시간 척도에 따라 달라진다. 빠름과 느림을 대조하기 위해 빗방울과 산에 대해 이야기해보자.

커다란 빗방울은 1초에 약 2층 건물 높이인 6미터를 낙하한다. 그 1초 동안 어떤 일이 벌어질까? 빗방울을 구성하는 물 분자들은 방울 안에 구속되어 있지만 주변과의 관계를 계속 바꾼다. 앞 장에서 살펴보았듯이 물 분자는 산소 원자 하나가 수소 원자 둘 사이에 끼어 있는 'V'자 모양이다. 분자는 수십억 개의 동일한 분자로 구성된 느슨한 네트워크 안을 이동하면서 휘거나 늘어날 수 있다. 1초 동안 물 분자는 2,000억 번 이동한다. 물 분자가 빗방울 가장자리에 도달하면 바깥에는 안쪽에서 다른 분자들이 강하게 *끄*는 힘과 경쟁할 힘이 없기 때문에 다시 가운데로 끌린다. 빗방울은 여러 모양이 될 수 있지만 만화에서처럼 끝이 뾰족할 수는 없다. 한 개의 분자는 여러 분자들이 당기는 힘을 이길 수 없으므로 뾰족한 끝은 바로 뭉툭해진다. 하지만 가운데로 잡아당기는 힘이 작용해도 완전한 원은 만들어지지 않는다. 빗방울이 공기의 난타로 인해 계속 변하기 때문이다. 빗방울이 평평하게 눌리면 다시 안으로 결집해 앞으로 나아가면서 럭비공 모양으로 늘어나다가 또다시 평평해진다. 이런 식으로 빗방울은 1초 동안 170번 모양을 바꾼다. 빗방울을 분리하려는 외부 힘과 물 분자들이 서로 강하게 당기는 힘 사이에 전투가 벌어지면서 빗방울은 계속 흔들리며 변화한다. 팬케이크처럼 납작해졌다가 얇은 우산처럼 늘어났다가 작은 방울들로 흩어진다. 이 모든 일이 1초도 안 되는 순간에 벌어진다. 우리는 볼 수 없지만 빗방울은 눈 깜짝할 사이에 수없이 바뀐다. 빗방울이 바위 위로 떨어지면 시간 척도는 달라진다.

빗방울이 떨어진 바위는 화강암이다. 인간의 기억에서 움직이거나 변한 적이 없다. 하지만 4억 년 전 남반구에 거대한 화산이 있었고 아래에서 나온 마그마가 화산암 틈 사이를 비집고 들어갔다. 이후 수천 년 동안 마그마가 식으면서 서서히 여러 모양의 결정으로 분리되고 단단한 화강암이 되었다. 시간이 더 흘러 커다란 돌덩이는 빙하기를 거치면서 쪼개지고 식물과 얼음에 의해 깎이고 비에 침식되었다. 그러다가 화산활동이 뜸해지자 움직이기 시작했다. 거대한 폭발로 화산활동이 끝난 후부터 대륙의 일부였던 암석이 북쪽으로 이동해왔다. 지구가 지표면을 잘 맞지 않는 퍼즐 조각처럼 이리저리 끼워 맞추는 동안 여러 종과 지질학적 시대가 출현했다가 사라졌다. 거대한 화산이 폭발한 후 지구가 살아온 시간 중 10분의 1만큼의 기간이 지난 지금 화산이 남긴 것은 폭발 후 밖으로 튀어나온 내장의 잔해다. 그 잔해

중 하나가 영국제도에서 가장 높은 산인 벤네비스^{Ben Nevis}산이다.

우리가 산이나 빗방울을 본다 한들 변화를 관찰하기란 거의 불가능하다. 하지만 그것은 우리가 바라보는 대상 때문이 아니라 우리의 시간 인지 때문이다.

우리는 빗방울과 산의 시간 척도 중간에 살고 있고 그 밖의 시간 척도를 진지하게 생각하기는 어렵다. 그저 '지금'과 '그때' 사이의 시간이 아닌 바로 '지금'이란 과연 무엇일까 생각하면 현기증이 난다. '지금'은 100만 분의 1초일 수도 있고 1년일 수도 있다. 우리의 인지는 매우 빠른 현상과 매우 느린 현상을 바라볼 때 판이하게 다르다. 하지만 이 차이는 대상이 변하는 방식과는 무관하다. 중요한 것은 그곳에 도달하기까지 걸리는 시간이다. 그렇다면 '그곳'은 어디인가? 바로 균형을 이루는 평형상태다. 어떤 물체라도 가만히 두면 최종 상태인 평형상태에서 변하지 않는다. 변할 이유가 없기 때문이다. 사물이 균형을 이루면 그것을 움직일 힘은 존재하지 않는다. 물리학 세계의 유일한 목적지는 평형이다.

운하의 수문을 상상해보자. 수문의 갑문은 운하에 있는 배를 언덕으로 올려 보내는 기상천외한 발명품이다. 배는 물의 흐름과 반대로 나아갈 수 있지만 유속이 아주 느릴 때만 가능하다. 운하용 배는 폭포를 거슬러 올라갈 수 없지만 갑문 덕분에 언덕을 오를 수 있다. 수문은 두 쌍의 갑문으로 구성되는데 이 갑문들 사이에 물을 가두어 운하에 병목을 형성한다. 수문 한쪽의 수위는 높고 반대편은 낮다. 배가 운하를 올라가거나 내려가려면 수문을 지나야 한다. 배 한 척이 아래에서 기다리고 있다고 가정해보자. 갑문 사이에 있는 물은 처음에는 아래에 있는 운하와 수면이 같다. 아래쪽 갑문이 열려 배가 통통 소리를 내며 안으로 들어가면 문이 닫힌다. 이제 위의 갑문이 살짝 열리고 물이 흘러 들어온다. 이 부분이 중요하다. 위의 갑문이 닫혀 있다면 윗부분의 물은 다른 곳으로 움직일 이유가 없다. 물은 가능한 한 낮은 곳에서 평형상태로 머문다. 더 나은 곳이 없기 때문에 영원히 움직이지 않을 것이다. 하지만 틈이 벌어져 위에 있는 물이 두 갑문 사이로 흐르면 상황은 바뀐다. 더 나은 곳으로 가는 길이 갑자기 열린 것이다. 중력은 항상 물을 아래로 당기고 우리는 물이 중력에 반응하도록 문을 열어 더 아래로 이동하도록 만들었다. 따라서 물은 배가 있는 곳으로 이동하고 수문 안은 수문 윗부분과 수면이 같아질 때까지 채워진다. 새로운 평형상태로 가는 길을 여는 것 외에는 한 일이 없다. 하지만 이제 배는 운하의 높은 부분과 같은 높이로 올라왔고 갑문이 완전히 열리면 매우 느린 운하의 속도를 거슬러 상류로 이동할 수 있다. 뒤에 있는 갑문이 다시 닫히면 모든 것이 평형을 찾는다. 갑문 사이에 있는 물은 다른 곳보다 그곳이 가장 좋으므로 계속 움직이지 않을 것이다. 모든 힘이 균형을 이루었다. 이후 배가 상류에서 수문을 통과하면 누군가가 하류의 갑문을 열어 물이 아래로 흐르게 할 것이고 흐름은 새로운 평형상태가 이루어질 때까지 계속될 것이다.

위의 이야기가 우리에게 주는 교훈은 평형상태를 다루면 할 수 있는 일이 많다는 것이다. 물체는 가만히 내버려두면 계속 움직이다가 모든 것이 균형을 이룰 때 그대로 멈춘다. 물체를 어떤 상태로 만들고 싶다면 평형상태를 통제하면 된다. 우리가 원하는 곳으로 골대를 움직일 수 있다면 물체가 흐르는 방향뿐 아니라 시기도 선택할 수 있다.

뜨거운 액체와 차가운 액체가 섞이면 온도가 같아지고 풍선이 내부와 외부의 압력이 같아질 때까지 커지듯이, 물리학 세계는 항상 균형을 향해 움직인다는 생각은 시간이 한 방향으로만 움직인다는 개념과 관련이 있다. 세계는 후진할 수 없다. 물은 스스로 낮은 곳에서 높은 곳으로 이동해 운하를 통과할 수 없다. 따라서 우리는 어떤 현상이 평형을 향하는 것을 보면 어디가 앞인지 알 수 있다. 거친 힘으로 물체를 움직이면 많은 에너지가 소비되지만 평형으로 가는 속도에 영향을 주는 것은 그다지 힘들지 않다. 이 원리 역시 매우 유용하다.

후버댐의 타이밍
에너지 흐름과 평형상태

후버댐Hoover Dam은 20세기 토목공학의 가장 큰 성과다. 라스베이거스에서 출발해 댐을 향해 운전하면 붉은 암석만이 드넓게 펼쳐져 있어 크기가 큰 물체는 아무 데도 숨지 못할 것 같다. 주변에 비범한 무언가가 있을지 모른다는 유일한 단서는 사막 한가운데 뜬금없이 나타나는 반짝이는 푸른 물이다. 거기서 모퉁이를 돌면 바위투성이인 미국 사막 한복판에 거대한 콘크리트가 나타나고 그 안에 750만 톤의 물이 담겨 있다.

100년 전, 콜로라도 강물은 어떤 방해도 받지 않고 좁은 협곡을 자유롭게 흘렀다. 높은 로키산맥과 동쪽으로 향하는 광활한 평원에서 흘러온 빗물은 여러 계곡을 거쳐 하류로 흐르다가 캘리포니아만^灣으로 나갔다. 하류에 사는 농부와 도시 거주자들에게 문제는 물의 양이 아니라(양은 매우 많았다) 물이 도착하는 시기였다. 봄이 되면 큰 홍수가 나서 빗물이 농경지에 범람했지만 가을에는 작물이 자라기에 턱없이 부족했다. 물은 항상 같은 산과 평야에서 시작해 같은 바다로 흘러나갔다. 하지만 농부와 도시 사람 모두 통제하길 원하는 건 물이 도착하는 시기였고＊ 특히 한꺼번에 많은 양이 몰리는 것을 방지하고 싶었다. 그렇게 댐이 세워졌다.

로키산맥을 떠나 그랜드캐니언을 지난 물은 이제 댐 뒤에 만들어진 거대한 저수지 미드호^{Lake Mead}로 흘러 들어간다. 최소한 당분간은 달리 갈 곳이 없다. 여기서 중요한 사실은 물이 더 이상 아래로 내려갈 수 없기 때문에 이 높은 곳에 갇혀 있다는 것이다. 1930년 그랜드캐니언을 떠난 빗방울은 150미터 아래로 내려가야 휴식을 취했다. 하지만 1935년 댐이 완공된 후로 같은 위치에 도달하더라도 계곡 바닥부터의 거리가 여전히 150미터다. 정교한 장애물만 설치하면 에너지를 전혀 쓰지 않고 물을 높은 곳에 가둘 수 있다. 물은 인간이 만들어낸 평

◆ 처음 미국 남서부 지방을 여행할 때 이렇게 건조한 환경에서 물이 어디서 생기는지 몹시 궁금했다. 마크 라이스너^{Marc Reisner}가 쓴 《캐딜락 사막》^{Cadillac Desert}은 궁금증을 많이 해소해주었고 이 지역에서 물을 차지하기 위해 벌어진 전투를 재미있게 들려주었다. 한번 읽어보기를 강력하게 추천한다. 내가 이 책을 쓰는 지금 캘리포니아는 심각한 가뭄에 시달리고 있어 효과적인 대처 방안이 시급하다.

형상태에서 꼼짝하지 않는다.

물론 이런 상태는 인간이 물을 다른 곳으로 보내기 전까지만 유지된다. 댐으로 흐름을 통제한 덕분에 콜로라도강 나머지 부분에 물을 공급할 수 있게 되었다. 더 이상 하류에 물이 범람하지 않고 강의 물줄기가 끊기는 일도 없다. 또 다른 혜택도 있다. 모인 물이 댐을 지나면서 생기는 거대한 압력으로 터빈을 돌리면 수력이 발생한다. 물의 이동 덕분에 수십만 명이 메마른 미국 남서부 사막지대에서 생활하고 일할 수 있다.

후버댐은 물이 흐르는 타이밍을 통제하기 위해 세워졌지만 그 원리는 물을 넘어 광범위하게 나타난다. 에너지가 한곳에서 다른 곳으로 이동하는 경로에 장애물들만 설치하면 에너지를 모을 수 있다. 물리학 세계는 항상 평형을 향해 움직이길 원하지만 우리는 가장 가까운 평형상태를 바꾸고 평형상태에 도달하는 속도를 조정할 수 있다. 이렇게 흐름을 통제해 에너지가 방출되는 타이밍도 조정할 수 있다. 에너지가 인공 장애물들을 거쳐 평형상태로 이동하면 여러모로 유용하다. 우리는 에너지를 새로 만들거나 없애는 것이 아니라 단지 골대를 움직이고 방향을 바꿀 뿐이다.

과거에 수많은 문명이 그랬듯이 우리의 자원은 한정되어 있다. 화석연료의 재료인 식물은 태양에서 얻은 에너지로 성장하고 화석연료는 이 에너지가 온기 형태로 변하는 경로를 차단한다. 온기는 유용성으로 따지자면 강바닥과 같고 화석연료는 에너지를 일시적인 평형상태로 저장하는 댐과 같다. 우리가 화석연료를 채굴해 불을 붙이면 새로운 평형상태로 가는 길이 열려 불꽃이 생기고 이산화탄소와 물이 생기는 화학적 분해 과정이 일어난다. 우리는 이 같은 방식으로 에너지가 방출되는 타이밍을 정한다. 문제는 화석연료 형태에서는 연료를 채굴하기 위해 수많은 자원을 사용해야 하고 우리는 불과 수세대 만에 수백만 년 동안 축적해온 에너지를 방출했다. 화석연료 매립지는 바닥을 드러내고 있고 수백만 년 동안 다시 채워지지 않을 것이다. 이제 후버댐의 수력발전과 같은 여러 재생에너지가 세상을 흐르는 태양에너지 줄기의 방향을 바꾸고 있다. 우리 문명은 여전히 동일한 게임과 마주한다. 어떻게 에너지의 흐름을 효율적으로 멈추고 시작해 세상에 큰 변화를 일으키지 않고 원하는 것을 얻을 수 있을까?

우리는 배터리 기기의 전원을 켜 배터리에서 에너지가 방출되는 타이밍을 정할 수 있다. 전원을 누르면 전기를 차단했던 문이 열리고 에너지가 장치의 회로 안으로 들어가 원하는 목적을 달성할 수 있다. 이후 에너지는 최종적으로 열이 된다. 사실 그대로 두었어도 열로 변했을 것이다. 이것이 세상 모든 스위치가 하는 일이다. 문지기인 스위치는 에너지가 흐르는 타이밍을 통제하고, 그 흐름은 오로지 평형을 향해서 한 방향으로만 움직인다. 흐름이 한꺼번에 움직이도록 내버려두면 결과는 한 가지다. 이와 달리 흐름의 속도를 낮추어 원하는 대로 여러 번 조금씩 흐르게 한다면 전혀 다른 결과가 나타난다. 여기서 시간이 중요한 이유는 흐름이 한 방향으로만 움직이기 때문이다. 흐름이 평형으로 이동하는 시기와 속도를 선택함으로써 우리는 이 세계에서 막강한 통제력을 발휘할 수 있다. 하지만 평형에 도달한 사물이 항상 멈추지는 않는다. 균형점을 향해 정말 빠르게 이동하고 있다면 그대로 멈추지 않고 계속해서 갈 수 있다. 그러면 전혀 다른 현상이 발생하고 때로는 여러 문제가 생긴다.

머그잔, 개, 고층 빌딩의 흔들림
고유진동수

오후 티타임은 내게 중요한 일과다. 하지만 최근에서야 차 한 잔을 마시려면 속도를 늦춰야 한다는 사실을 깨달았다. 주전자로 물을 끓이는 데 걸리는 시간만을 의미하는 것이 아니다. 유니버시티 칼리지 런던University College London에 있는 내 사무실은 긴 복도 끝에 있고 준비실은 반대편 끝에 있다. 머그잔에 차를 가득 담아 사무실로 돌아오는 일은 내 하루 중 가장 느린 속도로 이루어지는 일이다(일할 때 내 걸음은 보통 '경쾌한 발걸음'과 '경보' 중간쯤이다). 머그잔에 차가 가득 담겨서가 아니라 출렁거리기 때문이다. 걸음을 뗄수록 출렁임은 심해진다. 현명한 사람이라면 속도를 늦추는 것이 합리적인 해결책이라는 사실을 받아들일 것이다. 하지만 물리학자라면 그것이 유일한 해결책인지 알아보기 위해 실험을 할 것이다. 무엇을 발견할지는 아무도 모른다. 나는 싸워보지도 않고 체념하고 싶지 않았다.

머그잔에 물을 담고 평평한 바닥에 올려놓은 다음 살짝 밀면 물은 옆으로 출렁이기 시작한다. 머그잔을 밀면 처음에는 잔은 움직이지만 물은 움직이지 않기 때문에 밀어낸 머그잔 벽 쪽으로 높이 쌓인다. 머그잔 한쪽 벽의 수면이 반대편보다 높아지면 중력에 의해 높은 쪽 물은 아래로 당겨지고 반대쪽은 위로 밀린다. 순간 수면은 다시 평평해지지만 물은 움직임을 멈출 이유가 없으므로 반대편으로 올라간다. 중력이 올라가는 물을 당기지만 물을 멈추기까지는 한참 걸린다. 물이 멈출 때쯤 반대편 수면이 높아져 있다. 이 모든 과정이 처음부터 반복된다. 머그잔을 평평한 바닥에 놓아두면 출렁거림은 점점 잦아들고 평형상태가 된다. 하지만 머그잔을 들고 걷는다면 얘기가 달라진다.

문제는 주기다. 크기가 다른 머그잔들로 시험해보면 출렁이는 방식은 모두 동일하지만 입구가 좁을수록 빨리 출렁이고 넓을수록 천천히 출렁인다. 머그잔에 거의 가득 찬 액체가 초당 움직이는 횟수는 처음 머그잔을 민 힘의 크기가 달라도 일정하다. 하지만 머그잔 형태에 따라서는 출렁거리는 횟수가 달라진다. 여기서 가장 중요한 것은 머그잔의 직경이다. 액체를 아래로 당겨 평형상태를 이루려는 중력과 평형상태를 지날 때 절정에 달하는 액체의 추진력 사이에서 다툼이 일어난다. 머그잔이 클수록 액체의 양은 많고 이동할 공간이 넓어 출렁이는 주기가 길다. 머그잔을 밀었을 때 출렁이던 액체가 스스로 평형상태에 도달하는 속도가 머그잔의 고유진동수다.

나는 사무실로 돌아와 한참 동안 여러 머그잔을 갖고 놀았다. 그중 하나는 직경이 4센티미터에 불과하고 옆면에 뉴턴 사진이 새겨져 있었다. 이 머그잔에 담긴 물은 초당 약 5번 출렁거린다. 제일 큰 머그잔은 직경이 약 10센티미터고 초당 약 3번 출렁거린다. 큰 머그잔은 오래된 싸구려인 데다가 모양이 이상해서 좋아하지 않지만 때론 엄청난 양의 차를 마셔야 하므로 버리지 않고 두었다.

내가 머그잔에 차를 가득 담은 후 경쾌한 걸음으로 준비실을 나오면 찻물은 출렁이기 시작한다. 쏟지 않고 사무실까지 가려면 출렁거림이 심해지지 않도록 해야 한다. 이것이 문제의 핵심이다. 걷는 동안 머그잔은 살짝 흔들릴 수밖에 없다. 흔들리는 속도가 머그잔의 고유진동에 부합한다면 출렁거림은 심해진다. 그네에 탄 아이를 밀 때 그네가 흔들리는 속도에 맞추어 일정한 리듬으로 민다면 그네가 움직이는 각도는 점점 커진다. 찻잔에서도 똑같은 일이 일어난다. 이를 '공진'이라고 한다. 외부에서 미는 힘이 출렁거림의 고유진동수와 가까울수록 차가 쏟아질 확률이 높아진다. 문제는 목이 마를수록 걷는 속도가 일반적인 머그잔의 고유진동수와 무척 비슷해진다는 것이다. 빨리 걸을수록 고유진동수에 가까워진다. 세상이 일부러 내 속도를 낮추려는 것 같겠지만 그저 불편한 우연일 뿐이다.

그러므로 만족할 만한 해결책은 없다. 작은 머그잔은 내 걸음 속도에 비해 고유진동수가 높아 출렁거림이 심해지지 않으므로 차는 쏟아지지 않을 것이다. 하지만 차를 마실 때 간에 기별도 안 갈 것이다. 큰 머그잔을 쓴다면 내 가벼운 발걸음은 고유진동수와 매우 가까워 복도에서 세 걸음 만에 차가 쏟아지고 엉망진창이 될 것이다. 유일한 해결책은 천천히 걸어서 흔들리는 속도가 출렁거림의 고유진동수보다 낮아지게 만드는 것이다.* 시도는 해보았다는 사실이 뿌듯하긴 했지만 배운 거라곤 물리학의 시간 의존성을 이길 수 없다는 사실뿐이었다.

흔들리는 것, 즉 진동하는 모든 물체는 고유진동수를 갖는다. 고유진동수는 물체가 진동하는 상황 그리고 평형상태로 이끄는 힘의 크기와 물체가 평형상태로 가는 속도의 관계에 의해 정해진다. 그네에 탄아이뿐 아니라 추, 메트로놈, 흔들의자, 소리굽쇠 등 여러 예가 있다. 우리가 쇼핑백을 들고 걸을 때 쇼핑백이 흔들리는 속도가 걸음과 맞지 않는 것처럼 느껴지는 이유는 쇼핑백이 고유진동수에 따라 흔들리기 때문이다. 종이 클수록 소리가 깊은 이유는 추가 소리를 낸 후 아래로 내려갔다가 다시 소리를 내는 시간이 길어 고유진동수가 낮기 때문이다. 우리는 소리를 들음으로써 사물의 크기에 대한 여러 정보를 얻을 수 있다. 진동하는 데 걸리는 시간을 들을 수 있기 때문이다.

이런 특별한 시간 척도는 우리가 세상을 통제하는 데 사용할 수 있으므로 정말 중요하다. 진동이 늘어나지 않길 원한다면 진동하는 물체를 밀 때 고유진동수에 맞추지 말아야 한다. 찻잔도 그렇다. 반면 많은 노력을 들이지 않고 진동을 계속 유지하고 싶다면 고유진동수에 맞춰 밀어야 한다. 고유진동수는 인간뿐 아니라 개도 활용한다.

내 친구 캠벨이 키우는 개 잉카는 출발 총소리를 기다리는 달리기 선수처럼 준비 자세를 하고 테니스공을 뚫어지게 보고 있다. 내가 공이 매달린 플라스틱 막대를 올리자 긴장하더니 머리 위로 공이 날아감과 동시에 엄청난 에너지를 분출하며 열정적으로 뛰기 시작했다. 잉카가 덤불이 가득한 잔디밭을 신나게 돌아다니는 동안 잉카의 주인인 캠

◆ 사실 또 다른 해결책이 있다. 바로 카푸치노를 마시는 것이다. 표면에 거품이 있으면 진동을 강하게 누르기 때문에 거품으로 덮인 음료는 잘 출렁거리지 않는다. 이는 펍에서도 유용하다. 맥주 애호가들은 거품이 너무 많으면 싫어하겠지만 최소한 술을 쏟지 않을 수 있다.

벨은 나와 수다를 떨었다. 잉카는 우리가 던진 공을 가져오지 않았다. 두 번째로 던진 공을 이미 입에 물었기 때문이다(스패니얼은 다 그런 것 같다). 하지만 첫 번째 공 주변으로 다가가자 우리가 올 때까지 경계 태세에 돌입했고 우리는 공을 빼앗아 더 멀리 던졌다. 잉카는 약 30분 동안 쉬지 않고 공을 쫓다가 마침내 주저앉아 풀이 흔들릴 정도로 꼬리를 세게 흔들며 우리를 보고 헐떡였다.

나는 무릎을 꿇고 잉카의 등을 쓰다듬어주었다. 한참을 뛰고 난 잉카는 더워했다. 개는 땀을 흘리지 못하기 때문에 다른 방식으로 남는 열을 분출해야 한다. 개가 헐떡이는 행위는 에너지를 많이 소모하는 힘든 일처럼 보이고 더 많은 열이 발생할 것 같아 모순처럼 느껴진다. 잉카는 내 고민에 신경 쓰지 않았고 쓰다듬어주니 기분이 좋은지 입을 크게 벌리고 침을 흘렸다. 나는 달리고 나면 호흡이 서서히 정상으로 돌아오지만 잉카는 갑자기 헐떡거림을 멈춘다. 커다란 갈색 눈으로 나를 올려다보는 잉카를 보며, 잉카가 다시 테니스공을 던져달라고 조를 때까지 얼마나 더 쉬어야 할지 궁금해졌다.

열을 방출하는 가장 효율적인 방법은 물을 증발시키는 것이다. 그래서 우리는 땀을 흘린다. 액체로 된 물을 기체로 바꾸면 막대한 양의 에너지가 소모되고 편리하게도 기체는 에너지를 갖고 날아가 버린다. 개는 땀을 흘리지 않으므로 피부에서 증발할 물을 분비하지 않지만 콧구멍에 수분이 많다. 개가 헐떡거리는 것은 코 안으로 되도록 많은 공기를 밀어 넣어 빨리 열을 내보내기 위한 행위다. 잉카는 이 원리를 증명이라도 하듯 다시 헐떡거리기 시작했다. 그녀는 1초에 약 3번 숨을 쉬었고 그 모습은 힘들어 보였다. 하지만 놀랍게도 잉카는 힘들지 않다. 잉카의 폐는 진동자와 같다. 잉카가 헐떡일 때 숨의 속도는 폐의 고유진동수와 같으므로 효율이 제일 높다. 숨을 들이쉬면 탄력적인 폐 벽이 늘어났다가 시간이 지나면 탄성에 의해 안으로 강하게 밀려 주기를 반대로 돌린다. 폐가 늘어나기 전의 크기로 돌아오면 잉카는 약간의 에너지를 밀어 넣어 주기를 다시 시작한다. 문제는 이처럼 빨리 숨을 쉬면 폐 깊은 곳의 공기는 교체되지 않으므로 산소를 많이 흡수하지 못한다는 것이다. 그렇기 때문에 잉카는 이런 식으로 계속 숨을 쉬지 않는다. 하지만 산소를 들이마시는 것보다 열을 방출하는 것이 더 중요할 때면 정확히 고유진동수대로 폐를 밀어서 최소한의 노력으로 산소를 코로 통과시킨다. 따라서 헐떡일 때 방출되는 에너지에 비해 생성되는 열은 매우 적다. 잉카는 코를 통해 숨을 들이마시지만 침을 흘리는 것도 열을 식혀주기 때문에 입을 크게 벌린다. 침이 증발하면서 약간의 열에너지가 방출된다. 헐떡거림이 멈추자 잉카는 떨어진 테니스공에 눈을 돌린다. 캠벨에게 간절한 눈빛을 보내기만 하면(캠벨은 훈련을 잘 받았다) 게임은 다시 시작된다.

사물의 고유진동수는 형태와 구성 물질에 따라 달라지지만 가장 중요한 요소는 크기다. 따라서 작은 개일수록 심하게 헐떡인다. 작은 개는 폐가 작아서 초당 부풀었다 오므라드는 횟수가 많다. 몸집이 작다면 헐떡임은 열을 방출하는 매우 효율적인 방법이다. 하지만 몸집이 커지면 효율성이 떨어지므로 큰 동물(특히 우리처럼 털이 없는 동물)은 헐떡이는 대신 땀을 흘린다.

모든 사물에는 고유진동수가 있고 가능한 진동 패턴이 여럿 있는 사물은 고유진동수도 여러 개일 수 있다. 보통 크기가 클수록 진동수가 낮다. 거대한 물체를 움직이려면 세게 밀어야 하지만 어쨌든 건물도 아주 느리게 진동할 수 있다. 사실 건물은 거꾸로 선 진자 같은 메트로놈처럼 바닥은 고정되어 있고 위는 움직인다. 높은 곳에서는 바람이 지면에서보다 속도가 빨라서 좁은 고층 건물을 고유진동수로 흔들 수 있다. 바람이 센 날 고층 건물 위층에 간 적이 있다면 흔들림을 느꼈을 것이다. 주기 한 번에 몇 초가 걸릴 수 있다. 건물 안 사람들이 흔들림으로 인해 불안을 느낄 수 있기 때문에 건축가들은 흔들거림을 줄일 방법을 열심히 연구한다. 진동을 완전히 없앨 수는 없지만 진동수와 가요성可撓性을 바꾸어 감지하기 힘들게 만들 수는 있다. 건물이 흔들린다고 느껴지더라도 걱정하지 않아도 된다. 건물은 휘어지도록 설계되었기 때문에 무너지지 않을 것이다.

거센 바람도 건물을 고유진동수에 따라 규칙적으로 밀 수는 없으므로 흔들림의 정도는 한계가 있다. 반면 지진이 나면 지면에 파동이 발생하고 진원부터 거대한 파장이 이동해 땅을 천천히 옆으로 움직인다. 지진이 일어났을 때 고층 건물은 어떻게 될까?

1985년 9월 19일 아침 멕시코시티가 움직이기 시작했다. 약 350킬로미터 떨어진 태평양 가장자리 아래의 지각 표층들이 충돌하면서 진도 8.0의 지진이 발생했다. 멕시코시티는 3~4분 동안 흔들렸고 곳곳이 산산조각 났다. 약 1만 명이 목숨을 잃었고 도시 기반 시설은 처참히 파괴되었다. 복구에는 수년이 걸렸다. 미국 국립표준국US National

Bureau of Standards과 지질조사국US Geological Survey은 피해를 분석하기 위해 기술자 네 명과 지진학자 한 명으로 구성된 팀을 파견했다. 이들이 상세하게 작성한 보고서에 따르면 최악의 피해가 발생한 주요 원인은 안타깝게도 진동수가 일치했기 때문이었다.

우선 멕시코시티의 지반은 단단한 암석 분지로 형성된 호수를 채운 침전물이었다. 보통 지진 관측 장치에 나타나는 신호는 매우 복잡하지만 당시에는 진동수가 한 개뿐인 아름답고 규칙적인 파장이 나타났다. 호수 침전물의 지질구조 때문에 땅이 고유진동수에 따라 흔들렸고 약 2초 동안 파장을 증폭시켰다. 일시적으로 분지 전체가 하나의 진동수에 따라 흔들리는 탁자 상판이 되었다.

지면의 증폭만으로도 심각한 문제였다. 하지만 기술자들이 피해 지역을 살펴보니 높이가 5~20층인 건물 대부분이 무너지거나 심하게 파괴되었다. 더 높거나 낮은 건물(그런 건물도 매우 많았다)은 거의 피해가 없었다. 흔들리는 땅의 고유진동수가 중간 높이 건물의 고유진동수와 비슷했던 것이다. 이 건물들은 긴 시간 동안 정확한 진동수로 규칙적으로 밀리면서 소리굽쇠처럼 진동했기 때문에 버틸 수 없었다.

현재 건축가들은 건물의 고유진동수를 통제하는 일을 중요하게 여긴다. 심지어 흔들리는 건물이 환영받기도 한다. 대만의 타이베이 101Taipei 101은 높이가 509미터로 2004년부터 2010년까지 세계에서 가장 높은 건물이었고 87~92층 전망대는 관광 명소다. 텅 빈 이 구역 안에는 금색 페인트가 칠해진 660톤의 원형 추가 매달려 있다. 추는 아름답고 신비할 뿐 아니라 실용적이다. 단순히 독특한 장식품이 아니라 건물의 지진 내구성을 높인다. 추의 기술 명칭은 동조질량댐퍼로 지진이 나면(대만에서는 자주 일어난다) 건물과 추가 따로 흔들린다. 지진이 시작되면 건물은 한쪽으로 기울어지면서 추를 옆으로 당긴다. 하지만 추가 그 방향으로 움직이면 건물은 반대 방향으로 기울어지고 다시 추를 당긴다. 추는 항상 건물 움직임과 반대 방향으로 끌어당겨지기 때문에 흔들거림을 감소시킨다. 추는 어느 방향으로든 1.5미터 움직일 수 있고 건물 전체 진동을 약 40퍼센트 줄인다.* 안에 있는 사람들은 건물이 전혀 움직이지 않을 때 가장 편안할 것이다. 하지만 지진이 나면 건물은 평형이 깨지므로 움직일 수밖에 없다. 건축가들은 흔들림을 막을 수는 없지만 한쪽으로 기울어진 건물이 반대쪽으로 돌아올 때 일어나는 일을 바꿀 수 있다. 거대한 건물이 평형상태를 벗어나면 안에 있는 사람들은 움직이지 않고 자리에 앉아 건물이 에너지를 잃고 평화로운 평형으로 돌아올 때까지 기다리는 것이 최선이다.

우주 생명체를 발견하는 법
열역학 제2법칙

물리학 세계는 언제나 평형을 향해 움직인다. 이는 열역학 제2법칙이라는 중요한 물리학 법칙이다. 하지만 이 규칙은 평형상태로 가는 속도를 다루지 않는다. 물체에 에너지를 가하면 평형이 깨지

◆ 큰 추 바로 아래에 있는 작은 추 두 개도 거든다.

면서 골대가 움직이다가 다시 잠잠해진다. 모든 생물은 평형으로 향하는 에너지의 속도를 조절해 삶을 유지한다.

나는 대도시에 살고 있지만 식물은 여전히 내 생활의 일부다. 사무실에서 발코니를 보면 밝은 햇빛이 상추 싹, 딸기나무, 허브 잎사귀를 비춘다. 나무 난간 위로 떨어지는 빛은 나무에 흡수되어 온도를 올리고 이 열은 공기와 건물로 흩어진다. 빠른 시간에 평형이 이루어지지만 그 과정에서 흥미로운 일은 일어나지 않는다. 하지만 고수 잎 위로 떨어진 햇빛은 공장으로 들어가 바로 열로 전환되는 대신 광합성의 재료로 쓰인다. 식물은 빛을 이용해 분자들의 평형상태를 깨고 그 결과 발생하는 에너지를 갖는다. 식물은 분자들이 평형으로 향하는 가장 쉬운 길을 조정함으로써 단계별로 에너지를 발생시키고 이 에너지를 이용해 화학전지 역할을 할 분자들을 만든 다음 이 분자들을 통해 이산화탄소와 물을 당으로 전환한다. 놀라울 만큼 정교한 식물의 구조는 수문, 전환 수로, 폭포, 수차가 설치된 운하와 같고 에너지는 운하의 각 부분을 흐르면서 속도가 변해 흐름이 통제된다. 에너지는 바로 아래로 내려가는 대신 중간에 복잡한 분자들을 만들어야 한다. 식물은 평형에 도달하지 않은 분자들을 한곳에 저장했다가 에너지가 필요하면 평형에 한 단계 가까운 곳으로 옮기고 이후 또 한 단계 가까운 곳으로 옮긴다. 빛이 고수 위로 내리쬐는 한 에너지가 공급되어 공장은 바쁘게 돌아가고 골대가 옮겨진 평형상태로 계속 향한다. 마침내 내가 고수를 먹으면 에너지는 내 신체 구조로 투입된다. 나는 그 에너지로 내 몸이 평형상태에 이르지 않게 만든다. 음식을 섭취하는 한 내 신체 구조는 평형상태를 따라잡지 못한다. 평형은 이루어지지 않을 것이다. 한편 나는 언제 먹을지를 선택하고 내 몸은 수문들을 조절해 에너지가 사용되는 시기를 정한다.

지구에 얼마나 많은 생명체가 있는지 생각해보면 생명체에 대해 단일한 정의를 내릴 수 없다는 사실은 놀랍다. 살아 있는 세계에서 단순한 규칙은 대부분 예외가 있기 마련이다. 그러므로 생명체의 정의 중 하나는 분자 공장을 가동해 스스로 번식하고 진화할 수 있는 비평형상태이어야 한다는 것이다. 생명체란 에너지의 속도를 통제해 흐름을 조절하는 존재다. 평형상태에 있는 것은 결코 살 수 없다. 그리고 비평형 개념은 우리 시대의 가장 큰 두 가지 미스터리에 중요한 의미를 지닌다. 생명은 어떻게 시작되었을까? 우주 다른 곳에 생명이 있을까?

최근 과학자들은 생명이 약 37억 년 전 심해 분출구에서 시작되었다고 추측한다. 분출구 안은 따뜻한 알칼리성 물이었다. 바깥은 약산성의 차가운 바닷물이었다. 분출구 표면에서 따뜻한 물과 차가운 물이 섞이면서 평형이 이루어졌다. 초기 생명체는 평형으로 가는 경로 가운데에서 수문 역할을 하다가 탄생했다고 여겨진다. 평형상태로 가는 흐름은 방향을 틀어 최초의 생체분자들을 만들었다. 최초의 수문은 성벽, 즉 생명이 있는 안과 생명이 없는 밖을 구별하는 세포막으로 진화했다. 최초의 세포는 평형상태로 가지 않았기 때문에 살아남았고 평형상태를 피해야만 정교하고 아름다운 생명의 세계로 가는 관문을 통과할 수 있었다. 우주의 다른 세계들도 마찬가지일 것이다.

우주 어딘가에 생명체가 존재할 가능성은 높아 보인다. 항성과 행성의 수는 아주 많기 때문에, 생명체가 출현하기 위한 조건이 아무리 까다롭더라도 어디선가는 탄생할 수 있다. 하지만 우주 생명체가 자신의 존재를 알리기 위해 우리에게 전파 신호를 보낼 가능성은 낮다. 무엇보다도 우주는 엄청나게 광활해서 전파 신호를 개발한 문명은 우리에게 보낸 신호가 도달하기 한참 전에 멸망했을 것이다. 하지만 생명체가 전혀 의도치 않게 우주로 신호를 보냈을 수는 있다. 하와이에 있는 마우나케아Mauna Kea산 정상의 산등성이 위에 한 쌍의 망원경 돔이 나란히 있다. 돔을 처음 봤을 때 우주를 쏘아보는 거대한 개구리의 눈 같다고 생각했다. 이곳의 이름은 켁 천문대Keck Observatory로 태양계 밖 생명체를 최초로 발견할 거대한 눈동자가 있다. 외계인의 세계가 먼 곳에서 궤도를 돌다가 별 앞을 지나면 움직이면서 발생한 기체가 별빛이 비추는 대기에 자취를 남길 것이다. 켁 망원경은 이 흔적들을 추적하고 대기가 평형상태인지 아닌지 감지한다. 산소나 메탄이 지나치게 많다면 생명체들이 평형상태에서 달아나기 위해 자신들이 사는 세상의 균형을 계속 깨트린다는 증거가 될 수 있다. 확신할 수는 없다. 하지만 우리가 결코 볼 수 없는 무언가가 생명을 유지하기 위해 평형상태로 가는 속도를 통제한다는 증거를 확보하는 것이 우주에 있는 다른 유기체의 존재를 확인하는 최선의 방법일 것이다.

제5장

파도에서
와이파이까지

파장의 생성

해변에 가면 오랫동안 바다를 등지고 있기가 거의 불가능하다. 장관을 놓칠 뿐 아니라 바다가 지금 어떤 일을 하는지 지켜보지 않는 것이 옳지 않은 듯 느껴진다. 바다와 육지의 경계가 계속 바뀌는 모습을 보고 있으면 이상하게 마음이 편해진다. 캘리포니아 라호이아에 살 때는 긴 하루를 마치고 해 질 녘 바닷가로 걸어가 바위 위에 앉아 파도를 바라보았다. 해안에서 수백 미터 떨어진 곳의 파도는 길고 낮았으며 눈에 잘 보이지 않았다. 파도는 육지로 밀려오면서 경사가 높아지고 형태가 뚜렷해지다가 해변에서 부서졌다. 나는 몇 시간 동안 앉아 끝없이 생기는 파도를 바라보았다.

　　우리 모두 파도가 무엇인지 알지만 설명하기는 힘들다. 수면에서 구불구불한 모양으로 이어진 너울들이 먼 곳에서 해변 쪽으로 이동한다. 우리는 너울들의 꼭대기 간 거리와 높이를 관찰함으로써 파도를 측정할 수 있다. 물결은 우리가 차를 식히기 위해 입으로 불 때 생기는 것처럼 작을 수도 있고 선박보다 클 수도 있다.

파도의 한 가지 신기한 특징은 라호이아의 펠리컨 덕분에 뚜렷이 나타난다. 해변을 따라 서식하는 브라운 펠리컨은 시공간을 잇는 웜홀을 통해 수백만 년 전에서 날아온 것이 아닐까 싶을 만큼 태곳적 모습을 그대로 간직하고 있다. 부리는 평상시에는 몸 위로 접혀 있으며 우스꽝스럽게 길다. 호기심 많은 이 새들은 소규모로 떼를 지어 해안과 수평을 이루며 파도 바로 위를 장엄하게 활공하다가 가끔 해수면으로 인정사정없이 곤두박질친다. 이 부분이 흥미롭다. 펠리컨이 앉은 파도는 해안가로 끊임없이 밀려오지만 펠리컨은 어디로도 움직이지 않는다.

해안가에 서서 파도가 오는 것을 바라볼 기회가 있다면 해수면에 앉아 있는 바닷새를 관찰해보라.* 바닷새는 파도가 지나감에 따라 위아래로 움직이며 편안하게 앉아 있지만 어디로도 이동하지 않는다.** 이는 물 역시 어디로도 가지 않음을 의미한다. 파도는 움직이지만 파도치는 물체인 물은 움직이지 않는다. 파도는 가만히 있을 수 없고 형

◆ 　바다에 있는 동안 생각지 못하게 발견한 사실이 있다. 새 애호가를 약 올리는 가장 좋은 방법은 무심한 척 바다 갈매기에 대해 묻는 것이다. 갈매기는 종류가 아주 많고 일부 종은 바다 또는 바다 근처에 서식한다. 하지만 '바다 갈매기'라는 종은 없다. 새 애호가들은 몇 시간 동안 이를 설명하거나 바보 같은 질문이라며 화를 내고 자리를 뜰 것이다.

◆◆ 사실 바닷새의 옆을 보면 작은 원을 그리며 돈다. 하지만 중요한 건 파도를 따라 이동하지 않는다는 사실이다.

태가 움직여야 한다. 따라서 파도는 항상 움직인다. 파도 형태가 생겼다가 사라지는 과정에는 에너지가 필요하기 때문에 에너지는 이동하지만 '물체'는 이동하지 않는다. 파도의 규칙적인 움직임은 에너지를 이동시킨다. 그래서 해변에 앉아 바다를 바라보면 치유되는 느낌을 받았는지도 모른다. 나는 파도에 의해 끊임없이 해안으로 밀려오는 에너지와 결코 변하지 않는 물을 보았다.

파동은 형태가 다양하지만 모든 형태에 공통적으로 적용되는 기본 원칙들이 있다. 돌고래가 만드는 음파, 조약돌이 만드는 물결, 먼 항성에서 나오는 광파는 여러 공통점이 있다. 그리고 현재 우리는 자연이 우리에게 보내는 파동에 응답하는 데서 그치지 않는다. 스스로 매우 정교한 파동을 만들고 이 파동은 우리 문명의 흩어진 여러 부분을 연결한다. 하지만 인간이 파동을 사용해 문화적 결합을 강화한 것은 새로운 사건이 아니다. 이야기는 몇 세기 전 거대한 대양 한가운데에서 시작된다.

하와이 왕족의 서핑
파동의 이해

바다에서 서핑을 하는 왕의 모습은 요상한 꿈의 한 장면처럼 보일 것이다. 하지만 250년 전 하와이의 모든 왕, 여왕, 족장, 족장의 부인은 서핑 보드가 있었고 왕족들은 국가 스포츠인 서핑을 잘할수록 큰 자부심을 느꼈다. 특별히 길고 좁은 올로^{olo} 보드는 상류층만 사용할 수 있었고 일반 백성은 짧고 조종이 쉬운 알라이아^{Alaia} 보드를 사용했다. 서핑 대회는 자주 열렸고 수많은 하와이 우화와 전설의 배경이 되었다.* 깊고 푸른 바다로 둘러싸인 환상적인 열대 섬에서는 바다에서 즐기는 문화가 자연스럽게 생긴다. 하지만 하와이의 서핑 선구자들에게는 또 다른 혜택이 있었다. 바로 적절한 파도였다. 대양 한가운데 위치한 작은 섬나라는 서핑에 완벽한 곳이었다. 하와이의 지형과 물리적 구조가 바다의 복잡한 문제들을 해결했기 때문에 왕들과 왕비들은 서핑을 즐길 수 있었다.

하와이인들은 서핑을 하기 위해 평평하고 바람이 없는 바다가 솟아오르길 기도했지만 수천 킬로미터 떨어진 바다의 모습은 완전히 달랐다. 거대한 폭풍 속 바람이 해수면을 밀며 물을 파도로 만들어 에너지를 쏟아낸다. 하지만 폭풍 속의 파도는 짧고 긴 파도들이 여러 방향으로 흩어져 사라졌다가 다시 나타나고 서로 충돌하며 혼란스럽게 섞여 있다. 겨울에는 위도 45도에서 폭풍이 자주 발생하기 때문에 북반구 겨울에는 폭풍이 하와이 북쪽에 위치하고 남반구 겨울에는 남쪽에 위치한다. 하지만 파도는 이동해야 한다. 폭풍이 잦아들어도 물결이 생긴 해수면은 폭풍 가장자리를 넘어서 잔잔한 수면까지 확장된다. 이곳에서 선별 과정이 일어난다. 어지러운 혼돈은 사실 그냥 무질서한 카오스가 아니라 여러 형태의 파도들이 서로 겹쳐진 모습이었다.

◆ 타히티처럼 다른 태평양 지역 사람들도 서핑을 했다. 하지만 그들은 보드 위에 눕거나 앉았다. 현재 우리가 일반적으로 생각하는 서는 자세는 하와이인들이 창시했다.

파장(즉 마루와 마루 사이의 거리)이 긴 파도는 파장이 짧은 파도보다 빨리 이동한다. 따라서 가장 장長파장 파도들이 단短파장 파도들보다 먼저 탈출한다. 하지만 이동하려면 대가를 치러야 한다. 파도는 점차 주변에 에너지를 뺏기고 파장이 짧을수록 1킬로미터마다 잃는 에너지가 많아진다. 단파장의 파도는 경주에서 뒤처질 뿐 아니라 힘도 잃기 때문에 사라지는 데 오랜 시간이 걸리지 않는다. 폭풍이 일어난 지 며칠 후 수천 킬로미터 떨어진 곳까지 살아남은 파도는 일정하게 솟아오르며 지구 전체로 퍼져가는 가장 장파장의 파도뿐이다.

따라서 하와이의 첫 번째 장점은 거대한 폭풍이 발생하는 곳에서 멀리 떨어져 있어 잔잔하고 높지 않은 장파장의 파도만 들어온다는 것이다. 두 번째 장점은 태평양이 매우 깊고 화산으로 이루어진 섬의 옆면이 가파르다는 것이다. 파도는 어떠한 방해도 받지 않고 해수면을 이동하다가 갑자기 급경사를 만난다. 그러면 아주 깊은 곳까지 흩어져 있던 모든 에너지가 얕은 곳으로 집중되면서 파도가 높아진다. 하와이인들은 느릿한 거대한 파도가 해안 가까이로 오면서 섬의 해변에서 부서져 마지막 숨을 거두기를 기다렸다. 파도가 부서지면 왕과 왕비는 서핑 보드에 올랐다.

파도는 대부분의 사람이 맨 처음 알게 되는 파동일 것이다. 물 위에 앉은 오리는 쉽게 상상하고 이해할 수 있다. 하지만 파동은 형태가 매우 다양하고 여러 동일한 원칙들이 모든 파동에 적용된다. 모든 파동에 있는 파장은 볼록한 꼭대기 지점인 마루와 마루 사이의 거리를 의미한다. 움직이는 파동의 진동수는 1초 동안 거치는 주기(마루에서 오목한 골짜기의 가장 아래인 골로 갔다가 다시 마루까지 가는 과정)의 횟수다. 모든 파동은 속도가 있지만 파도처럼 파장에 따라 속도가 달라지는 파동도 있다. 문제는 대부분의 파동은 생성 과정을 눈으로 관찰할 수 없다는 데 있다. 공기를 통해 이동하는 압축파인 음파는 특정한 형태가 아니라 미는 힘이 이동하는 것이다. 가장 상상하기 힘든 파동은 전기장과 자기장을 통해 이동하는 광파다. 하지만 우리가 전기를 볼 수 없더라도 광파의 효과는 어디서나 볼 수 있다.♦

파동이 흥미롭고 유용한 이유 중 하나는 파동이 통과하는 환경이 파동을 변화시킬 수 있다는 것이다. 우리가 파동을 보거나 듣거나 감지했을 때 파동에는 있었던 곳의 흔적이 남아 있기 때문에 귀중한 정보를 얻을 수 있다. 하지만 이 흔적은 상대적으로 단순한 방법으로 새겨진다. 파동에 발생하는 주요 세 가지 현상은 반사, 굴절, 흡수다.

파동이 경계에 닿을 때 일어나는 일
반사, 굴절, 흡수

슈퍼마켓의 생선 코너를 지날 때 파는 것들을 보면 대부분

♦ 상대적으로 간단한 실험들이 빛이 파도처럼 행동함을 보여주었다. 태양 주변의 지구 궤도를 이용한 창의적인 실험은 빛에 대한 우리의 직관과 정반대되는 사실을 밝혔다. 빛의 파동을 일으키는 물질은 없다. 대신 파동은 전기장과 자기장에서 방해물로 이동한다. 이 실험은 마이켈슨-몰리Michelson-Morley 실험으로 알려졌고 무척 간단해 이해하기 쉬우면서도 정교했다. 또한 가정을 입증하기 위해 지구 전체를 실험 도구로 사용했기 때문에 내가 가장 좋아하는 실험 중 하나다.

은색이다. 노랑촉수, 붉돔과 같은 열대어와 솔, 가자미처럼 바닥에 서식하는 생선 정도가 예외다. 하지만 진열대 대부분은 청어, 정어리, 고등어처럼 외양에서 무리 지어 다니는 생선으로 채워져 있다. 은색이 흥미로운 이유는 사실 그것이 색이 아니기 때문이다. '은색'이라는 단어는 빛을 세상으로 반사하는 트램펄린을 지칭한다. 모든 파동은 반사될 수 있고 거의 모든 물질은 빛을 일부 반사한다. 하지만 은색이 특별한 이유는 모든 것을 똑같이 다시 내보내기 때문이다. 어떤 예외도 없이 모든 색을 동등하게 다룬다. 특히 광택이 나는 금속은 이 기술을 잘 쓰는데 표면에 광선이 도달하면 동일한 각도로 탈출하기 때문에 유용하게 쓸 수 있다. 세상의 모습을 거울에 비추면 모든 광선의 각이 그대로 반사된다. 금속을 완벽하게 닦아도 실제와 똑같은 상을 얻기는 어렵기 때문에 거울은 인류 역사에서 귀하게 여겨졌다. 우리는 생선이 으레 은색이라고 생각한다. 하지만 생선은 금속을 쓸 수 없다. 은색이 되려면 생체분자를 사용해 금속의 기능을 하는 신체 구조를 만들어야 하고 그러려면 매우 복잡하고 힘겨운 진화 과정을 거쳐야 한다. 청어의 입장에서 군이 왜 그렇게 해야 했는지 생각해보자.

청어는 바다에서 떼를 지어 다니며 새우같이 작은 생명체를 먹고 돌고래, 참치, 대구, 고래, 바다사자처럼 큰 포식자를 피해 다닌다. 하지만 바다는 거대한 빈 공간이기 때문에 숨을 곳이 없다. 유일한 해결책은 투명해지거나 변색을 해 주변과 비슷해지는 것이다. 그렇다면 생선이 물로 된 배경과 비슷해지려면 파란색이어야 할까? 문제는 물의 색은 하루 중 시간과 물을 구성하는 성분으로 정해지기 때문에 항상 변한다는 것이다. 하지만 청어는 계속 주변에 있는 물처럼 보여야만 생존할 수 있다. 청어가 헤엄치는 거울로 변신한 이유는 청어 앞에 있는 텅 빈 바다의 모습이 뒤에 있는 모습과 똑같기 때문이다. 청어는 몸에 닿은 빛의 90퍼센트를 반사하고, 이는 품질 좋은 알루미늄 거울과 비슷한 수치다. 빛으로 만든 방패 뒤에 숨어 주변 포식자 눈에 광파를 반사하며 헤엄치는 것이다.

빛이 항상 완벽하게 반사되는 것은 아니다. 많은 경우 빛은 일부만 반사된다. 하지만 그렇기 때문에 우리는 서로 붙어 있는 두 물체를 구별할 수 있다. 푸른 광선을 반사하는 머그잔이 내 것이고 빨간 광선을 반사하는 머그잔은 내 동생 것이다. 이렇게 파동이 표면에 부딪힐 때는 반사가 중요하다. 하지만 파동이 경계에 닿을 때 일어나는 일은 이것만이 아니다. 굴절은 좀 더 미세하게 파동의 방향을 틀어 이동 경로를 바꾼다.

하와이 여왕이 해변이 내려다보이는 절벽에 서서 파도를 바라볼 때, 외양의 너울들은 매일 다른 방향에서 다가왔지만 육지에 닿을 때는 언제나 해변과 수평이라는 사실을 눈치챘을 것이다. 해변이 어떤 방향을 향해 있든 옆으로 파도가 치는 일은 없다. 파도는 물의 깊이에 따라 속도가 달라지며 깊은 곳에서 더 빠르게 이동하기 때문이다. 일직선으로 길게 뻗은 해변에서 약간 왼쪽으로 기울어진 방향으로 너울이 다가온다고 상상해보자. 파도 줄기의 오른쪽 부분은 해변에서 더 멀기 때문에 아래의 물이 더 깊다. 따라서 더 빨리 이동하므로 옆 부분의 속도를 따라잡는다. 그 결과 전체 파도 줄기는 해안에 가까워지면서 시계 방향으로 기울어지다가 해변과 일직선이 되고 파도가 부서지기 직전에는 해변과 평행을 이룬다. 따라서 파동 일부분의 속도를 다른 부분과 다르게 만들면 파동이 이동하는 방향을 바꿀 수 있다. 이를 굴절이라고 한다.

파도의 속도가 바뀌는 것은 머릿속에 쉽게 그려지지만 빛은 어떨까? 물리학자들은 언제나 '빛의 속도'에 대해 이야기한다. 상상할 수 없을 만큼 빠른 광속은 아인슈타인의 가장 유명한 유산인 특수상대성이론과 일반상대성이론의 중대한 요소다. 일정한 '광속'의 발견은 큰 논란을 일으켰다. 사람들은 인정하기 힘들어했지만 엄청난 발견이었다. 파티에 찬물을 끼얹긴 싫지만 사실 누구도 광파가 광속으로 이동하는 것을 본 적이 없다. 다만 물로도 빛의 속도를 늦출 수 있고 이는 동전과 컵으로 확인할 수 있다.

컵 안 바닥에 당신과 가장 가까운 벽에 닿도록 동전을 놓는다. 그리고 컵 테두리에 동전이 가려질 때까지 고개를 숙인다. 빛은 직선으로 이동한다. 동전이 보이지 않을 때 동전에서 당신 눈까지 직선으로 이동하는 빛은 없다. 이제 고개나 컵을 움직이지 않고 컵에 물을 따르자. 동전이 나타날 것이다. 동전은 움직이지 않았지만 동전에서 나온 빛이 물을 떠나면서 방향을 바꾸어 눈으로 도달할 수 있게 된 것이다. 이 실험은 물이 광속을 늦출 수 있음을 간접적으로 보여준다. 빛이 공기와 만나면 속도는 다시 올라가기 때문에 경계를 건널 때 각이 생기며 꺾인다. 우리는 이를 굴절이라고 부른다. 물만 굴절을 일으키는 것은 아니다. 정도는 다르지만 빛이 통과하는 모든 물체는 광속을 늦춘다. 광속은 빛이 어떤 것도 통과하지 않는 진공 안에서의 속도를 의미한다. 물은 광속을 75퍼센트, 유리는 66퍼센트로 늦추고 다이아몬드를 통과한 빛은 최고 속도의 41퍼센트로 기어가다시피 한다. 빛의 속도가 느려질수록 공기와 물체의 경계에서 휘어지는 각이 크다. 다이아몬드는 빛의 속도를 가장 많이 늦추기 때문에 다른 보석보다 더 반짝거린다.[*] 또한 빛이 꺾이기 때문에 우리는 유리, 물, 다이아몬드를 볼 수 있다. 이 물체들은 투명해서 직접 볼 수는 없다. 우리가 보는 것은 물체 뒤에서 오는 빛이 교란되는 현상이고 우리는 이런 교란을 일으키는 물체를 투명하다고 인식한다.

다행히 우리는 눈으로 다이아몬드를 감상할 수 있다(거금을 들여 다이아몬드를 산 사람은 안심하시라). 하지만 굴절은 단지 심미적 가치만 지닌 것이 아니다. 굴절은 우리에게 렌즈를 선사한다. 미생물과 미생물을 구성하는 세포를 관찰하는 현미경, 우주를 탐험하는 망원경, 작은 부분 하나하나 영구히 기록하는 카메라의 재료인 렌즈는 수많은 과학 분야의 문을 열었다. 광파가 항상 광속으로 움직인다면 이 모든 것은 불가능하다. 우리는 광파 속에 살고 있으며 이 파동들은 지속적으로 반사, 굴절되면서 속도를 낮추고 높인다. 폭풍이 이는 해수면의 카오스처럼 우리 주변에서는 크기가 다양한 광파들이 모든 방향으로 움직인다. 하지만 우리 눈은 파동 중 일부만 선택해 굴절시키고 속도를

◆ 다른 많은 물질과 마찬가지로 다이아몬드는 빛의 색, 즉 파장에 따라 속도를 늦추는 정도가 다르다. 따라서 다이아몬드의 광채는 우리 눈으로 반사될 뿐 아니라 색깔을 분리한다.

늦추며 나머지는 배제함으로써 빛의 아주 작은 일부만 결집해 감지한다. 절벽 위에 선 하와이 여왕은 빛의 파동을 이용해 물의 파동을 보았고 두 파동에 적용된 물리학 원리는 같았다.

파동이 반사되거나 굴절된 후 우리 눈에 도달했다면 다행이지만 도달하지 못하면 어떻게 될까?

우리 삶의 수많은 사소한 미스터리 중 하나는 아이에게 크레파스를 주고 수돗물을 그리라고 하면 파란색으로 칠한다는 것이다. 하지만 수도꼭지에서 파란 물이 나오는 걸 본 사람은 없다. 수돗물은 색이 없다(색이 있다면 배관공에게 연락해보길 바란다). 수돗물이 파랗다면 누구도 마시지 않을 것이다. 하지만 그림 속 물은 언제나 파랗다.

지구의 위성사진을 보면 바다는 분명 파란색이다. 소금 때문은 아니다. 얼음이 녹아 생긴 빙하 꼭대기 연못은 소금이 없지만 강렬하고 짙은 푸른색이다. 얼음 속 구멍을 파란색 식용색소로 채워놓은 듯하다. 하지만 얼음을 타고 흐르는 물을 보면 색이 없다. 색을 결정하는 것은 물의 성분이 아니라 물의 양이다.

수면에 닿은 광파는 하늘로 다시 반사되거나 수면을 통과해 깊은 물속으로 들어간다. 하지만 작은 입자나 물 자체가 장애물이 되어 광파의 방향을 바꾼다. 광파는 방향을 여러 번 바꾸다가 다시 공기로 돌아오기도 한다. 빛이 오랜 여정을 하는 동안 물은 광파를 걸러낸다. 태양에서 나온 광파들은 수많은 파장이 섞여 있어 무지개의 모든 색을 띤다. 하지만 빛을 흡수하는 물은 특정 색을 다른 색보다 더 잘 흡수한다. 첫 번째로 흡수되는 것은 빨간색 빛이다. 물속으로 몇 미터만 들어가도 빨간색은 대부분 사라진다. 그다음 수십 미터 아래로 내려가면 노란색과 초록색이 제거된다. 하지만 파란색 빛은 거의 흡수되지 않기 때문에 긴 거리를 이동할 수 있다. 그러므로 빛이 바다에서 나올 때쯤이면 거의 파란색만 남는다. 수도꼭지에서 나오는 물이 무색인 것은 차이가 생기기에는 물의 양이 부족하기 때문이다. 수돗물은 세상 모든 물과 같은 색이다. 하지만 물은 색이 매우 연하기 때문에 물이 물 속을 통과한 광파에 끼치는 영향을 보려면 엄청난 양이 필요하다.♦ 물이 어떤 색인지 보이면 감탄하며 강렬한 푸른색 크레파스를 선택할 것이다. 하지만 수도꼭지에서 나오는 물로는 결코 그 색을 알 수 없다.

이처럼 이동하는 파동은 통과하는 물체에 흡수될 수 있다. 이는 매우 서서히 일어나는 소모 과정으로 파동은 아주 조금씩 에너지를 빼앗긴다. 상실되는 에너지의 양은 파동의 종류와 파장에 따라 다르다. 이러한 다양성은 파동이 할 수 있는 일과 우리에게 알려주는 정보가 엄청나게 많음을 의미한다. 내가 좋아하는 대기 현상 중 하나인 뇌우에서 두 가지 대비되는 현상을 보고 들을 수 있다.

뇌우는 공기가 단지 하늘의 빈 공간을 채우는 충전재가 아님을 웅대하고 극적인 광경으로 보여준다. 지구의 대기에는 엄청난 양의 물

♦ 물을 파랗게 그리지 않는 문화에서 아이들이 어떤 색으로 물을 칠하는지는 흥미로운 문제다. 우리가 물을 파랗다고 생각하는 이유는 바다가 어떤 모습인지 알고 항공사진을 본 적이 있으며 깨끗한 수영장을 이용할 수 있기 때문일 것이다. 하지만 이제 이러한 혜택을 누리지 못하는 문화권은 거의 없다. 물이 파란색이라는 힌트가 많기 때문에 아이들이 무의식적으로 파랗게 그리는 걸까? 아니면 순전히 학습된 습관일까?

과 에너지가 있고 평상시에는 이 풍부한 물질들이 천천히 평화롭게 이동한다. 고요한 움직임으로는 대기의 균형을 조정하기에 역부족일 때 강력한 적란운인 뇌운이 형성된다. 우선 지면과 가까운 곳에서 따뜻하고 습도가 높으며 부력이 큰 공기가 엄청난 에너지로 위에 있는 차가운 공기를 밀어내며 올라간다. 거대한 구름 중앙에서 온도와 습도가 높은 공기가 빠르게 올라가며 위에 있는 대기를 휘젓고 커다란 빗방울들을 자유롭게 해방시켜준다. 가장 극적인 부분은 대기가 소용돌이치면서 전하가 분리되어 구름의 여러 곳으로 재분배되는 과정이다. 전류는 계속 쌓인 전하를 가져가 주변의 구름이나 지면에 강한 진동을 울림으로써 충격을 가한다. 번개는 1,000분의 1초도 안 되는 찰나에 지나가지만 천둥은 훨씬 길게 울린다. 내가 천둥과 번개를 좋아하는 이유는 웅장한 경관을 제공할 뿐 아니라 대기의 엔진 역할을 확인해주기 때문이다. 뇌우가 생성하는 날카롭고 강렬한 섬광인 번개와 깊고 긴 소리의 천둥은 전혀 어울리지 않고 극명하게 대비된다. 하지만 두 가지 모두 파장이 얼마나 다재다능한지 보여주는 훌륭한 예다.

번개는 일시적이다. 뇌운에서부터 지면이나 다른 구름까지 이어지는 과열된 대기의 관에서 전기가 흐른다. 이 관 안에는 주위에 넘치는 에너지에 의해 마구 날아다니는 분자들이 가득하다. 잠깐이지만 관의 온도는 섭씨 5만 도까지 도달해 청백색으로 빛난다. 엄청난 광파가 관에서 탈출해 주변 광경을 메우지만 어마어마한 속도로 달아나 순식간에 사라진다. 전류가 흐르는 뜨거운 관은 온도가 올라가면 옆으로 팽창하면서 주변 공기를 두드린다. 번개가 치고 난 후 이 거대한 압력은 공기를 통해 바깥으로 퍼져나가지만 번개보다 속도가 훨씬 느리다. 이 물결이 음파인 천둥이다. 번개가 존재할 수 있는 이유는 광파와 음파를 모두 만들기 때문이다.

파동에서 가장 중요한 사실은 공기나 물 같은 어떤 종류의 '물질'도 움직이지 않고 에너지만 이동한다는 것이다. 즉, 파동은 우리가 사는 세상을 유유히 돌아다니며 흥미롭고 편리한 혼란을 일으킬 뿐 세상을 마구 휘저으며 파괴하지는 않는다. 번개는 많은 양의 에너지를 방출하고 광파와 음파는 이 에너지 중 일부를 세상 밖으로 내보낸다. 음파가 지나더라도 공기는 어디로도 움직이지 않지만 엄청난 양의 에너지는 계속 이동한다. 광파와 음파는 다른 종류의 파동이지만 적용되는 기본 원칙은 동일하다. 예를 들어 빛과 소리 모두 파장이 통과한 환경에 의해 변할 수 있다. 천둥을 통해 우리는 파동에 무슨 일이 일어나는지 직접 들을 수 있다.

내가 좋아하는 곳은 번개에서 약 1.5킬로미터 떨어진 곳이다. 섬광이 소리가 다가오고 있다는 신호를 보내면 나는 거대한 압력의 물결이 나를 향해 퍼져오는 상상을 한다. 허공에서 본 물결이 몇 초 후에야 나에게 도달해 첫 천둥소리가 울린다. 이 음파는 초속 약 340미터로 움직이고 시속 약 1,230킬로미터로 이동하며 1킬로미터를 움직이는 데 약 3초가 걸린다. 처음 들리는 날카롭게 갈라지는 소리는 번개가 땅 위에서 팽창하며 만드는 소리와 비슷하다. 하지만 이후의 천둥소리는 확연히 다르다. 처음 갈라지는 소리 다음부터는 번개보다 조금 위에서 소리가 나기 때문이다. 처음에는 똑같은 소리였지만 더 긴 경사로를 이동한 탓에 내게 오기까지 더 오랜 시간이 걸렸다. 그리고 번개가 있던 곳보다 점점 높은 곳에서 천둥의 우르릉 소리가 들린다. 첫 번째로 갈라지는 소리가 내게 닿기까지 5초가 걸렸다면 약 1킬로미터 더 높은 곳의 소리가 내게 닿기까지 3초가 더 걸리고 2킬로미터 위의 소리가 도착할 때까지는 6초가 더 걸릴 것이다. 모든 음파가 시작된 시점은 비슷하지만 장소는 달랐다. 따라서 대기가 이 음파들을 어떻게 변화시키는지 들을 수 있다. 시간이 흐르면서 바뀐 것은 음파들이 더 많은 거리를 이동했다는 것뿐이다. 진동수가 많은 파장은 대기에 흡수되고 진동수가 낮은 파장은 계속 이어지므로 처음 날카롭게 갈라지는 가장 높은 음의 소리는 금세 사라진다. 시간이 지나 파동들의 이동 거리가 길어지면 가장 높은 음은 공기로 사라지는 반면 가장 낮은 음은 계속 이동하므로 전체적인 음높이는 점차 낮아진다. 당신이 멀리 떨어져 있다면 파동이 전부 공기에 흡수되므로 소리는 당신에게 도달하지 않는다. 하지만 번개는 더 멀리 도달한다. 광파는 음파와 달리 공기의 도움을 받아 이동할 수 있기 때문이다. 광파는 공기에 쉽게 흡수되진 않지만 대기를 돌아다니다가 다른 방식으로 변할 수 있다.

어떤 의미에서 파동은 무척 단순하다. 만들어지고 나면 항상 다른 곳으로 이동한다. 또한 음파든 파도든 광파든 주변 환경에 의해 반사되거나 굴절되거나 흡수될 수 있다. 우리는 다양한 파동의 홍수 속에 살고 있으며 파동의 패턴을 알면 주변을 이해할 수 있다. 우리의 눈과 귀는 주위를 감싸는 진동을 인지하고 이 진동에는 우리에게 매우 중요한 에너지와 정보가 담겨 있다.

토스터와 적외선 파동
색깔과 온도

음침하고 추운 회색빛 겨울날 마음을 달랠 최고의 음식은 토스트다. 하지만 바로 위안을 얻을 수는 없다. 보통 나는 찻주전자를 가스레인지에 올리고 토스터에 빵을 넣은 다음 조바심을 내며 성찬이 준비될 때까지 주방을 서성인다. 싱크대에 있던 컵들을 씻고 조리대를 정리한 후 일이 잘되고 있는지 궁금해 토스터 안을 응시한다. 토스터의 장점은 발열체가 붉게 빛나서 임무를 잘 수행하고 있는지 눈으로 확인할 수 있다는 것이다. 발열체는 그와 닿은 공기를 가열할 뿐 아니라 빛 에너지를 발산한다. 이 빛은 온도계다. 색을 보면 얼마나 뜨거운지 알 수 있다. 밝은 빨간색은 토스터 내부 온도가 섭씨 1,000도에 이르렀음을 의미한다. 알루미늄이나 은을 녹일 만큼 무시무시하게 뜨거운 온도다. 이처럼 밝은 선홍색으로 빛나고 있다면 토스터는 1,000도에 이를 정도로 뜨겁다. 이는 우주의 규칙이다. 온도가 1,000도인 모든 물체는 똑같이 붉게 빛나고, 다른 색으로 빛나면 온도가 다르다. 석탄이 탈 때 환한 노란빛이 나는 가운데 부분은 약 2,700도다. 하얗게 타는 물체의 온도는 4,000도 이상이다. 하지만 생각해보면 이상한 점이 있다. 색깔과 온도는 무슨 관계가 있을까?

토스터를 응시하는 동안 에너지가 열에서 빛으로 변하는 것을 본다. 가장 정교한 우주의 작동 원리 중 하나는 절대영도보다 온도가 높은 모든 물체가 에너지 일부를 계속 광파로 전환하는 현상이다. 빛은 반드시 이동해야 하므로 에너지가 주변으로 신속하게 움직인다. 붉게 빛나는 발열체는 에너지 일부를 무지개에서 파장이 긴 끝부분인 붉은 색 광파로 전환한다. 하지만 방출하는 에너지 대부분은 파장이 더 긴 적외선이다. 적외선은 파동이 길다는 점만 제외하고 우리가 볼 수 있는 빛과 같다. 우리는 적외선이 흡수되는 곳의 열기를 느낌으로써 간접적으로만 적외선을 감지할 수 있다. 적외선 파동은 눈에 보이지 않지만 토스터에 빠질 수 없는 요소다. 빵을 굽는 것이 바로 적외선이다.

뜨거운 물체는 특정 파장에서 더 많은 빛을 방출한다. 그래프를 그려보면 어떤 온도의 물체든 굴곡점인 피크peak 파장에 대부분의 빛이 몰려 있고 굴곡점 양옆으로 갈수록 방출된 빛이 약화된다. 토스터의 파장 그래프를 보면 적외선에서 높은 산 모양을 그리고 산자락은 가시광선의 붉은 부분까지 이어진다. 그래서 빨간색으로 보이는 것이다. 토스트를 굽는 긴 파장의 빛은 우리 눈에 보이지 않지만 그 꼬리는 볼 수 있다.

온도가 2,500도까지 올라가는 슈퍼 토스터가 있다면 발열체는 노란색일 것이다. 물체가 뜨거울수록 파장이 짧은 빛을 발산하기 때문에 꼬리 부분은 무지개의 더 많은 부분을 포함해 빨강, 주황, 노랑 그리고 약간의 초록까지 이어질 것이다. 붉은빛과 초록빛을 같이 보면 우리는 이를 노란색으로 인식한다. 이 온도에 이르러야만 무지개에서 빨강부터 초록까지를 차지할 수 있다. 온도가 4,000도까지 올라가는 무적 토스터가 있다면 방출되는 빛은 무지개 전체를 포함해 파란색에 가까울 것이다. 무지개색 전부를 한꺼번에 보면 하얀색으로 보인다. 그러므로 하얀빛을 내는 물체는 무지개의 모든 색이 섞인 것이다. 이 무적 토스터의 단점이라면 무엇이든 순식간에 녹일 수 있다는 것이다. 어쨌든 식빵은 순식간에 갈색이 될 것이다. 그리고 주방도 갈색으로 타버릴 것이다.

토스터는 파동을 만드는 한 가지 방식이다. 온도 덕분에 우리 눈에 보이는 붉은빛 파동은 일부일 뿐이고 토스터는 다양한 파동을 생성한다. 식빵을 가열하는 것은 보이지 않는 적외선 파동이다. 식빵 표면만 갈색으로 변하는 이유는 표면에만 빛이 닿아 적외선을 흡수하고 온도가 올라가기 때문이다. 내가 기다리는 동안 들뜬 마음으로 토스터를 바라보는 이유는 눈에 보이지 않는 빛이 토스터에서 나오는 모습을 상상할 수 있기 때문이다. 빛나는 붉은색 덕분에 토스터에서 빛이 나오고 있음을 알 수 있다.

하지만 문제가 있다. 이런 방식으로 광파를 생성하면 파동의 조합은 항상 같을 수밖에 없다. 어떤 파동은 취하고 어떤 파동은 버릴 수 없다. 주황색으로 타는 석탄과 쇳물처럼 1,500도 온도에 이르는 모든 물체는 방출하는 색의 조합이 모두 같다. 따라서 색이 나타날 정도로 뜨거운 물체는 그 색으로 온도를 예측할 수 있다. 태양의 표면 온도는 약 5,500도기 때문에 하얀빛을 발산한다. 우리가 밤하늘에서 별을 볼 수 있는 이유도 별이 너무 뜨거워 표면에서 우주로 빛을 방출하기 때문이다. 별빛이 나타내는 고유의 색을 통해 우리는 별의 온도를 알 수 있다.

우리, 즉 당신과 나 역시 온도에 따른 색을 지닌다. 이 색을 우리 눈으로는 볼 수 없지만 적외선을 감지하는 특수 카메라로는 볼 수 있다. 우리는 토스터보다 온도가 훨씬 낮지만 빛을 내며 가시광선보다 10~20배 긴 파장의 광파를 내보낸다. 우리 몸은 체온 때문에 적외선 전구와 같다. 개, 고양이, 캥거루, 하마처럼 다른 온혈동물도 다 마찬가지다. 절대영도(영하 273도로 끔찍하게 추운 온도) 이상인 모든 물체는 이 같은 적외선 전구고, 이 전구의 색은 온도가 낮아질수록 적외선보다 파장이 긴 마이크로파로 변한다.

우리는 파동 속에 살고 있으며 우리가 항상 볼 수 있는 것뿐 아니라 특정 방향에서만 보이는 것도 있다. 태양, 우리 몸, 주위 환경, 우리가 만든 기술은 끊임없이 파장을 만든다. 고음과 저음의 소리, 박쥐가 사냥할 때 쓰는 초음파, 코끼리가 날씨를 추적할 때 쓰는 초저주파 음도 마찬가지다. 놀라운 것은 모든 파동이 닫혀 있는 공간에서 움직이더라도 서로 방해하지 않는다는 사실이다. 음파는 방이 어두컴컴하든 디스코 조명으로 번쩍이든 변함이 없다. 광파는 피아노 연주나 아이의 울음소리에 영향을 받지 않는다. 우리는 눈과 귀를 열어 이 파동을 받아들인다. 우리는 파동의 홍수에서 가장 유용한 정보를 지닌 것만을 선별해 흡수한다.

그렇다면 우리는 어떤 파동을 선택할까? 무인 자율 주행차와 숲에 사는 동물의 답이 다르다. 주위에는 엄청난 양의 정보가 있고 객체마다 가장 도움이 되는 파동을 선택한다. 그러므로 고래와 큰돌고래는 서로의 소리를 들을 수 없으며 우리가 입는 잠수복 색에 전혀 관심이 없다.

돌고래와 소리의 세계
광파, 음파, 전파

멕시코 서쪽 해안을 따라 있는 캘리포니아만*은 남쪽 끝이 태평양으로 좁게 이어지는 천국 같은 해변이다. 양옆 해변에서 하늘 높이 솟은 어두운 천혜의 산봉우리들이 파란 물길을 보호한다. 해양 생물들은 긴 거리를 오가며 먹이를 먹고 휴식을 취한다. 물길 한가운데 떠 있는 작은 배에서 어부는 평화를 만끽한다. 평화란 어부를 감싼 파동의 홍수가 저자세를 취하고 큰 혼돈을 일으키지 않는 상황을 의미한다. 한낮의 태양빛은 파란 물과 반질거리는 암석에만 반사된다. 찰랑거리는 파도와 삐걱거리는 배만 음파를 내보낸다. 가끔 돌고래 한 마리가 물 위에서 점프하며 고요함을 깨트린 후 지상과는 완전히 다른 전혀 조용하지 않은 세계로 돌아간다. 수면 아래 생태계는 소란스럽고 왁자지껄하다.

돌고래는 아래로 내려가면서 고음으로 휘파람을 불어 뒤에 따라오는 무리에게 말을 건다. 무리가 따라오면 돌고래의 이마에서 나온 짧고 날카로운 음파로 주변이 가득 메워진다. 돌고래에게 다시 돌아온 음파는 턱뼈를 통해 귀로 들어가고 돌고래는 이 소리로 주변 광경을 파악한다. 휘파람 소리, 갈라지는 소리, 딸깍 소리는 분주한 거리에서 나는 소음처럼 들린다. 이 소리들은 이동하는 돌고래 떼가 만드는 음파들이다. 돌고래들은 수면 위에서 숨을 쉬고 장난을 친 다음 사냥을 위해 검푸른 심해로 내려왔다. 광파는 수면 위에서는 흔하지만 심해에는 많지 않고 물에 빠르게 흡수되므로 바닷속에는 빛에서 오는 정보가 희박하다. 돌고래의 눈은 수면 위와 아래에서 모두 볼 수 있다. 하지만 돌고래에게 빛이 얼마나 유용할지는 돌고래 눈이 진화한 과정을 통해 알 수 있다. 돌고래는 색을 전혀 구분하지 못한다. 색이 다양하지 않은 세상에 산다면 색을 구분하는 능력이 왜 필요하겠는가? 돌고래는 파란 세계에 살지만 그 사실을 전혀 모른다. 파란색을 볼 수 없으므로 그들이 사는 물이 가득한 세상은 검은색으로 보인다. 하지만 은빛 물고기가 지나가면서 내는 반짝임은 감지할 수 있으므로 필요한 건 볼 수 있다.

해수면은 《이상한 나라의 앨리스》에 나오는 거울처럼 두 세계를 분리하지만 쉽게 통과할 수 있다. 파동은 이런 경계면에서 튕겨 나가는 경향이 있기 때문에 공기에서 난 소리는 공기에 머물고 바다에서 난 소리는 바다에 머문다. 공기에서 빛은 쉽게 이동하고 소리는 큰 어려움 없이 이동한다. 바다에서 광파는 금세 흡수되지만 음파는 매우 빠르고 효율적으로 통과한다. 바닷속 환경을 알고 싶다면 음파를 감지해야 한다. 광파는 아주 가까운 물체나 수면 근처를 관찰할 때 말고는 쓸모가 없다.

이곳 소리의 세계에는 또 다른 흥미로운 현상이 있다. 돌고래가 내는 높은 음은 우리가 들을 수 있는 소리보다 파장이 최대 열 배 짧다. 파장이 짧기 때문에 돌고래의 음파탐지 기관은 정면에 있는 물체의 형상을 세세하게 파악할 수 있다. 하지만 높은 음은 멀리 이동하지 못하므로 돌고래 떼가 내는 시끄러운 소리는 만의 반대편에서 들리지 않는다. 돌고래의 수다보다 훨씬 멀리 이동하는 소리들도 있다. 멀리 배가 웅웅 소리를 내고 해수면은 거품을 터트리며 철썩거리고 딱총새우가 팝콘 튀기는 소리를 내면 돌고래가 들을 수 없는 깊은 신음 소리가 난다. 소리는 반복된다. 약 15킬로미터 떨어진 곳에서 대왕고래의 소리가 만 전체로 울려 퍼진다. 고래는 음파탐지 기관을 사용하지 않으므로 고음의 파동이 필요하지 않다. 하지만 소리가 먼 거리를 이동해야 하므로 음이 낮다(긴 파장). 파장이 긴 음파는 멀리 이동할 수 있고 수염고래, 대왕고래, 긴수염고래, 밍크고래를 포함한 모든 고래는 서로 멀리 떨어진 채 의사소통을 한다. 고래는 돌고래가 내는 짧은 소음을 들을 수 없고 돌고래는 고래의 노래를 들을 수 없다. 하지만 바다는 모든 소리를 담고 생물은 이 거대한 정보의 저장고에서 자신에게 필요한 정보를 선별한다. 따라서 바다에는 광파와 음파가 넘치지만 존재하는 방식은 공기 중과 완전히 다르다. 바다 아래에서는 소리가 최우선이기 때문에 광파에 신경 쓸 필요가 없는 고래와 돌고래는 색맹이다.

그런데 대기와 바다에는 비슷한 점이 있다. 물속에서 파장이 긴 음파가 멀리 이동하듯이 공기에서도 파장이 긴 광파가 멀리 이동한다. 불과 100년 전쯤의 인간도 수천 킬로미터 떨어진 곳에서 의사소통하는 법을 배웠다. 우리는 공기 중에 살기 때문에 음파로 먼 곳에 있는 사람과 소통할 수 없다. 인간의 장거리 의사소통은 광파를 이용한다. 우리는 원거리 의사소통이 가능한 긴 파장의 광파를 전파라고 부른다. 초기 이 기술의 가장 중요한 용도는 바다를 건너 정보를 보내는 것이었다. 타이태닉호 선원들이 이 새로운 통신 시스템이 전달하는 정보를 잘 받았다면 배는 가라앉지 않았을 것이다.

1912년 4월 15일 자정이 막 지났을 때 북대서양 여러 곳에서 전파가 원형으로 퍼지고 있었다. 패턴은 산발적으로 시작했다 멈추었고 전파들은 시작된 지점에서 생긴 물결 모양이 바깥으로 이동할수록 약해졌다. 물결의 일부는 관제가 이루어지는 곳들에 다다랐다. 가장 강력한 물결은 캐나다 뉴펀들랜드^{Newfoundland}에서 남쪽으로 약 650킬로미터 떨어진 곳에서 다가왔다. 이곳에서 잭 필립스는 당시 가장 성능이 뛰어난 해양 무선송신기로 도움을 요청했다. 세계에서 가장 큰 배인 타이태닉호가 가라앉고 있었다. 잭은 배에서 가장 높은 곳인 갑판에서 두 개의 굴뚝 사이에 매달린 안테나로 짧은 전기 자극을 보냈다. 공중에 매달린 줄에서 생긴 진동이 조악한 전파 신호를 내보냈고 다른 배의 무선통신사들이 전파의 패턴을 해독해 메시지를 이해했다.

무선통신이 가능한 이유는 파동이 한 방향으로 이동하지 않고 모든 방향으로 물결처럼 퍼져나가기 때문이다. 여러 사람이 같은 파동을 들을 수 있으므로 수신자의 정확한 위치를 알 필요가 없다. 타이태닉호가 보낸 진동은 수백 킬로미터 떨어진 카파시아^{Carpathia}호, 발틱^{Baltic}호, 올림픽^{Olympic}호를 포함한 여러 선박에서 감지되었다. 전송된 정보는 제한적이었고 장비는 허술했지만 인류 역사상 최초로 인간은 바다 위에서 대화를 나누었다. 무선통신 기술의 탄생은 선박 물류 산업을 완전히 변화시켰다. 사고가 20년 빨리 일어났다면 타이태닉호는 홀로 파도 아래로 가라앉았을 것이고 사라졌다는 사실이 알려지기까지 일주일이 넘게 걸렸을 것이다. 그날은 무선 신호가 최초로 대서양을 건넌 지 10년밖에 지나지 않았던 때였다. 하지만 그날 밤 어둠을 뚫고 퍼진 파동을 통해 주변에 있던 배들이 비극적인 소식을 실시간으로 들을 수 있었다. 스타카토 박자의 진동은 마구잡이가 아니었다. 물결에는 패턴이 있었고 각 패턴은 메시지를 빛의 속도로 바다 먼 곳까지 전달했다. 인류 의사소통 역사의 엄청난 혁명이었다. 무선 시대의 진정한 신호탄이었다.

타이태닉호의 침몰이 유명해진 이유 중 하나는 새로운 시대의 문이 열렸을 때 발생했기 때문이다. 타이태닉호는 전파의 막강한 잠재력을 보여주었다. 카파시아호는 타이태닉호가 가라앉은 지 두 시간 만에 도착해 수많은 생명을 구할 수 있었다. 하지만 당시 전파 시스템의 열악함도 드러났다. 메시지 전송 속도는 느렸고 타이태닉호에 전달된 빙하 경고 메시지 중 일부가 수많은 사소하고 일반적인 메시지 사이에 섞여 무시되었다. 더 중요한 사실은 파동이 정교하지 않았기 때문에 신호가 정확하지 않았다는 것이다. 누가 송신하고 누가 수신하는지 알기 힘들었다. 메시지는 종종 일부만 수신되거나 전혀 수신되지 않았다. 파동을 이용해 정보를 보내기 위해서는 수신자가 읽을 수 있는 패턴으로 바꾸어야 한다. 하지만 당시 배의 무전기는 '켬', '꺼짐' 기능만 있었기 때문에 전파를 한꺼번에 많이 내보내거나 전혀 내보내지 않을 뿐이었다. 채널도 한 개뿐이어서 모두 같이 써야만 했다.

그날 밤 바다를 건넌 건 전파만이 아니었다. 타이태닉호는 조난 신호탄을 발사했고 근처에 있던 캘리포니안Californian호는 모스 램프로 불빛을 이용해 타이태닉호와 통신을 시도했다. 하지만 대기의 특징 때문에 전파가 더 멀리 이동할 수 있었다. 상층 대기인 전리층은 전파를 반사하는 거울과 같다. 타이태닉호의 무선 신호는 바다 위에서 바깥으로 퍼져갔을 뿐 아니라 대기에서 튕겨 다시 돌아왔다. 해수면이 둥글게 휘어 있어 수신자와 송신자 사이에 가시선可視線이 없더라도 전파는 바다를 이동할 수 있다. 전파의 파동은 반사되어 둥근 표면을 옮겨 다닐 수 있으므로 지구 위를 이동할 수 있다. 하지만 대기에 가시광선을 위한 거울은 없다.

잭 필립스는 무전실에 물이 찰 때까지 밤하늘을 전파의 진동으로 채우면서 누군지도 모르는 수신자들에게 배의 위치를 알렸다. 그는 살아남지 못했지만 전파를 이용한 장거리 통신 덕분에 탑승객 2,223명 중 706명은 목숨을 구했다. 이후 생존자들은 전파가 전혀 존재하지 않던 세상이 보이지 않은 파동을 통해 끊임없이 소통하는 변화를 목격했다. 지구상에 전파가 닿지 않는 곳은 거의 없으며 인류 문명은 그 어느 때보다도 연결되어 있다.

광파는 세계를 지배한다. 지구에 동력을 제공하는 태양에너지 중 극히 적은 일부를 우리에게 전달하며 우리를 우주와 연결한다. 하지만 지난 세기 인류 문명은 모든 광파, 즉 전자기파 스펙트럼과 새로운 관계를 맺기 시작했다. 한때 우리는 우연히 우리에게 온 에너지와 정보에 감사하는 소극적 소비자였지만 이제는 광파를 생산하고 사용하는 적극적 생산자이자 소비자다. 빛을 정교하게 다루기 시작하면서 우리는 세상을 모니터링하고 누구에게나 거의 실시간으로 정보를 전송하며 휴대전화가 있는 어떤 사람과도 즉시 이야기할 수 있는 엄청난 능력을 갖게 되었다.

하지만 파동의 홍수에서 오는 정보를 이해하려면 발송된 수많은 메시지를 분리할 방법이 있어야 한다. 다행히 파동이 제공한 해결책 덕분에 우리는 따로 특수 장비를 구비하지 않아도 된다.

테네시^{Tennessee}에 있는 그레이트스모키산맥^{Great Smoky Mountains}을 따라 길고 웅장하게 뻗은 계곡과 봉우리는 녹음이 짙은 숲으로 덮여 있다. 사람의 손길이 닿지 않은 고요한 이곳이 유난히 신비스러운 이유는 오는 길에 돌리 파턴^{Dolly Parton}의 고향을 지나야 하기 때문이었다. 물론 나는 그녀가 뛰어난 컨트리음악 가수임을 알았지만 테네시, 컨트리음악, 그리고 돌리를 기념하는 거대한 놀이공원 테마파크인 돌리우드^{Dollywood}를 맞을 준비는 전혀 되어 있지 않았다. 돌리우드는 시작에 불과했다. 주변 도시들에는 분홍색 카우보이모자와 화려하게 장식된 기타가 여기저기 보이고 어디를 가더라도 컨트리음악이 흘렀으며 풍성한 금발의 여성들과 낡은 청재킷을 입을 남성들이 남부식으로 반갑게 인사를 했다. 버번을 마시는 것은 저녁 식사 후 꼭 지켜야 하는 관습 같았지만 나는 솔직히 버번을 마시느니 카우보이모자를 쓰고 싶었다. 하지만 다음 날 산에 갔을 때는 완전히 딴판이었다. 접의자에 앉은 사람들이 시원한 음료를 마시며 조용히 숲을 감상했다. 어둠 외의 모든 것은 경관을 망칠 수 있으므로 조명은 모두 꺼져 있었고 손전등과 휴대전화는 사용할 수 없었다. 땅거미가 지자 반딧불이의 춤이 시작되었다. 작은 곤충이 내는 수백만 개의 점들이 숲을 밝혔다. 우리는 과학 다큐멘터리를 만들기 위해 그곳을 찾았고 하룻밤 안에 모든 것을 담아야 했다. 문제는 촬영하려면 주변을 볼 수 있어야 한다는 것이다. 공원 관계자는 우리가 꼭 그래야 한다면 백열등보다는 반딧불이를 덜 방해하는 적열등을 쓰라고 말했다. 그래서 우리는 희미한 빨간 불빛을 들고 숲속을 조심히 걸었다. 새벽 한 시쯤 반딧불이가 대부분 움직임을 멈추었을 때 우리는 마지막 장면을 찍을 준비를 했다. 감독과 카메라맨이 조명을 설치하는 동안 나는 추위에 떨며 암막으로 된 천 안의 칠흑 속에 앉아 옆에 적색 램프를 놓고 수첩 위에 어떤 대사를 할지 적었다. 사람들이 준비를 마쳤을 때 나는 그들에게 다가가 마지막으로 대사를 점검하려고 수첩을 폈다. 하지만 감독의 하얀 헤드램프 아래로 가니 글씨를 읽을 수가 없었다. 수첩에 두 개의 메모가 하나는 빨간색, 다른 하나는 파란색으로 겹쳐 있었던 것이다.

서로 다른 파장이 완전히 분리되는 현상을 관찰하고 싶다면 이보다 더 나은 예를 찾기 힘들 것이다. 나는 그날 앞서 빨간 펜으로 메모를 썼던 것이 분명하다. 하얀색 조명 아래에서는 하얀 종이 위 빨간 글씨가 잘 보인다. 하지만 빨간 조명에서는 빨간 글씨가 보이지 않는다. 하얀 종이는 내 눈으로 적색 광선을 반사했다. 빨간 잉크 또한 적색 광선을 눈으로 반사했다. 적색 램프를 비추면 적색 빛이 모두 튕겨 나왔기 때문에 페이지가 공백으로 보였다. 그래서 같은 페이지에 파란 펜으로 메모한 것이다. 파란색은 적색 광선을 반사하지 않기 때문에 종이와 대조를 이루어 글씨를 볼 수 있었다. 그 페이지를 파란 조명 아래에서 보았다면 빨간 글씨만 보이고 파란색은 보이지 않았을 것이다. 나는 라디오 주파수를 맞출 때처럼 조명색을 선택해 어떤 것을 읽을

지 고를 수 있었다. 적색 광선은 청색 광선보다 파장이 길다. 어떤 파장을 선택하는지에 따라 원하는 정보를 고를 수 있다.

실제로 라디오 주파수를 맞추는 원리도 동일하다. 우리가 빛(그리고 다른 종류의 파동)을 감지할 때 사용하는 기술 대부분은 아주 좁은 범위의 파장만을 인식한다. 다른 파동을 지닌 파장이 지나가더라도 인지하지 못한다. 내 수첩이 생생하게 보여주었듯이 눈에 보이는 색뿐 아니라 눈에 보이지 않는 색도 마찬가지다. 우리 주변은 다양한 광파로 넘쳐나고 이 광파들은 여러 색으로 쓴 메모처럼 서로 겹쳐 있다. 광파는 서로 교류하거나 다른 색으로 변하지 않는다. 완전히 독립적이다. 우리는 파장이 매우 긴 전파를 감지해 라디오를 들을 수 있다. 또는 텔레비전만 감지할 수 있는 적외선 신호를 이용해 리모컨을 작동할 수 있다. 종이 위에 빨간 펜으로 글씨를 쓸 수도 있다. 휴대전화에 어떤 와이파이 네트워크 표시가 뜨는지 지켜볼 수 있다. 이 네트워크들은 각기 다른 색으로 효과적으로 전송되지만 이 색들의 파장은 마이크로파다. 각 파장은 다른 파장들과 겹쳐 끊임없이 정보의 불협화음을 만들기 때문에 올바른 방향에서 정보를 찾아야만 정보의 존재를 알 수 있다. 우리 눈에 보이는 세상의 색은 무지개색으로만 이루어진 한정된 파장이다. 하지만 이처럼 눈에 보이는 색들은 결코 같은 곳에 있는 다른 색들에 영향을 받지 않는다.

파장이 다른 파동끼리 서로 영향을 주지 않는 현상은 우리에게 무척이나 유용하다. 필요한 파동만 선별하고 나머지는 그저 무시하면 된다. 각 파장은 주변에서 영향을 받는 방식이 다르다. 세상은 파장에 따라 파동을 분류하고 선택한다. 이런 이유로 내가 자란 회색빛 도시인 맨체스터에서는 항상 구름이 끼거나 비가 내려 밤하늘을 거의 볼 수 없어도 불과 약 20킬로미터 떨어진 곳에는 영국에서 가장 큰 망원경이 있다. 조드럴뱅크Jodrell Bank천문대에 있는 로벨Lovell 망원경은 직경 76미터의 접시가 달린 대형 전파망원경이다. 비구름이 수 킬로미터 두께로 쌓인 흐린 날에도 망원경으로 깨끗한 하늘을 볼 수 있다. 파장이 100만 분의 1미터 이하인 가시광선이 구름으로 들어가는 것은 커다란 핀볼 기계에 들어가는 것과 같다. 빛은 여기저기 튕기고 방향을 바꾸다가 결국 완전히 흡수된다. 하지만 파장이 약 5센티미터로 아주 길다는 것 외에는 가시광선과 동일한 전파는 전혀 방해받지 않고 작은 장애물을 모두 통과한다. 비 오는 맨체스터 거리를 걸을 기회가 있다면 이를 기억하길 바란다. 우리는 나무 위도 볼 수 없지만 천문학자들은 우주의 장엄함을 볼 수 있다고 생각하면 조금이나마 위안이 될 것이다.◆ 아닐 수도 있지만.

◆ 천문학자들이 자신들이 보는 것이 장엄한 우주라고 항상 믿었던 것은 아니다. 1964년 로버트 윌슨Robert Wilson과 아노 펜지어스Arno Penzias는 엉뚱한 곳에서 마이크로파 파동을 발견했다. 그들은 무언가가 전파 광선을 지나치게 발생시켰다고 확신하며 오랫동안 천체의 어떤 부분이 아니면 망원경의 어떤 부분이 측정을 혼란스럽게 하는지 연구했다. 또한 망원경 근처에 둥지를 튼 비둘기와 배설물을 치웠다(논문에서 비둘기 배설물은 '하얀 유전체 물질'이라고 완곡하게 표현했다). 하지만 원치 않은 하얀 배경이 계속 나타났다. 결국 이는 우주에서 가장 오래된 빛인 빅뱅의 흔적임이 밝혀졌다. 비둘기 배설물의 여파와 우주 형상의 여파를 주의 깊게 구분한 특별한 실험이었다.

온실효과가 만든 균형
파동의 흡수

지구에 생명체가 살 수 있는 이유는 빛이 파장에 따라 접촉하는 물체와 다른 방식으로 상호작용하기 때문이다. 뜨거운 태양에너지는 다채로운 광파로 방출되고 마구 쏟아지는 광파 중 암석 덩어리 지구에 부딪히는 수는 극히 적다. 이 작은 양의 광파가 전달하는 에너지가 우리를 따뜻하게 해준다. 하지만 이 에너지가 전부라면 지구의 평균 표면 온도는 지금처럼 쾌적한 섭씨 14도가 아니라 춥디추운 영하 18도일 것이다. 우리가 얼지 않을 수 있는 것은 지구의 '온실효과' 덕분이다. 온실효과는 빛이 파장에 따라 대기와 다르게 상호작용하기 때문에 생긴다.

만화의 한 장면처럼 파란 하늘이 밋밋하지 않도록 뭉게구름 몇 개가 떠다니는 언덕을 상상해보자. 평평한 땅 위를 보면 초록 나무와 풀, 검은 흙이 있다. 구름 그림자가 진 곳 말고는 햇볕이 내리쬔다. 하지만 당신 앞에 있는 땅에 닿은 것은 강렬한 태양에서 나온 것과 다르다. 대기는 파장이 긴 적외선 전부와 파장이 짧은 자외선 대부분을 흡수했지만 가시광선은 멀쩡히 이동했다. 대기는 이미 지면에 닿을 파동을 선택했다. 우리가 볼 수 있는 파동들이 바로 그것이다. 가시 파장에서 하늘은 모든 것이 투과하는 '대기의 창'이다. 전파의 창도 있지만(그래서 우리가 전파망원경으로 우주를 볼 수 있다) 다른 대부분의 파동은 공기에 막힌다.

눈앞의 땅이 진한 색을 띨수록 흡수되는 가시 파동이 많다. 흡수된 에너지는 최종적으로 열이 된다. 맑은 날 어두운 색 땅을 만지면 열을 느낄 수 있다. 나머지는 위로 반사되어 대기의 창을 통해 돌아간다. 외계인이 대기 밖에서 우리를 보고 있다면 우주로 돌아간 파동들 때문에 우리가 보이는 것이다.

이제 땅은 뜨거워졌다. 토스터의 발열체처럼 온도에 따라 빛 에너지를 발산해야 한다. 땅은 상대적으로 온도가 낮으므로 빛나지 않는다. 하지만 따뜻한 지면은 파장이 긴 적외선 전구가 된다. 이때 온실효과가 나타난다. 대기 대부분에서는 적외선 파동이 통과한다. 하지만 수증기, 이산화탄소, 메탄, 오존과 같은 기체가 의외의 능력을 발휘한다. 이 기체들은 전체 대기에서 아주 작은 부분을 차지하지만 적외선 파동을 매우 강하게 흡수한다. 이 기체들이 온실가스다. 우리가 허공을 바라보면 지면을 떠난 가시광선은 보이지만 적외선은 보이지 않는다. 우리가 적외선을 볼 수 있다면 지면과 멀어질수록 흐리게 보일 것이다. 대기는 위로 올라가는 적외선 파동을 흡수한다. 하지만 대기의 분자들은 곧 새롭게 생긴 에너지를 포기하고 도로 내보내므로 더 많은 적외선 파동이 방출된다. 이 부분이 중요하다. 새로운 파동들은 밖으로 나와 모든 방향으로 균일하게 보내진다. 일부만 위로 이동해 대기에서 사라지고 일부는 다시 아래로 내려가 지면에 흡수된다. 이동하던 에너지는 대기에 갇히기도 한다. 이렇게 약간의 잉여 열이 지구를 원래의 온도보다 높게 유지해주고 그 결과 물이 액체 상태로 존재할 수 있다. 이제 균형을 다시 맞추어야 한다. 동일한 양의 에너지가 들어오고 나가지 않으면 지구는 점점 뜨거워진다. 따라서 지구는 온도를 올리다가 적외선 파동을 내보냄으로써 균형을 유지한다.

이것이 '온실효과'다.◆ 온실효과 대부분은 자연적 현상이다. 대기에는 수증기와 이산화탄소가 가득하고 평균 지상 기온이 섭씨 14도일 때 모든 것이 균형을 이룬다. 하지만 인간이 화석연료를 태우면 대기에 이산화탄소가 늘어나 더 많은 적외선 에너지가 위로 상승하다가 대기에 갇힌다. 그러면 균형이 깨진다. 지구는 균형이 다시 잡힐 때까지 온도를 올린다. 사실 온실효과에 관여하는 이산화탄소의 양은 매우 적다. 1960년 대기 중 이산화탄소의 양은 313ppm이었고 2013년에는 400ppm이었다. 대기 중 다른 모든 분자와 비교했을 때 상승률이 낮다. 하지만 분자들은 특정 파동을 선택해 흡수한다. 메탄은 이산화탄소보다 적외선을 더 많이 흡수한다. 그래서 이 기체들이 문제를 일으킨다. 온실효과는 우리 지구에 생명체를 살게 해주지만 기온을 크게 변화시킬 수 있다. 기온 변화를 일으키는 파동은 우리 눈에 보이지 않는다. 하지만 그 결과는 이미 측정할 수 있다.

진주조개와 휴대전화
파동의 간섭

거대한 전파, 미세한 가시광선 파동, 바다의 파도, 심해 고래에서 나오는 깊은 음파, 박쥐가 보내는 고주파 음향 거리 측정 신호 등

◆　실제 온실과는 관련이 없다.

세상에는 온갖 종류의 파동이 일렁이고 있다. 모든 파동은 서로 스쳐 지나지만 어떠한 영향도 미치지 않는다. 하지만 의문이 생긴다. 똑같은 종류의 파동이 만나면 어떻게 될까? 이 질문에 대한 대답은 당신이 무지갯빛 진주를 들고 있다면 아름답게 느껴지지만 휴대전화로 대화 중이라면 달갑지 않을 것이다.

타히티를 포함한 남태평양 섬들을 감싸는 터키석 바다에서 몇 미터 내려가면 백접패를 발견할 수 있다. 이 조개는 먹이를 먹기 위해 두 개의 껍데기 틈을 살짝 벌려 매일 몇 리터의 바닷물을 마신다. 껍데기 안의 점액이 귀중한 식량을 조용히 걸러내면 깨끗한 물을 바다로 내뿜는다. 조개 바로 위에서 헤엄치더라도 우리는 이를 전혀 눈치챌 수 없다. 꺼칠꺼칠한 껍데기 바깥은 베이지색과 갈색이 얼룩덜룩해 눈에 띄지 않는다. 바다의 진공청소기라는 역할에 걸맞게 조개의 외형은 실용적이지만 매력은 없다. 내부 역시 다른 생명체의 눈에 띌 의도로 설계되지 않았다. 하지만 조개가 최선을 다해 바다를 청소하다가 만든 껍질 안 부산물은 클레오파트라, 마리 앙투아네트, 메릴린 먼로, 엘리자베스 테일러처럼 세상에서 가장 매력적인 사람들의 몸에 자랑스럽게 걸쳐졌다. 백접패는 바로 남태평양 진주조개다.

가끔 이물질이 조개 안으로 잘못 들어온다. 조개는 침입자를 내쫓을 수 없으므로 껍데기 안을 코팅하는 데 쓰는 무해한 물질로 이물질을 감싼다. 이 연체동물은 마치 이물질을 카펫 아래로 밀어 넣듯이 청소하지만 이미 있는 카펫 밑으로 밀어 넣는 것이 아니라 이물질에 맞는 카펫을 만든다. 코팅 물질은 작고 납작한 판들이 유기성 접착제로 결합해 쌓인 구조다. 조개는 코팅을 시작하면 멈추지 않는다. 최근 발표에 따르면 진주는 형성되는 동안 다섯 시간마다 회전한다. 조류와 계절이 바뀌고 상어와 쥐가오리, 거북이가 위로 지나가도 조개는 한 곳에 고요히 머물며 바닷물을 거르고 진주는 어둠 속에서 천천히 발레 회전을 하며 몸집을 늘린다.

수년 동안 은둔하던 조개가 끔찍한 운명의 날을 만나면 인간에 의해 캐어져 껍데기가 열린다. 햇빛이 처음으로 진주를 비추면 빛의 파동이 반짝이는 하얀 표면으로 튕겨져 나온다. 하지만 모든 파동이 맨 위에 있는 판에서 반사되지는 않는다. 일부는 아래에 있는 판까지 도달한 다음 튕겨 나오거나 안에서 여러 번 충돌한 다음 빠져나온다. 그 결과 한 종류의 파동, 예컨대 태양에서 나오는 녹색광이 여러 같은 파동과 겹쳐진다. 이 파동들은 서로 영향을 주진 않지만 축적된다. 맨 위에서 튕겨 나오는 녹색 광파가 바로 아래 판에서 튕겨 나오는 녹색 광파와 정확히 직선을 이루기도 한다. 이 경우 파동의 마루와 골이 완벽하게 일치하며 직선의 녹색 파동이 되어 함께 바깥으로 나온다. 하지만 적색광은 같은 각도로 들어오고 정확히 같은 방향으로 판에서 튕겨 나가더라도 완벽하게 정렬되지 않을 수 있다. 또는 적색 파동의 마루가 다른 적색 파동의 골과 정렬될 수 있다. 이 둘이 합쳐지면 그 방향으로는 어떤 파동도 이동하지 않는다.

남태평양 바닷물을 청소하며 먹이를 먹는 초라한 조개가 화려한 사람들이 선망하는 물질을 만들 수 있는 것은 겹쳐진 혈소판 구조 때문이다. 판들은 매우 얇고 작아 광파가 정렬하는 방식에 영향을 줄 수 있다. 판들이 하는 중요한 역할은 동일한 종류의 파동이 겹쳐지도록 빛의 방향을 미세하게 트는 것이다. 그러면 파동들은 축적되고(물리학자는 이를 서로 간섭한다고 말할 것이다) 그 결과 색을 지닌 패턴이 생긴다. 특정 각도에서 반사된 광파는 더욱 강해지기 때문에 우리는 반짝이는 하얀 표면에서 분홍과 녹색의 빛이 희미하게 나오는 것을 볼 수 있다. 다른 각도에서는 파란색이 정렬하고 또 다른 각도에서는 어떤 색도 정렬하지 않는다. 진주를 햇빛 아래에서 돌리면 축적된 파동에서 나오는 섬광이 보인다. 이러한 빛을 우리는 무지갯빛이라고 부른다. 이 신비로운 빛은 희귀하고 아름다워 인간을 매료시킨다. 사실 진주는 광파의 불규칙한 패턴을 만들 뿐이고 우리의 시선이 움직이면서 패턴의 다른 부분들을 보는 것이다. 하지만 우리는 진주가 반짝인다고 느끼고 그 빛을 좋아한다. 최근 인간은 이런 식으로 아주 미세하게 세계를 다루는 법을 터득했다. 하지만 여전히 이 어려운 일은 대부분 조개에게 맡긴다.

진주는 같은 종류의 파동이 겹쳐지면 어떤 일이 벌어지는지 보여준다. 마루와 골이 정렬되어 축적되면 특정 방향으로 이동하는 파동이 강력해진다. 파동이 서로 상쇄될 경우 그 방향으로는 어떤 파동도 생기지 않는다. 반사될 물체가 있거나 여러 곳에서 파동이 나온다면 (조약돌 두 개를 연못에 던지면 겹쳐지는 물결을 생각해보라) 새로운 패턴이 생긴다.

하지만 몇 가지 의문이 생긴다. 다른 동일한 종류의 파동끼리 겹쳐지면 어떻게 될까? 휴대전화는 어떨까? 많은 사람이 붐비는 곳에서 전화하는 사람들을 보면 휴대전화 모델이 같은 경우가 있다. 사람들은 같은 도시에 있는 다른 수십만 명과 동일한 종류의 파동을 통해 세상과 연결된다. 타이태닉호가 가라앉을 때 무선통신이 방해받은 것은 북대서양에 있던 배 20척이 모두 같은 기술을 사용해 같은 파동으로 신호를 보냈기 때문이다. 하지만 지금은 한 건물에서 100명이 동시에 동일한 모델의 휴대전화로 대화할 수 있다. 어떻게 파동의 불협화음을 정리해 이를 가능하게 했을까?

분주한 도시를 내려다보고 있다고 상상해보자. 길을 걷는 한 남자가 주머니에서 휴대전화를 꺼내 터치스크린을 몇 번 누른 후 전화를 귀에 댄다. 이제 우리 눈에 초능력이 생겨 파장이 다양한 여러 색의 전파들이 보인다. 녹색 파동이 남자의 휴대전화에서 모든 방향으로 물결을 이루며 퍼져나간다. 파동은 휴대전화 근처에서 가장 강하고 멀어질수록 약해진다. 100미터 떨어진 휴대전화 기지국에서 녹색 파동을 감지하면 파동이 전달하는 메시지를 해독해 남자가 연결하고 싶어하는 번호를 찾는다. 기지국은 다시 남자에게 또 다른 녹색 물결 신호를 보내지만 이 새로운 신호의 색은 처음의 녹색과 미묘하게 다르다. 이것이 최신 이동통신 기술의 첫 번째 트릭이다. 타이태닉호는 수많은 파장이 섞인 신호만을 내보냈지만 현재의 기술은 어떤 파장을 보내고 받을지 정확하게 선별한다. 휴대전화에서 나온 신호의 파장은 34.067센티미터였고 회신 신호를 보내는 데 사용된 파장은 34.059센티미터였다. 휴대전화와 기지국은 파장의 차이가 1퍼센트에도 훨씬 못 미치는 채널들을 이용해 신호를 듣고 보낼 수 있다. 우리 눈은 이런 색의 차이를 결코 구분할 수 없다. 하지만 흰 종이 위의 빨간 잉크와 파란 잉크처럼 이 파동들은 독립적이고 서로 간섭하지 않는다. 남자가 걷는 동안 휴대전화에서 퍼져 나오는 녹색 파동에는 패턴, 즉 전달될 메시지가 담겨 있다. 길 건너편에 있는 여자 역시 휴대전화로 통화 중이고 그녀의 휴대전화 역시 파장이 미세하게 다르다. 하지만 기지국은 파장을 구분할 수 있다. 따라서 정부는 범위별로 대역폭을 판다. 당신의 휴대전화 네트워크가 그 범위를 사용하면 채널 사이에서 미세한 차이를 만들 수 있다. 따라서 도시 위에서 이 구역을 내려다보면 휴대전화가 내보내는 신호로 이루어진 수많은 점들이 빛난다. 신호들은 건물에 부딪히고 주변에 서서히 흡수되지만 대부분 너무 약해지기 전에 기지국에 도달한다.

우리가 지켜보던 남자가 기지국과 멀어지자 새로운 색이 보이기 시작한다. 그의 앞에 있는 거리는 붉은색 전파 신호들로 가득하고 이 신호들은 새로 나타난 기지국에 몰려 있다. 기지국은 주변 휴대전화들에 여러 색의 붉은 빛을 내보내고 있다. 첫 번째 기지국에서 나온 강력한 녹색 신호가 약해지면서 남자의 휴대전화는 새로운 진동수를 탐지해 새로운 기지국과 교신한다. 그는 자신이 '녹색' 부분 가장자리로 가고 있다는 사실을 전혀 모르지만 그의 전화기는 파장을 바꾸어 이제 붉은색을 퍼트린다. 이 붉은색 파동을 처음 녹색 기지국에서는 수신하지 않고 새롭게 나타난 빨간색 기지국이 수신한다. 초능력 눈으로 보면 그는 걷는 동안 전파가 녹색, 노란색 또는 푸른색인 지역들을 통과한다. 같은 색이 연달아 이어지지는 않지만 계속 걷다 보면 또 다시 녹색 지역이 나타날 것이다. 이것이 휴대전화 네트워크의 두 번째 트릭이다. 신호의 강도를 약하게 유지함으로써 신호가 가장 가까운 기지국까지만 도달하도록 만든다. 즉, 조금 더 걸으면 동일한 녹색 파동을 이용하는 새로운 기지국이 나타난다. 하지만 녹색 기지국 두 곳에서 나오는 신호는 매우 약해 서로 닿지 않기 때문에 간섭하지 않는다. 정보는 셀(각 기지국 근처의 구역을 일컬음)◆ 중심으로 흘러나오고 들어가지만 다른 셀에서 나온 정보를 방해하지 않는다. 모든 사람이 한꺼번에 이야기하더라도 미세하게 다른 파동을 사용하므로 문제가 되지 않는다. 또한 현재의 기술은 수신자를 정확하게 조율해 모든 대화를 분리한다. 당신의 휴대전화가 극히 미세하게 잘못된 파장으로 신호를 보내도 메시지는 도달하지 못한다. 하지만 놀라울 만큼 정확한 최신 기술 덕분에 파장의 차이가 아무리 작아도 파동을 분리할 수 있다.

우리는 매일 이러한 파동 속을 걷는다. 휴대전화, 와이파이 네트워크, 라디오 기지국, 태양, 발열 기기, 리모컨에서 나오는 물결 들이 겹겹이 우리 머리를 지나다닌다. 여기에 지구가 깊게 우르릉거리는 소리, 재즈 음악, 개를 부르는 휘파람 소리, 동네 치과에서 의료기를 청소하는 데 쓰는 초음파 등 각종 소리까지 가세한다. 또한 차를 식히기 위해 찻잔을 입으로 불면 물결이 일고 지진이 발생하면 지구 표면에 기복이 생긴다. 이 밖에도 끝이 없다. 우리는 우리 삶의 모든 부분을 탐지하고 연결하는 파동으로 세상을 채운다. 하지만 모든 파동은 기본

◆ 네트워크가 셀로 되어 있기 때문에 휴대전화를 미국식 영어로 '셀폰'cellphone이라고 한다.

적으로 동일한 방식으로 행동한다. 모든 파동에는 파장이 있다. 파동은 모두 반사되고 굴절되고 흡수될 수 있다. 파동의 기본 원리, 즉 물체를 보내지 않고 에너지와 정보를 보내는 방법을 파악했다면 우리 문명에서 중요한 도구를 이해한 것이다.

2002년 나는 크라이스트처치 근처에 있는 승마 트레킹 센터에서 일했다. 어느 날 저녁 전화가 울렸고 뜻밖에도 날 찾는 전화였다. 무선 전화기의 수화기를 들고 밖으로 나가 언덕에 앉아서 땅거미가 내린 뉴질랜드 교외를 내려다보았다. 전화를 건 사람은 할머니였다. 당시 영국을 떠난 지 약 6개월이 되었지만 가족에게 한 번도 연락하지 않았다. 할머니가 전화를 해야겠다고 마음먹고 번호를 누르자 수화기 건너편에서 내 목소리가 들렸다. 그녀는 익숙한 랭커셔^{Lancashire} 사투리로 음식과 말, 일에 대해 물었지만 나는 이 상황이 너무 신기해 조금도 집중할 수 없었다. 내가 있는 곳은 거대한 지구 반대편, 지구에서 가족과 가능한 한 가장 멀리 떨어질 수 있는 거리였지만(직선으로 12,742킬로미터로 기운이 넘치는 까마귀가 2만 킬로미터를 날아야 닿을 수 있는 거리) 수화기 너머에 할머니가 있었다. 우리는 이야기하고 수다를 떨었다. 하지만 우리 중간에는 거대한 행성이 있었다.

그때 10분간 통화하면서 받은 충격이 아직도 가시지 않았다. 지금 지구는 파동으로 연결되어 있다. 우리 모두 눈에 보이지 않는 파동을 통해 항상 서로 대화한다. 엄청난 업적이고 정말 신비로운 일이다. 마르코니^{Marconi} 같은 발명가의 성과들과 타이태닉호 침몰 같은 사건들 때문에 우리는 점점 이런 연결을 당연하게 여긴다. 나는 다행히도 아직은 이 대단한 업적이 얼마나 놀라운 것인지 알 수 있을 때 태어났다. 우리 눈은 파동을 감지할 수 없고 보이지 않는 것에 감사하기란 어렵다. 하지만 다음에 전화를 걸 때는 한번 생각해보라. 파동은 정말 단순하다. 그것을 어떻게 사용할지 잘 안다면 세상은 좁아진다.

제6장

오리는 왜
발이 시리지 않을까?

원자의 춤

소금은 보통 찬장에 보관된 시시한 물품으로 취급받으며 결코 관심의 대상이 되지 못한다. 하지만 소금 알갱이 한 줌을 밝은 불빛 아래에서 조금만 자세히 보면 놀라울 정도로 반짝거리는 걸 볼 수 있다. 가까이 다가갈수록 더욱 그렇다. 돋보기로 보면 알갱이 모양이 불규칙하거나 울퉁불퉁하거나 거칠지 않다는 사실을 알 수 있다. 모든 알갱이는 작고 아름다운 정육면체로 평평한 면들의 대각선 길이는 약 0.5밀리미터다. 반짝이는 이유는 여기에 있다. 작은 거울같이 평평한 면은 빛을 반사하고 빛 아래에서 손으로 소금 알갱이들을 쓸면 알갱이들이 섬광을 낸다. 소금 창고에 있는 시시한 물질은 모두 같은 모양의 작은 조각품들이다. 소금 제조업체가 일부러 그렇게 만든 것이 아니라 소금이 형성되는 방식 때문에 그렇다. 이것은 우리에게 소금이 어떤 '물질'로 구성되는지를 암시한다.

염화나트륨인 소금은 같은 수의 나트륨과 염화 이온으로 구성된다.◆ 이 둘은 크기가 다른 공으로 생각할 수 있다. 염소는 나트륨보다 직경이 거의 두 배 크다. 소금이 생성될 때 각 구성물은 정해진 구조 안에서 고정된 자리를 차지한다. 높이 쌓인 커다란 계란 박스 안에 든 계란들처럼 염화 이온들은 횡렬과 종렬로 정렬되어 사각 격자 형태를 만든다. 크기가 작은 나트륨 이온들은 그 사이 공간을 차지하기 때문에 염화 이온 여덟 개가 든 작은 상자 가운데 나트륨 이온 한 개가 있다. 이 같은 격자 형태의 소금 결정은 한 면이 약 100만 개의 원자로 구성된 거대한 상자다. 소금 결정은 한 층을 다 채운 후 다음 층을 형성하기 때문에 각 면들은 평평하게 유지된다. 원자 구성물은 정리된 서류처럼 제자리에 완벽하게 쌓인다. 상자의 평평한 면들은 거울과 같아서 빛을 반사한다.

우리는 개별 원자를 볼 수 없지만 소금 결정 전체에는 동일한 패턴이 반복되므로 원자 구조의 패턴은 볼 수 있다. 소금은 매우 단순하고 알갱이가 크더라도 별반 다르지 않다. 소금을 반짝이게 하는 평평한 면들은 각 원자가 견고한 격자 안에서 정해진 자리를 차지하기 때문에 생긴다.

설탕도 반짝이기는 마찬가지다. 설탕 결정(특히 과립 설탕처럼 큰 알갱

◆ 이온은 전자를 내보내거나 얻는 원자다. 여기서 나트륨 원자는 염소 원자에 전자를 하나 주었기 때문에 나트륨은 양이온, 염소는 음이온이 된다. 역설적으로 들리겠지만 전하는 반대될 때 서로 끌어당긴다.

이)을 가까이에서 보면 더 아름답다. 설탕 결정은 끝이 뾰족한 육면체 기둥 모양이다. 설탕 분자 하나는 45개의 원자로 구성되지만 이 원자들은 모든 분자에서 동일하게 고정된 방식으로 결합한다. 설탕 분자 하나는 모양이 복잡한 크리스털 벽돌 조각과 같다. 단순한 소금 결정처럼 설탕 결정 또한 일정한 격자로 쌓이고 패턴은 하나뿐이다. 역시 원자는 볼 수 없지만 결정 전체는 분자들이 고층 건물처럼 높이 쌓여 있으므로 패턴은 볼 수 있다. 육면체 기둥의 평평한 면들은 거울 역할을 하므로 설탕도 소금처럼 반짝인다.

밀가루, 쌀, 빻은 향신료는 구조가 훨씬 복잡해 반짝이지 않는다. 이 물질들은 세포라고 불리는 살아 있는 작은 공장에서 만들어진다. 설탕 결정과 소금 결정의 면이 완벽하게 평평한 이유는 원자들이 특정 위치에서 횡렬을 맞춘 단순한 구조기 때문이다. 이처럼 완벽하게 반복된 구조가 만들어지는 이유는 수십억 개의 작은 원자들이 균일한 블록이 되기 때문이다. 이제 당신은 찻잔에 설탕 한 스푼을 넣을 때마다 반짝이는 빛을 보며 원자의 존재를 떠올릴 것이다.

우리는 원자를 직접 볼 수 없지만 작은 세계에서 벌어지는 일의 결과는 볼 수 있다. 크기 척도가 가장 낮은 세계에서 벌어지는 일은 우리가 사는 세계에서 일어나는 가장 큰일들에 직접 영향을 미친다. 하지만 우선 원자의 존재를 믿어야 한다.

브라운과 아이슈타인
원자의 존재

현재 우리는 원자의 존재를 당연하게 여긴다. 모든 물체는 물질로 된 작은 공으로 이루어진다는 개념을 상대적으로 단순하고 이해하기 쉽다고 느끼는 것은 우리 모두 그렇게 알고 자랐기 때문이다. 하지만 1900년으로 거슬러 올라가면 과학계에서는 원자의 존재에 대해 심각한 논쟁을 벌였다. 사진, 전화기, 라디오의 등장으로 새로운 기술 시대가 열렸지만 '물질'이 무엇으로 구성되는지에 대한 합의는 여전히 이루어지지 않았다. 많은 과학자는 원자를 합리적인 개념으로 여겼다. 예를 들어 화학자들은 서로 다른 요소들이 고정된 비율로 반응하는 현상을 발견했고 이 발견은 어떤 원자 한 개와 다른 종류의 원자 두 개가 있어야 하나의 분자를 만든다고 가정하면 더없이 합리적이었다. 하지만 회의론자들은 동의하지 않았다. 그렇게 작은 물체가 실제로 존재한다는 것을 어떻게 확신할 수 있는가?

수십 년 후 과학자이자 과학소설가인 아이작 아시모프Isaac Asimov는 과학의 발견이 겪는 가장 흔한 과정을 다음처럼 절묘하게 묘사했다. "과학에서 우리가 들을 수 있는 가장 신나는 말, 즉 새로운 발견을 환영하는 말은 '유레카(찾았다)'가 아니라, '흠…… 흥미롭군……'이다." 원자의 존재도 거의 80년의 세월이 흐른 뒤에야 이 같은 과정을 거쳐 최종적으로 승인되었다. 시작은 1827년 식물학자 로버트 브라운Robert Brown이 물속에 갇힌 꽃가루 알갱이를 현미경으로 관찰한 때였다. 꽃가루에서 나온 미세한 입자는 당시뿐 아니라 지금도 광학현미경을 사용해야 관찰할 수 있는 세상에서 가장 작은 물체 중 하나다. 브라운은 물이 전혀 움직이지 않을 때도 이 작은 입자들은 분주하게 움직이는 것을 발견했다. 처음에 그는 꽃가루 입자들이 살아 있다고 생각했지만 이후 무생물에서도 같은 현상을 목격했다. 이 이상한 상황을 설명할 방법이 없었다. 하지만 그는 이 현상을 기록했고 수십 년 뒤 많은 사람이 똑같은 현상을 관찰했다. 그리고 이러한 불규칙한 움직임은 '브라운운동'으로 알려졌다. 운동은 결코 멈추지 않았고 움직이는 것은 가장 작은 입자들뿐이었다. 여러 사람이 설명하려 했지만 누구도 미스터리를 해결하지 못했다.

세상에서 가장 유명한 사람이 될 스위스 특허청 직원이 1905년 자신의 박사 학위 논문을 바탕으로 새로운 논문을 발표했다. 아인슈타인은 시간과 공간의 본질에 대한 연구와 특수상대성이론, 일반상대성이론으로 잘 알려져 있다. 하지만 그의 박사 학위 논문 주제는 액체의 통계적 분자 이론이고 1905년과 1908년에 발표한 논문에서는 브라운운동을 수학적으로 철저하게 설명했다. 그는 액체가 수많은 분자로 구성되어 있고 이 분자들은 계속 서로 부딪힌다고 가정했다. 액체를 분자들이 서로 충돌하면서 속도와 방향을 바꾸는 역동적이고 무질서한 물질로 묘사한 것이다. 그렇다면 분자보다 훨씬 큰 입자는 어떻게 될까? 큰 입자는 여러 방향에서 부딪힌다. 하지만 충돌이 불규칙하게 일어나므로 한쪽 면이 다른 쪽 면보다 더 많이 부딪힐 수 있다. 입자는 약간 옆으로 이동한다. 그리고 다시 불규칙하게 충돌하며 아래보다는 위로 더 많이 튕겨진다. 이렇게 입자가 조금씩 이동한다. 크기가 큰 입자가 이동하는 것은 훨씬 작은 분자 수천 개와 충돌하면서 나타나는 결과일 뿐이다. 브라운은 분자를 볼 수 없었지만 분자보다 큰 입자는 볼 수 있었다. 아인슈타인이 예측한 움직임은 브라운이 관찰한 움직임과 같았다. 그리고 이러한 움직임은 액체가 서로 충돌하는 분자로 이루어졌을 때만 가능하다. 따라서 물질을 이루는 알갱이, 즉 원자는 존재할 수밖에 없다. 또 아인슈타인의 공식 중 하나는 원자들이 눈에 보일 정도의 움직임을 일으키려면 얼마나 커야 하는지 예측할 수 있게 한다. 1908년 장 페랭^{Jean Perrin}이 더 정교한 실험으로 아인슈타인의 이론을 입증했다. 마지막까지 남은 회의론자들은 새로운 증거를 받아들일 수밖에 없었다. 세계는 수많은 작은 원자로 구성되어 있고 이 원자들은 계속 움직였다. 마침내 모든 사람이 결론에 도달했다. 이 두 가지 발견은 밀접하게 관련되어 있었다. 원자의 일정한 진동은 우연이 아니었다. 원자의 진동은 세상이 작동하는 방식을 다루는 가장 근본적인 물리학 법칙들을 설명해준다.

젖은 옷과 할루미 치즈
증발과 통계물리학

사람들이 원자와 분자를 새롭게 이해하면서 일어난 가장 큰 변화는 브라운운동 같은 현상을 통계로 설명하기 시작했다는 것이다. 개별 원자가 다른 원자와 충돌할 때 어떤 일이 발생하는지 예상하거나 액체 한 방울에 들어 있는 수십억 개의 원자를 하나하나 관찰하는 것은 의미가 없다. 대신 수많은 무작위 충돌을 바탕으로 통계를 산출해 어떤 일이 일어날지 예측했다. 브라운운동을 하는 입자가 어떤 특정한 날에 왼쪽으로 정확히 1밀리미터 이동할 것이라고 말할 수는 없다. 하지만 여러 번 실험했다면 시작점에서 '평균' 1밀리미터 이동할 것이라고는 말할 수 있다. 이러한 평균은 아주 정확하게 계산할 수 있지만 얻을 수 있는 수치는 평균뿐이다. 따라서 물리학은 1850년 이후 더욱 혼란스러워졌다. 하지만 그전보다 훨씬 많은 것을 설명할 수 있게 되었다. 사람들은 원자를 알게 되면서 물에 젖은 옷 같은 일상의 사물조차 훨씬 흥미롭게 느낄 수 있게 되었다.

내가 처음 진행한 BBC 프로그램은 지구의 대기와 기상 패턴에 관한 것이었다. 촬영을 위해 3일 동안 지구에서 가장 웅대하고 유명한 기상 현상인 인도의 몬순을 체험했다. 몬순은 인도 주변에서 부는 바람의 패턴이 1년 주기로 변하는 현상으로 매년 6월과 9월 사이 바람의 방향이 바뀌면서 비가 내린다. 내리는 비의 양은 엄청나다. 우리는 이 물이 모두 어디서 왔는지 이야기하기 위해 그곳을 찾았다.

우리는 인도 최남단에 있는 조용한 해변의 아기자기한 통나무집에 머물렀다. 촬영 첫날은 길고 변화무쌍했다. 장면 하나를 담아내려면 같은 날씨를 배경으로 한두 시간 동안 촬영해야 했지만 변덕을 부리는 몬순기후 때문에 여의치 않아 곤혹스러웠다. 뜨거운 태양이 비친 후 굵은 빗줄기가 한 시간 동안 떨어지다가 다시 태양이 내리쬐었다. 그래도 기온은 항상 따뜻했다. 춥지 않으면 비를 맞더라도 괜찮다. 하지만 추운 건 정말 견디지 못한다. 비가 내릴 때마다 흠뻑 젖었고 해가 나면 어떻게 해야 카메라 앞에서 옷이 조금이라도 보송보송해 보일 수 있을지 고민했다. 카메라 앞에서는 항상 같은 옷을 입을 수밖에 없었으므로 옷을 말릴 수 있도록 해가 드는 따뜻한 구석을 찾아다녔다. 마치 현재 날씨가 얼마나 습한지 보여주기 위해 그때마다 습한 정도가 다른 옷으로 갈아입는 것 같았다. 저녁 7시쯤 하늘의 문이 (다시) 열리자 (다시) 젖었고 해가 지고 있었기 때문에 그날은 촬영을 마치기로 했다.

윗옷과 반바지를 힘껏 비틀어 짜고 수건으로 물기를 닦은 다음(축축했던 옷은 눅눅해졌다) 걸어놓고 저녁을 먹으러 갔다. 옷은 다음 날 아침 6시에 내가 일어날 때까지 걸려 있었지만 집어 든 반바지는 눅눅한 정도가 아니라 전날 밤보다 더 축축했다. 축축할 뿐 아니라 밤새 기온이 떨어져 몹시 차가웠다. 윽! 하지만 똑같은 옷을 여러 벌 가져오지 않았기 때문에 그대로 입고 해변에서 아침 햇살을 감상하는 척하며 떨리는 몸을 들키지 않고 걸어야 했다.

보통 기체에서 분자들은 서로 끌어당기지 않으므로 어떠한 용기에 담겨 있든 퍼져나간다. 액체는 조금 다르다. 범퍼카 놀이가 일어나긴 하지만 분자 사이의 거리가 훨씬 가까워 거의 항상 접촉해 있다. 상온의 공기에서 두 개의 기체 분자 사이의 평균 거리는 분자 한 개 길이의 약 열 배다. 하지만 액체에서 분자들은 바로 옆 분자와 붙어 있다. 액체 분자들도 옆 분자와 부딪치면서 움직이고 쉽게 지나다닐 수 있지만 기체 분자보다는 움직이는 속도가 느리다. 액체 분자들은 속도가 느리고 간격도 좁기 때문에 주변 분자들이 끌어당기는 힘을 느낄 수 있다. 따라서 액체는 방울을 형성한다. 온도는 분자들이 갖는 운동에너지의 양을 나타낸다. 차가운 액체 방울에서 분자들은 많이 움직이지 않기 때문에 서로 붙어 있다. 방울에 열을 가하면 모든 분자의 평균 속도가 높아지고 일부 분자는 평균보다 더 높은 에너지를 얻는다.

한 분자가 액체를 탈출하려면 다른 분자들의 끌어당기는 힘을 끊을 수 있는 에너지가 필요하다. 이 같은 현상이 증발이고 증발은 분자가 충분한 에너지를 얻어 액체에서 탈출해 날아가 기체가 될 때 일어난다. 내 옷을 흠뻑 적신 물 분자들은 서로 느리게 지나다녔지만 탈출할 수 있는 에너지는 없었다.

3일 동안 몬순을 겪으면서 나는 옷을 말리기 위해 갖은 시도를 다 했다. 일반적으로 옷을 말린다는 것은 물 분자들이 다른 곳으로 탈출하도록 충분한 에너지를 제공하는 것을 의미한다. 뜨거운 햇살이 비쳐 물이 태양에너지를 흡수하면 물 분자들은 서서히 탈출한다. 하지만 구름이 끼면 어찌할 도리가 없다. 공기에 물이 너무 많기 때문이다. 바다에서 해변으로 불어오는 공기에는 물이 가득했다. 태양이 뜨거운 바다를 비추면서 해수면은 따뜻해졌다. 바다의 물 분자 역시 범퍼카 놀이를 하므로 물의 온도가 올라갈수록 평균 속도가 높아진다. 해수면이 뜨거워지자 더 많은 분자가 속도가 빨라져 탈출했다. 탈출한 분자들은 대기로 이동해 액체가 아닌 기체로 변했다. 해변으로 날아온 따뜻하고 습한 공기에는 이미 탈출한 물 분자가 가득했다. 이 분자들은 공기 중에 있는 다른 분자들과 범퍼카 놀이를 하고 있었다.

비를 맞으면 몸의 온기가 옷을 데웠고 옷에 있던 물 분자 일부가 에너지를 얻어 공기로 날아가면서 옷이 말랐다. 하지만 공기에 물 분자가 너무 많으면 옷과 충돌하면서 달라붙었고 액체 분자 사이로 끼어들면서 옷을 더욱 축축하게 만들었다. 옷이 한 번도 보송보송하게 마르지 않았던 것은 옷에서 증발해 공기로 날아간 물 분자 수와 공기에서 옷으로 응축한 물 분자 수가 정확하게 균형을 이루었기 때문이다. 이때 습도는 100퍼센트다. 증발한 모든 물 분자가 응축된 다른 분자로 대체된다. 습도가 100퍼센트보다 낮으면 떠나는 분자가 들어오는 분자보다 많다. 이 차이가 클수록 옷은 잘 마른다.

밤이 되면 상황은 더 나빠진다. 공기가 차가워지면서 모든 분자의 움직임이 느려진다. 공기 중의 더 많은 분자가 점점 느려지다가 내 윗옷과 반바지에 달라붙고 옷은 더 축축해진다. 증발하는 분자보다 응축하는 분자가 많아지는 순간을 이슬점이라고 하고 이때 형성되는 액체 방울이 이슬이다. 분자들은 여전히 에너지가 충분해 액체를 떠나 기체가 될 수 있다. 하지만 그 숫자는 반대로 들어오는 분자보다 훨씬 작다. 내가 옷의 온도를 올릴 수 있었다면 증발하는 분자 수를 늘려 균형점을 이동시킴으로써 옷을 말릴 수 있었을 것이다. 하지만 어쩔 수 없이 젖은 옷을 다시 입어야 했고 인도에 머무는 내내 그랬다.

핵심은 항상 교환이 일어난다는 것이다. 분자의 바다를 통계로 관찰하는 것이 중요한 이유는 모든 분자가 똑같이 행동하지 않기 때문이다. 똑같은 시간에 똑같은 장소에서 어떤 분자는 증발하고 어떤 분자는 응축한다. 우리 눈에 보이는 것은 이 두 가능성 사이의 균형에 따라 달라진다.

여러 분자 사이에서 각 분자가 다르게 행동하는 현상은 우리에게 도움을 주기도 한다. 예를 들어 땀이 증발할 때는 에너지가 가장 많은 분자만 탈출한다. 그 결과 남은 분자의 평균 속도는 떨어진다. 따라서 땀을 흘리면 시원해진다. 분자들이 탈출하면서 많은 에너지를 가져가기 때문이다.

옷은 보통 천천히 마른다. 옷이 마르는 과정은 평화롭다. 이따금 에너지가 높은 분자가 물 표면에 도달한 후 탈출해 날아간다. 하지만 증발이 항상 평화로운 건 아니다. 격렬한 증발은 때로 우리에게 유용하며 특히 요리할 때 그렇다. 일반적으로 '건식' 조리법으로 분류되는 튀김에서 물은 중대한 역할을 한다.

내가 좋아하는 튀김 음식 중 하나인 할루미 치즈halloumi cheese는 채식주의자를 위한 최고의 베이컨 대용 음식이라고 할 수 있다. 할루미 치즈를 만들기 위해 먼저 두꺼운 프라이팬에 식용유를 뿌려 예열하고 치즈를 고무줄처럼 길게 자른다. 식용유는 조용히 열을 흡수해 온도가 섭씨 180도까지 올라가지만 내가 가까이에서 열을 느끼지 않는다면 어떤 일이 일어나는지 전혀 알 수 없다. 하지만 내가 처음 치즈 가닥을 떨어트리는 순간 지글거리는 소리와 함께 평화는 깨진다. 치즈가 뜨거운 식용유와 닿으면 표면 온도가 순식간에 식용유 온도만큼 올라간다. 치즈 표면에 있는 물 분자들은 액체에서 탈출해 기체로 날아가는 데 필요한 에너지보다 훨씬 많은 에너지에 갑자기 노출된다. 따라서 액체 안의 분자들이 서로 분리되어 터지면서 작은 가스 폭발이 연속으로 일어난다. 기체는 치즈 표면에서 방울을 만들고 여기서 요란한 소리가 난다. 방울은 중요한 역할을 한다. 수증기가 치즈에서 빠져나오는 한 식용유는 안으로 들어갈 수 없다. 그저 표면에만 간신히 접촉해 열에너지를 전달할 뿐이다. 따라서 낮은 온도에서 튀긴 음식은 기름기가 많고 눅눅하다. 기름을 막는 방울이 빨리 형성되지 않기 때문이다. 요리하는 동안 열이 치즈로 옮아가며 치즈의 온도가 올라간다. 가장자리는 물이 너무 뜨거워 액체로 머무르지 못하고 날아가기 때문에 수분을 많이 잃는다. 따라서 겉면은 수분이 증발해 바삭해진다. 치즈 안에 있는 단백질과 설탕은 가열되면서 화학반응이 일어나 갈색으로 변한다. 튀김의 핵심은 물을 순식간에 기체로 바꾸는 것이다. 튀김 음식은 지글거리는 소리가 나야 한다. 제대로 요리하려면 소음은 피할 수 없다.

얼음과 유리의 특징
원자가 자리 잡는 방식

우리 주변에서 기체가 액체로, 액체가 다시 기체로 변하는 현상은 늘 볼 수 있다. 하지만 액체가 고체로 또는 그 반대로 변하는 것은 자주 볼 수 없다. 대부분의 금속과 플라스틱은 상온보다 훨씬 높은 온도에서 녹는다. 산소, 메탄, 알코올처럼 작은 분자는 아주 낮은 온도에서 녹기 때문에 액체 상태로 보관하려면 특수한 냉장고가 필요하다. 물 분자는 특이하게도 우리가 쉽게 접하는 온도에서 녹고 증발한다. 얼어 있는 물을 생각하면 주로 북극과 남극을 떠올린다. 춥고 하얀 북극과 남극은 20세기 지구에서 가장 혹독한 환경에 몸을 던진 사람들의 위대한 탐험을 떼어놓고는 이야기할 수 없다. 물의 동결은 여러 문제를 일으켰지만 기상천외한 해결책도 제공했다.

기체가 액체로 바뀌면 분자는 여전히 자유롭게 이동할 수 있지만 거리가 가까워져 서로 접촉한다. 액체가 고체로 바뀌면 분자들은 한 장소에 고정된다. 물의 동결은 가장 쉽게 볼 수 있는 예지만 물이 어는 방식은 다른 물질과 크게 다르다. 물의 신기한 동결 현상은 꽁꽁 언 북극해에서 가장 생생하게 볼 수 있다.

노르웨이 최북단에 있는 해변에서 북쪽을 바라보면 북극해가 보인다. 얼음이 없는 여름 동안 24시간 내내 끊이지 않는 햇빛은 작은 해양 식물로 조성된 이동하는 거대한 숲에 영양을 공급하고 물고기, 고래, 바다표범이 이곳에서 배를 채운다. 여름이 끝나가면 빛이 사라지기 시작한다. 한여름에도 섭씨 6도에 불과했던 해수면 온도는 더욱 낮아진다. 서로 미끄러지듯 지나다니던 물 분자의 속도도 느려진다. 이곳의 물은 염도가 높아 영하 1.8도까지 액체 상태로 머물 수 있지만 맑은 날 어두운 밤이 찾아오면 얼음이 생기기 시작한다. 얼음 쪼가리가 물 위로 떠오르고 가장 느린 물 분자들이 얼음에 부딪히면서 그대로 달라붙는다. 하지만 아무 곳에나 달라붙을 수는 없다. 분자는 얼음에 부딪혀 결합할 때 다른 분자의 위치에 따라 정해진 위치에 자리를 잡는다. 분자들이 서로 부딪히며 움직이던 구조는 규칙적인 육각형 격자로 배열되는 결정 형태로 바뀐다. 온도가 떨어질수록 얼음 결정은 커진다.

얼음 결정이 독특한 이유는 엄격하게 정렬된 분자들이 따뜻한 온도에서 돌아다닐 때보다 더 많은 공간을 차지하기 때문이다. 거의 모든 물질은 분자들이 자유롭게 돌아다닐 때보다 규칙적인 격자 형태로 정렬될 때 간격이 좁다. 하지만 물은 그렇지 않다. 결정체는 크기가 커지면서 주변 물보다 밀도가 낮아져 위로 떠오른다. 물은 얼면서 부피가 커진다. 그렇지 않다면 얼음은 가라앉아 극지방의 바다는 지금과 매우 다른 모습이었을 것이다. 하지만 온도가 떨어질수록 얼음은 커지고 바다 위를 덮은 단단하고 하얀 부분은 늘어난다.

꽁꽁 언 북극에는 북극곰, 얼음, 오로라처럼 흥미진진한 것들이 많다. 하지만 북극 역사에서 내가 가장 좋아하는 사건은 얼음의 독특한 성질과 자연을 정복하지 않고 상생하는 법을 알려준다. 둥글고 작은 배 한 척이 극지 탐험 역사에서 가장 장대한 항해를 완수했다. 배 이름은 프램^{Fram}이다.

1800년대 후반 탐험가들은 북극으로 몰렸다. 북극은 서구 문명 세계와 그리 멀지 않았다. 캐나다, 그린란드, 노르웨이, 러시아의 북부 지역들은 모두 이미 인간의 발길이 닿았으며 대강이라도 지도에 표시되어 있었다. 하지만 북극 자체는 미스터리였다. 그곳은 육지인가? 바다인가? 누구도 북극에 가보지 않았고 따라서 누구도 몰랐다. 바다 위얼음은 커지다가 작아지고 움직였기 때문에 항해에 나선 탐험가들은 실패를 거듭했다. 기상 상황이 변하면서 얼음이 위로 쌓이며 봉우리가 생겼고 큰 얼음덩어리가 무너져 내리기도 했다. 얼음의 공격을 받아 배가 산산조각 나기도 했다. 1881년 미국 해군의 저넷^{Jeanette}호는 시베리아 북부 해안 근처에서 당시 많은 배들이 그랬듯이 몇 개월 동안 얼음에 발이 묶여 있었다. 날씨가 추워지면서 바닷물에 있던 분자들이 해수면의 얼음 격자 바닥과 결합했고 그 결과 얼음이 확장되어 선체가 갇혔다. 몇 개월 동안 얼음이 커졌다 줄어들면서 배를 죄다가 풀었고 결국 저넷호는 부서졌다. 배에서 내려 단단한 얼음 위로 착지한 탐험가들은 또 다른 위험에 직면했다. 얼음이 녹아 갈라지면 배를 타지 않고는 건널 수 없는 거대한 운하가 생길 수 있었다. 하지만 북극 한계선 주변의 모든 국가는 북극에서 수천 킬로미터 떨어져 있었고 그 사이를 움직이는 얼음은 만만치 않은 장애물이었다.

저넷호가 가라앉은 지 3년 후 그린란드 주변에서 잔해가 발견되었다. 놀랍게도 잔해가 북극 끝에서 끝으로 이동한 것이다. 해양학자들은 해류가 시베리아 해안을 떠나 북극을 건너 그린란드에 도달했을 가능성을 제시했다. 젊은 노르웨이 과학자 프리드쇼프 난센Fridtjof Nansen은 대담한 생각을 했다. 얼음에 견딜 수 있는 배를 만들어 시베리아로 몰고 간다면 저넷호가 침몰한 곳에서 얼음에 갇히더라도 약 3년 후 그린란드에 도착할 수 있으리라고 추측했다. 무엇보다 이렇게 하면 이동하는 동안 북극 위를 지나갈 수 있다는 게 중요했다. 걷거나 항해하지 않고 얼음과 바람에 모든 걸 맡기는 것이다. 유일한 문제는 기다림이었다. 난센은 천재로 추앙받는 동시에 미치광이로 취급되었다. 하지만 그는 어찌 되었든 떠나기로 마음먹었다. 그가 탈 배는 이제까지 바다 위에 뜬 여느 배들과 달라야 했으므로 돈을 모금해 최고의 조선 기술자를 고용했다. 그렇게 프램호가 탄생했다.

문제는 물이 얼면 물 분자들이 격자 안에 자리를 잡는다는 것이다.

온도가 내려가면 분자들은 고정된다. 정해진 자리에 공간이 충분하지 않다면 주변의 모든 것을 바깥으로 밀어 공간을 확보한다. 얼음 속에 갇힌 배들은 얼음이 팽창하면서 더 많은 공간을 차지하기 위해 바깥으로 미는 힘을 이기지 못하고 손상되었다. 어떤 배도 이 압력을 견디지 못했고 북극 한가운데의 얼음이 얼마나 두꺼워질 수 있는지 아무도 몰랐다. 하지만 프램호는 놀라울 만큼 간단하게 이 문제를 해결했다. 이 배는 길이 39미터, 너비 11미터에 불과한 통통하고 둥근 형태였다. 용골이 거의 없는 선체는 부드러운 곡선 모양이었고 엔진과 키는 물 바로 위에 떴다. 얼음이 얼면 프램호는 물에 뜬 접시처럼 될 것이다. 접시나 원통 같은 곡선 물체를 아래에서 쥐면 위로 튕겨 나간다. 얼음의 쥐는 힘이 세지면 프램호는 위로 밀려 얼음 위에 안착할 것이다. 여기까지가 난센의 이론이었다. 프램호는 선원들이 따뜻하게 지낼 수 있도록 두께 1미터가 넘는 목재로 만들어 단열 효과를 높였다. 1893년 6월 대중의 열렬한 지지를 받으며 13명의 선원을 태운 프램호는 노르웨이에서 출항했고 이후 러시아 북부 해안을 따라 항해한 뒤 저넷호가 침몰한 곳에 도달했다. 같은 해 9월 프램호는 북위 78도 부근에서 얼음을 발견했고 얼마 지나지 않아 그곳에 갇혔다. 처음 얼음이 프램호를 가두었을 때 배는 끼깅거리며 신음했지만 예상대로 정확히 얼음이 팽창하자 배가 위로 떠올랐다. 프램호는 얼음 위로 계속 길을 갔다.

이후 3년 동안 프램호는 얼음과 떠다니며 지긋지긋하게 느린 속도로 하루에 약 1.5킬로미터씩 북쪽으로 이동했다. 때로는 후진하거나 원을 그렸다. 변덕스러운 얼음이 배를 쥐었다 놓아주었고 그때마다 배가 떠올랐다 가라앉았다. 난센은 선원들에게 수치를 계속 확인하라고 지시했지만 진전이 거의 없어 시간이 갈수록 좌절했다. 북위 84도에 이르렀을 때 배로는 410해리 떨어진 북극으로 도달할 수 없다는 사실이 분명해졌다. 난센은 동료 한 명을 데리고 배에서 내려 배가 갈 수 없는 곳을 스키로 이동했다. 그는 북극에 가장 가까이 도달한 사람으로 기록되었으나 북극에서 여전히 4도가 모자랐다. 그는 북극을 지나 노르웨이로 향했고 1896년 프란츠요제프제도^{Franz Josef Land}에서 동료 탐험가와 합류했다. 프램호에 남은 11명의 선원은 계속 얼음에 의지해 이동했고 난센이 신기록을 세운 곳에서 불과 몇 킬로미터 떨어진 북위 85.5도까지 도달했다. 1896년 6월 13일 프램호는 처음 계획대로 스발바르^{Svalbard}제도 북쪽에서 얼음 위로 튀어 올랐다.

프램호는 극에 도달하지 못했지만 항해 동안 이루어진 측정은 귀중한 자료였다. 인류는 북극이 육지가 아닌 바다고 북극은 계속 움직이는 얼음 아래 숨어 있으며 러시아와 그린란드 사이의 북극해를 지나는 해류가 정말 있다는 사실을 알게 되었다. 프램호는 두 번 더 대규모 항해를 했다. 첫 번째는 지도를 제작하기 위한 캐나다 북극해 제도 탐험으로 4년 동안 이루어졌다. 1910년에는 아문센과 그의 동료들이 프램호를 타고 스콧 대령보다 한 발 앞서 남극을 정복했다. 그리고 지금은 오슬로에 있는 자신만을 위한 박물관에서 노르웨이 극지 탐험의 상징으로 찬사를 받고 있다. 프램호는 무자비하게 쳐들어오는 얼음과 싸우는 대신 그 위에 올라 지구 꼭대기를 지났다.

물이 얼면서 팽창하는 현상은 너무 익숙해 알아차리기 힘들다. 우리는 음료수 위에 뜬 얼음을 당연하게 여긴다. 얼음이 자리는 더 많이 차지하지만 물과 똑같은 물질임을 쉽게 알 수 있는 방법이 있다. 투명한 컵에 물을 넣고 큰 얼음덩어리를 넣어 얼음 대부분은 물에 잠기고 약 10퍼센트만 수면 위로 뜨게 한다. 사인펜으로 컵 바깥에 수면을 표시한다. 얼음이 녹으면 수면이 올라갈까 아니면 내려갈까? 얼음이 녹으면 수면 위에 결합해 있던 물 분자는 모두 물과 합쳐진다. 그렇다면 수면이 올라갈까? 파티에 안성맞춤인 물리학 실험이 아닐 수 없다. 얼음이 녹는 것을 가만히 지켜볼 만큼 인내심이 뛰어나거나 파티가 너무 지루하다면 말이다.

답은 간단하다. 수면은 그 높이 그대로다. 못 믿겠다면 직접 실험해보라. 얼음 분자들이 다시 액체가 되면 간격이 좁아진다. 그리고 얼음이 잠겨 있던 공간을 완벽하게 차지한다. 수면 위로 올라와 있던 얼음은 얼면서 늘어난 부피의 크기와 정확히 일치한다. 격자에 갇힌 원자는 볼 수 없지만 원자가 얼면서 늘어난 공간은 직접 볼 수 있다.◆

물은 특별한 방식으로 액체에서 고체로 변한다. 고체의 원자는 격자에 고정된 자리가 있다. 이러한 형태는 왕관 가운데를 장식하는 보석을 연상시키는 단어인 크리스털, 즉 결정체라고 불린다. 고체인 결

◆ 얼음의 잠긴 부분이 차지하는 공간과 녹은 액체가 필요한 공간이 정확히 일치하는 이유는 부력과 관련이 있다. 어떤 물질이 물에 잠겨 있으면 물의 나머지 부분이 그 공간에 있는 물질의 무게를 지탱한다. 공간을 채우는 물질이 무엇인지는 물 잔 나머지 부분에 중요하지 않다. 얼음은 그 공간에 해당하는 무게만큼 메우고 남는 부피를 수면 위로 노출한다.

정질은 소금이나 설탕처럼 고정된 형태가 반복되는 구조다. 하지만 고체일 때 자리가 고정되지 않는 물질도 있다. 그런 고체는 얼고 있는 액체와 구조가 비슷하다. 원자가 자리를 잡는 방식은 너무 작아 눈으로 볼 수 없지만 물체에 어떤 영향을 주는지는 알 수 있다. 가장 생생한 예가 유리다.

내가 여덟 살 때 우리 가족은 와이트섬 Isle of Wight 으로 여행을 갔다. 그곳에서 처음으로 유리 세공사를 보았다. 나는 녹은 유리 덩어리가 빛을 내며 아름다운 방울 모양에서 다른 형태로 계속 바뀌는 것을 넋을 잃고 보았다. 작은 덩어리가 화분이 되는 마술에서 눈을 떼기란 불가능했고 누군가가 나를 끌고 가지 않았다면 하루 종일 구경했을 것이다. 나는 직접 해보길 간절히 원했다. 하지만 여러 해가 지나고 2017년이 되어서야 꿈을 이룰 수 있었다.

어느 추운 아침 사촌과 함께 커튼이 걷히면 마술이 펼쳐질 돌로 된 작은 건물에 갔다. 온도가 무려 섭씨 1,080도에 달하는 작은 용광로는 밝은 주황색으로 빛났고 안에는 유리 방울이 담겨 있었다. 케블라 Kevlar 소재의 안전 장갑을 끼고 조심스럽게 긴 철 막대로 유리물을 찌른 다음 비틀어 빙글빙글 돌리자 젓가락에 묻은 꿀처럼 유리물이 막대에 감겼다. 여기까지는 쉬웠는데 그다음부터는 전부 어려웠다. 유리에 바람을 넣으려면 유리 방울을 잘 구슬려야 했고 그 방법은 세 가지였다. 첫째, 열로 유리를 부드럽게 만든다. 둘째, 우리가 건드릴 필요 없이 중력이 유리 방울을 아래로 당기도록 가만히 둔다. 마지막으로 텅 빈 철 막대 속으로 바람을 불어 유리 방울을 비눗방울처럼 부풀린다.

우리는 이 세 가지를 번갈아가며 연습했고 유리는 놀라울 정도로 빠르게 성질을 바꾸었다. 용광로에서 갓 나온 유리 방울은 액체이므로 막대를 계속 돌리지 않으면 바닥에 뚝뚝 떨어진다. 1~2분이 지나면 농도가 점토처럼 변해 금속 작업대에서 굴릴 수 있다. 3분 후 작업대 위를 두들기면 고체 유리에서 들을 수 있는 '팅' 소리가 난다. 유리가 흥미로운 이유는 액체 성질인 부드러움과 곡선을 가지고 놀 수 있기 때문이다. 차가운 고체 유리는 액체 유리가 동화 속 주인공처럼 얼어서 생긴 것이다.

유리의 특징은 분자들이 이동하는 방식에 있다. 우리가 연습한 유리는 가장 흔한 형태인 소다석회유리다. 구성 성분은 주로 실리카(모래를 구성하는 이산화규소, SO_2)이지만 나트륨, 칼슘, 알루미늄도 조금 들어 있다. 유리가 특별한 이유는 원자들이 일정한 격자에 고정되지 않고 모두 뒤섞이기 때문이다. 각 원자는 주변 원자와 연결되어 있고 자유롭게 움직일 수 있는 공간이 적지만 불규칙적이다. 유리에 열을 가하면 원자들은 움직이면서 서로 약간 멀어지고 처음부터 엄격히 정해진 자리가 없어서 서로 쉽게 지나다니며 이동한다. 용광로에서 꺼낸 유리물 안의 열에너지가 높은 원자들은 중력이 아래로 당기기 때문에 아래로 처진다. 하지만 공기 중에서 식으면서 원자들의 움직임이 줄어들어 서로 거리가 가까워지고 점도가 높아진다.

유리가 식어도 원자들은 시간이 부족해 계란 상자처럼 일정한 패턴을 형성할 수 없다. 따라서 패턴을 만들지 않은 채 원자들의 속도가 느려지다가 더 이상 서로를 지나다니지 않으면 고체가 된다. 유리는 액체와 고체 사이의 경계를 분명하게 구별하기가 어렵다.

첫 번째 유리 세공 과제는 스스로 크리스마스트리 장식용 방울을 만드는 것이었다. 사실 유리물을 불어 만든 방울에 선생님이 고리를 달아주는 것을 멋있게 표현한 것뿐이다. 방울을 만드는 일은 어려웠다. 난 꿈적도 안 하는 풍선을 불 때처럼 볼이 아팠다. 가장 어려운 단계는 마지막에 완성된 유리 조각을 철 막대에서 분리하는 작업이다. 막대를 당기면 얇게 목이 생겨 제거해야 한다. 목 부분을 줄로 갈면 미세한 금이 생긴다. 이제 '떼어내기 작업대'에 올려 철 막대를 아주 살짝 치면 유리 방울이 떨어진다. 지금까지는 방울들이 완벽하게 만들어졌다. 하지만 마지막 방울은 줄로 간 부분이 버티질 못했다. 다 만들어진 방울이 막대기에서 떨어지면서 콘크리트 바닥에 부딪힌 후 튕기며 두 번 튀어 올랐다. 선생님이 얼른 주워 담았고 방울은 무사했다. 이 섬세한 유리 막은 튕겨졌다. 1~2분만 늦었다면 유리가 식어 산산조각 났을 것이다.

이것이 유리가 주는 교훈이다. 원자들은 온도에 따라 행동하는 방식이 달라진다. 온도가 높을 때는 서로 자유롭게 지나다니며 흐른다. 끈적거리지 않을 정도로만 식으면 원자는 서로 밀고 반동할 수 있어서 유리가 될 수 있다. 더 식으면 원자들은 얼어서 움직이지 않는다. 깨지기 쉬운 약한 고체가 되었을 때 원자가 자리에서 약간 밀리면 금이 생기고 충격을 받으면 산산조각이 난다.

유리가 액체였을 때의 모습은 온데간데없지만 액체가 갖는 곡선의 아름다움은 유지된다. 유리는 원자가 불규칙적인 액체 구조지만 분명 고체다. 탄성은 액체에 없는 고체의 성질이고 탄성 때문에 유리가 튕긴다. 유리의 구조는 온도에 따라 물질이 어떻게 행동하는지 알려준다.

유리창에 대한 오래된 오해를 풀어보자. 어떤 사람들은 300년 된 창문이 위보다 아래가 두꺼운 이유는 유리가 점점 아래로 흘러서 그렇다고 말한다. 이는 사실이 아니다. 유리창은 액체가 아니므로 어디로도 흐르지 않는다. 아래로 갈수록 두꺼운 이유는 창에 쓰인 판유리가 독특한 방법으로 만들어졌기 때문이다. 유리 방울 덩어리를 철 막대에 꽂아 빠르게 돌리면 유리가 밖으로 흘러 판판한 원반이 된다.◆ 원반이 식으면 판유리로 자른다. 이 방식의 단점은 원반 가운데 부분이 더 두껍다는 것이다. 따라서 다이아몬드 모양으로 자른 판유리는 한쪽 끝이 더 두껍고 창틀에 끼울 때 두꺼운 쪽을 아래로 해 빗방울이 흐르도록 했다. 유리 자체가 아래로 흐른 게 아니라 두꺼운 부분을 아래로 끼운 것이다.

우리는 만든 유리 방울을 바로 식히지 않았다. 하룻밤 동안 오븐에 넣어 밤새 온도가 서서히 내려가 아침이 되면 실내 온도와 비슷해지도록 했다. 유리가 고체가 되어도 원자들은 한 자리에 완벽히 고정되지 않기 때문이다. 고체가 뜨거워지면 액체로 변할 만큼 온도 가 높지 않더라도 원자의 배열은 미세하게 변한다. 유리 방울들이 식을 때도 마

◆ 이 유리가 많이 들어봤을 크라운유리다. 오래된 펍 창문 가운데 있는 방울진 부분은 철 막대가 붙었던 곳이다. 과거에는 이 부분의 유리판이 두께가 일정하지 않아 가장 저렴했다. 하지만 이제는 높이 평가되는 '특색'이다. 북부 출신인 우리 가족은 '고상한 척하는 레스토랑에서는 웃돈을 얹어서라도 사겠지'라고 말할 것이다. 여기서는 고상한 척하는 펍이 더 적절한 예일 것 같다.

찬가지다. 원자들은 미세하게 움직인다. 오븐을 사용하면 미세한 재배열의 속도를 낮춰 힘이 전체 구조에 고르게 나타나도록 만들 수 있다. 배열이 고르지 않다면 내부의 힘이 균형을 이루지 않아 유리가 깨질 수 있다. 이처럼 내부 힘이 일부에 집중되는 것 역시 단순한 원리의 결과다. 원자의 위치는 고정될 수 있지만 원자 사이의 거리는 규칙적이지 않기 때문이다. 물체는 온도가 올라가면 대부분 부피가 늘어난다.

온도계 눈금과 오리 다리의 차이
열팽창과 역류 열 교환

디지털 측정기는 수많은 장점이 있지만 한 가지 분명한 단점은 우리가 측정의 진정한 의미를 직접 접할 수 없다는 것이다. 안타깝게 사라진 물건 중 하나는 두 세기 반 동안 실험실과 가정의 필수품이었던 유리 온도계다. 지금도 이 유리 막대기를 살 수 있고 우리 실험실에서도 사용하고 있지만 대부분 디지털 온도계를 사용한다. 내가 어렸을 때 흔히 쓰던 반짝이는 수은 막대는 색소를 넣은 알코올로 바뀌었지만 기본 원리는 파렌하이트Fahrenheit가 1709년 발명한 것과 동일하다. 가는 유리 막대 가운데에 얇은 관이 있고 아래쪽 끝에 동그랗게 넓은 부분에는 액체가 모여 있다. 이 끝부분을 목욕물, 겨드랑이, 바다 등 어디든 담그면 아름다우면서도 단순한 일이 일어난다. 물체의 온도는 그 물체가 갖는 열에너지의 양과 직접 관련된다. 액체와 고체에서 열에너지는 원자와 분자의 움직임으로 나타난다. 온도계를 욕조에 넣으면 뜨거운 물이 차가운 유리를 감싼다. 더 빨리 움직이는 물속의 분자들은 유리 안의 원자들과 충돌하면서 속도를 높일 수 있는 에너지를 제공한다. 이것이 열이 전달되는 전도 현상이다. 따라서 목욕물에 온도계를 넣으면 열에너지가 유리로 흐른다. 유리 안의 원자들은 어디로도 가지 못하고 좌우로 진동하면서 꼼지락거리기 시작한다. 유리의 온도는 이 꼼지락거림의 정도고 시간이 지나면 유리는 좀 전보다 뜨거워진다. 유리 안의 원자들은 액체 알코올과 충돌하고 액체 알코올은 빠르게 움직이기 시작한다. 이것이 첫 번째 단계다. 온도계 아래에 액체가 든 부분이 주변 온도와 같아질 때까지 눈금이 올라간다.

고체 안의 원자가 열을 얻어 빠르게 진동하면 주변 원자를 바깥으로 미세하게 밀어낸다. 온도가 올라가면 유리 원자들이 꼼지락거려야 하므로 차지하는 공간이 커진다. 따라서 물체는 뜨거워지면 팽창한다. 하지만 알코올 분자들은 속도가 빨라지면 차지하는 공간이 훨씬 늘어나므로 똑같이 온도가 올라가더라도 유리보다 약 30배 크게 팽창한다. 온도계 아래 둥근 부분에 담긴 알코올이 공간을 더 많이 차지하려고 하지만 남은 공간은 유리관 위밖에 없다. 따라서 알코올 분자들이 진동하면서 서로 밀어내면 액체가 유리관을 따라 올라간다. 액체가 이동한 거리는 분자들의 열에너지와 직접 관련이 있으므로 온도계의 눈금은 액체 안 열에너지의 양을 나타낸다. 단순하지만 아름답다. 둥근 부분 안의 액체가 식으면 분자의 속도가 줄고 차지하는 공간은 줄어든다. 액체가 뜨거워지면 분자는 활발하게 진동하면서 더 많은 공간을 차지한다. 그러므로 유리 온도계의 눈금은 서로 밀쳐내는 원자들을 직접 측정한 수치다.

열을 가했을 때 팽창하는 정도는 물질마다 다르다. 따라서 잼 병뚜껑이 열리지 않는다면 뜨거운 물을 부어 열 수 있다. 유리와 금속 모두 팽창하지만 금속 뚜껑이 유리병보다 훨씬 크게 팽창하기 때문이다. 금속 뚜껑이 늘어나면 열기가 쉬워진다. 물론 크기의 차이는 눈으로 볼 수 없을 만큼 미세하지만 그 결과는 경험할 수 있다.

일반적으로 고체는 열을 가했을 때 액체만큼 팽창하지 않는다. 전체 부피에 비해 아주 조금만 커지지만 차이를 만들기에는 충분하다. 육교를 건널 기회가 있다면 다리 끝과 도로가 이어지는 곳에 있는 금속 띠 부분을 보라. 빗살로 된 두 개의 판이 겹쳐져 있을 것이다. 이 부분을 신축이음이라고 하는데 마음만 먹으면 쉽게 찾을 수 있다. 온도가 올라가거나 내려가면 다리의 구성 물질들은 팽창하거나 수축하지만 빗살 구조 때문에 다리가 휘거나 금이 가지 않는다. 다리가 팽창하면 양쪽 빗살이 더 가까워지고 다리가 수축하면 빗살이 멀어지지만 그 간격은 그다지 크지 않다.

열팽창은 온도계에서는 아름답고 유용하지만 경우에 따라서는 거대하고 심각한 결과를 야기할 수 있다. 온실가스 배출이 일으키는 문제 중 하나는 지속적인 해수면 상승이다. 현재 전 세계 해수면은 해마다 평균 3밀리미터씩 상승하고 있고 상승 속도는 점점 빨라진다. 빙하가 녹고 육지에 갇혔던 물이 바다로 흘러가면서 바다의 물이 늘어났다. 하지만 이것은 현재 해수면 상승 원인의 절반만 차지한다. 나머지 절반은 열팽창에 의한 것이다. 바다가 따뜻해지면 차지하는 공간이 커진다. 최근 가장 정확하게 계산된 수치에 따르면 지구온난화로 추가된 열에너지 중 90퍼센트는 바다로 가고 그 결과 해수면이 상승한다.

동남극 고원지대East Antarctic Plateau의 8월은 모든 것이 멈춰 있고 조용하다. 북반구가 여름 햇빛을 한껏 받는 동안 세계의 가장 아래에 있는 남극은 어둠 속에서 회전하고 있다. 이제 고원 전체에 뻗은 높은 산맥을 어둠으로 4개월 동안 덮었던 밤이 거의 끝나간다. 이곳은 눈이 아주 조금 내리지만 표면의 얼음은 두께가 600미터에 달한다. 날씨는 차분하다. 열에너지가 별이 빛나는 밤하늘로 계속 흘러가지만 해가 들지 않아 빠져나간 열을 보충할 수 없다. 들어오는 열에너지보다 나가는 열에너지가 많아 고산지대의 겨울 온도는 보통 영하 80도다. 2010년 8월 10일 어느 산비탈의 온도는 영하 93.2도까지 떨어져 온도가 측정된 이래 지구에서 가장 낮은 온도를 기록했다.

눈을 구성하는 얼음 결정에서 원자들은 고체 얼음 안의 각자 정해진 자리에서 움직이기 때문에 열에너지가 운동에너지로 저장된다. 따라서 '날씨는 어떻게 추워지는가?'라는 질문의 답은 간단해 보인다. 원자들이 움직임을 완전히 멈출 때 온도는 가장 낮아질 것이다. 하지만 생명체도 없고 빛도 들지 않는 가장 추운 지역에서도 움직임은 있다. 고원 전체는 진동하는 원자들로 구성되고 얼음이 0도에서 녹지 않는 한 원자들의 움직임이 고원의 운동에너지 중 절반을 차지한다. 이 운동에너지를 전부 빼앗으면 가능한 가장 낮은 온도에 도달할 수 있다. 도달할 수 있는 최저 온도는 섭씨 영하 273.15도고 이를 '절대영도'라고 부른다. 절대영도는 어떤 종류의 원자든 항상 같으며 열에너지가 전혀 없다. 꽁꽁 언 겨울의 남극은 지구상에서 가장 추운 곳이지만 절대영도와 비교하면 따뜻한 편이다. 다행히 원자를 완전히 멈추기는 매우 어렵다. 당신이 어떤 물체를 절대영도로 떨어트리려면 주변에 있는 어떤 물질도 그 물체에 에너지를 전달하지 않게 할 혁신적인 기술이 필요하다. 물질에서 열에너지를 없애는 기발한 방법을 발명하는 데 모든 인생을 건 과학자들이 있다. 저온학 분야는 우리가 사는 쾌적하고 따뜻한 곳에서도 편리하게 사용할 수 있는 고기능 자석과 의료 영상기술을 비롯해 여러 기술을 탄생시켰다. 하지만 우리 대부분은 온도를 따뜻하게 하는 기술에 훨씬 관심이 많다. 추위는 생각만 해도 끔찍하다. 그래서 맨발로 얼음 위를 걷는 오리를 보면 의문이 생긴다.

잉글랜드 남부에 있는 윈체스터Winchester는 작고 아기자기한 도시로 오래된 성당이 있고 곳곳에 있는 영국 전통 찻집에서는 커다란 스콘을 앙증맞은 접시에 담아준다. 여름에는 마치 엽서에 나오는 그림처럼 화려한 꽃들과 새파란 하늘이 장관을 이룬다. 하지만 내가 눈 내리는 겨울에 친구와 윈체스터를 방문했을 때의 풍경은 더 멋졌다. 우리는 목도리와 두꺼운 코트로 무장하고 시내 중심가를 걸어 하얀 눈이 둑에 소복이 앉은 작은 강에 도착했다. 내가 윈체스터에서 가장 좋아하는 것은 석조 건물, 아서왕, 스콘이 아니다. 추위가 매서운 날 친구를 시내까지 끌고 나온 이유는 좀 시시했다. 바로 오리였다. 뽀드득 소리나는 눈을 밟으며 강을 따라 걷다 보니 오리들이 나타났다.

우리가 도착하자 둑에 있던 오리 한 마리가 마지막 얼음을 건넌 다음 물로 뛰어들었다. 그리고 주변에 있는 다른 모든 오리처럼 물줄기를 마주하고 미친 듯이 발장구를 치다가 이따금 먹이를 찾아 얼굴을 물에 담갔다. 강은 아주 얕았지만 유속이 무척 빨랐다. 머리가 닿는 곳 바닥에 식물이 자라고 있지만 다른 곳으로 가지 않으려면 발장구를 멈출 수 없다. 윈체스터강은 오리를 위한 트레드밀과 같고 그걸 지켜보노라면 시간 가는 줄 모른다. 오리들은 모두 같은 방향으로 발장구를 쳤고 잠시도 멈추지 않는 듯 보였다.

우리 옆에 있던 여자아이가 눈 덮인 자신의 부츠를 보다가 둑 위 얼음에 서 있는 오리를 가리키더니 엄마에게 정말 훌륭한 질문을 했다. "오리는 왜 발이 시리지 않아요?" 그 순간 코미디 같은 한 장면이 펼쳐졌고 엄마는 대답하지 못했다. 발장구 치던 오리 한 마리가 다른 오리와 가까워지면서 서로 꽥꽥거리고 날개를 퍼덕이며 쪼기 시작했다. 재미있게도 싸움이 시작되자 둘 다 발장구 치는 걸 깜박하는 바람에 하류로 떠내려가며 비명을 질러댔다. 잠시 후 오리들은 떠내려가는 속도를 파악하고는 싸움을 잊고 다시 발장구를 쳐 상류로 올라갔다. 그러기까지 한참이 걸렸다.

물은 얼음처럼 차가웠지만 오리들은 추위를 느끼지 않는 것처럼 보였다. 수면 아래 숨겨진 오리의 다리는 독특한 방법으로 열손실을 막는다. 핵심은 열의 이동이다. 뜨거운 물체를 차가운 물체 옆에 놓으면 뜨거운 물체 안에 있는 분자들은 에너지가 높아 빠르게 움직이다가 차가운 물체와 충돌하고 이 과정에서 뜨거운 물체에서 차가운 물체로 열에너지가 이동한다. 따라서 열은 항상 온도가 높은 곳에서 낮은 곳으로 이동한다. 천천히 움직이는 분자는 빠르게 움직이는 분자에 에너지를 주지 못하지만 그 반대의 경우는 쉽게 일어난다. 따라서 열에너지는 두 물체의 온도가 같아져 평형을 이룰 때까지 분배된다. 오리의 핵심은 다리에 흐르는 혈액이다. 몸 중앙의 따뜻한 심장에서 나오는 피의 온도는 섭씨 40도다. 혈액이 차가운 물에 닿으면 온도 차가 커 순식간에 열을 물에 빼앗길 것이다. 차가워진 피가 몸통으로 돌아오면 몸은 차가운 피에 열을 빼앗기고 체온은 내려간다. 발에 혈액 공급을 차단하면 혈액이 차가워지는 것은 막을 수 있지만 근본적인 해결책은 아니다. 오리는 훨씬 단순한 원리를 사용한다. 서로 닿은 두 물체의 온도 차이가 클수록 열이 이동하는 속도가 빨라진다는 점이다. 다시 말해 두 물체의 온도가 비슷하면 열이 이동하는 속도는 느려진다. 이것이 오리가 추위를 느끼지 않는 이유다.

오리가 미친 듯이 발장구 치는 동안 따뜻한 피가 오리 다리에 있는 동맥으로 흐른다. 하지만 동맥은 다리에서 피가 돌아오는 정맥 바로 옆에 있다. 정맥 안의 피는 차갑다. 따라서 따뜻한 피에 있는 분자들은 혈관 벽과 충돌하고 혈관 벽은 차가운 피와 충돌한다. 따뜻한 혈액은 다리로 내려가면서 온도가 내려가고 몸으로 돌아오면서 온도가 올라간다. 다리까지 내려가면 동맥과 정맥 모두 차가워지지만 동맥의 온도가 여전히 높다. 따라서 열은 동맥에서 정맥으로 이동한다. 몸에 있던 열은 동맥을 타고 다리 쪽으로 내려가면서 반대편 정맥에서 돌아오는 혈액으로 이동한다. 하지만 혈액은 계속 순환한다. 물갈퀴에 도달할 때쯤 혈액의 온도는 강물과 거의 같다. 다리와 물의 온도 차가 크지 않으므로 다리에서 상실되는 열은 극히 적다. 그리고 혈액이 오리 몸의 중심으로 돌아올 때는 중심에서 아래로 내려오는 혈액에 의해 온도가 올라간다. 이 같은 '역류 열 교환'은 열 손실을 막는 아주 탁월한 방법이다. 열이 오리의 발까지 닿지 않는다면 발에서 에너지가 손실될 가능성은 거의 없다. 오리가 얼음 위를 행복하게 걸을 수 있는 것은 발이 차갑기 때문이다. 발은 차가울지라도 시리지는 않다.

이 전략은 동물의 왕국에서 진화를 거듭했다. 돌고래와 거북이는 꼬리와 지느러미의 혈관 구조가 오리와 비슷해 차가운 물에서 헤엄치더라도 체온을 유지할 수 있다. 북극여우도 마찬가지다. 북극여우는 발로 눈과 얼음 위를 딛지만 신체 장기를 따뜻하게 유지할 수 있다. 단순하기 그지없지만 상당히 효과적이다. 친구와 내게는 이런 능력이 없어 눈 위에 오래 있을 수 없었다. 오리들의 짧은 싸움은 몇 번 더 이어졌고 그때마다 우리는 마치 세상에서 가장 센 오리들을 본 것처럼 감탄사를 내뱉었다. 그리고 커다란 스콘을 먹기 위해 자리를 떴다.

보이지 않는 열이 움직이는 법
열전도

여러 세대 동안 과학자들은 수천 번 실험한 끝에 열이 고정된 방향으로 흐르는 것은 근본적인 물리학 법칙이라고 결론을 내렸다. 열은 항상 뜨거운 곳에서 차가운 곳으로 이동하고 이것이 순리다. 하지만 이 기본적인 법칙은 이동 속도에 대해서는 무엇도 말해주지 않는다. 끓는 물을 세라믹 잔에 부으면 물이 식지 않았더라도 손잡이를 잡고 잔을 들 수 있다. 손잡이가 많이 뜨거워지지 않아 손을 데지 않는다. 하지만 끓는 물에 금속 스푼을 넣고 끝을 잡으면 몇 초 후 깜짝 놀라 외마디 비명을 지를 것이다. 금속은 열을 빨리 전도하고 세라믹은 느리게 전도한다. 즉, 에너지가 높은 분자들의 진동은 금속에서 더 잘 전달된다. 금속과 세라믹 모두 원자들이 고정되어 있고 정해진 자리에서만 진동할 수 있는데 어떻게 전도율이 다를 수 있을까?

세라믹 잔은 전체 원자들이 진동할 때 어떤 일이 일어나는지 알려준다. 앞서 언급했듯이 각 원자는 옆의 원자를 밀고 밀린 원자 역시 옆의 원자를 밀어 에너지가 사슬처럼 이동한다. 따라서 머그잔 손잡이를 잡아도 손을 데지 않는다. 에너지의 이동 속도가 느리고 에너지 대부분이 손에 닿기 전 공기로 상실된다. 세라믹은 나무나 플라스틱처럼 열전도율이 낮다.

하지만 금속 스푼은 지름길을 사용한다. 세라믹처럼 금속도 원자 대부분이 고정되어 있다. 다른 점은 금속 원자의 가장자리마다 결합이 약한 전자들이 있다는 것이다. 전자는 나중에 더 자세히 다루기로 하자. 여기서 중요한 것은 원자 바깥 부분에 모여 있는 전자들이 음전하 입자라는 사실이다. 전자들은 세라믹에서는 갇혀 있지만 금속에서는 옆에 있는 원자들 사이를 쉽게 오간다. 따라서 금속 원자 자체는 격자에 갇혀 있지만 자유로운 전자들이 사방팔방을 돌아다닌다. 그러면서 모든 금속 원자들이 공유하는 전자구름이 형성되고 구름 속 전자들은 이동성이 매우 높다. 이 전자들이 금속의 열전도율을 높이는 핵심 요소다. 끓는 물을 머그잔에 부으면 물 분자들은 즉시 열에너지 일부를 세라믹 잔의 벽으로 전달하지만 잔 안의 원자들은 원자들끼리만 충돌하기 때문에 에너지는 느리게 퍼진다. 하지만 뜨거운 물과 금속 스푼이 닿으면 물 분자의 진동이 고정된 금속 원자들과 전자구름에 전달된다. 아주 작은 전자는 물체 전체로 진동하면서 매우 빠르게 이동할 수 있다. 따라서 손으로 스푼을 잡으면 금속 안의 작은 전자들이 원자보다 훨씬 빨리 움직이며 진동을 전달한다. 전자구름에 의해 열에너지는 빠르게 스푼 손잡이까지 이동하고 전자구름이 지나간 부분은 온도가 올라간다. 구리는 어떤 금속보다 전도성이 높아 스테인리스 스푼보다 다섯 배 빠르게 열을 전달한다. 그래서 프라이팬의 몸체는 구리고 손잡이는 철이다. 우리는 구리를 이용해 음식을 고르게 빨리 익히길 원하지만 열에너지가 손잡이까지 전달되는 것은 원치 않는다.

원자의 존재를 확인했다면 원자가 주변 환경에 따라 어떻게 행동하는지 자연스레 궁금해질 것이다. 이는 열에너지에 대한 이해와 직결된다. 우리는 열이 유체처럼 주변에 있는 물체들을 통과하거나 물체 안팎으로 움직이는 것처럼 말한다. 하지만 실제로는 접촉한 물체끼리 운동에너지를 공유하는 것이다. 온도는 이 운동에너지를 직접 측정한 것이다. 우리는 금속처럼 전도율이 높은 물질 또는 세라믹처럼 전도율이 낮은 물질을 이용해 에너지의 공유를 제어할 수 있다. 인류가 열과 추위를 통제하는 방식 중 무엇보다 우리 삶을 크게 바꾸어 놓은 시스템이 있다. 인간은 따뜻함을 유지하려 많은 투자를 하지만 식량과 약품은 차갑게 보관하기 위해 눈에 보이지 않는 엄청난 기반 시설을 구축했다. 이번 장은 냉장고와 냉동고 이야기로 마무리하자.

치즈 한 조각의 온도가 올라가면 안에 있던 분자들의 속도가 빨라지고 내부의 에너지가 올라가면서 화학반응에 사용될 수 있는 에너지가 많아진다. 즉, 치즈 표면에 있는 미생물들이 자신들 몸속에 있는 공장을 가동해 부패 공정에 착수할 수 있다. 그래서 냉장고가 필요하다. 음식의 온도를 낮추면 분자의 속도가 줄어들고 미생물이 필요로 하는 에너지는 발생하지 않는다. 따라서 치즈는 상온보다 냉장고에서 훨씬 오래 보관할 수 있다. 냉장고는 뒤편에 설치된 정교한 장치를 통해 냉장고 외부에서 뜨거운 공기를 생성함으로써 내부 공기를 차갑게 만든다.[*] 추위는 미생물의 변화를 억제해 음식을 보존한다.

냉장고가 없는 삶을 상상해보자. 아이스크림이나 시원한 맥주를 즐길 수 없다. 채소가 금방 시들어 툭하면 장을 봐야 한다. 우유나 치즈, 고기를 자주 먹고 싶다면 농장 근처에 살아야 하고 생선이 먹고 싶다면 바닷가나 강가에 살아야 한다. 신선한 샐러드는 제철 채소로만 만들 수 있다. 절임, 건조, 염장을 하거나 통조림으로 만들어 음식을 저장할 수 있지만 12월에 신선한 토마토를 먹을 수는 없다.

식품은 냉장고를 갖춘 창고, 선박, 기차, 항공기를 거쳐 슈퍼마켓 진

◆ 냉장고의 원리는 제1장에서 설명한 기체의 팽창과 수축에 따라 온도가 변하는 기체법칙이다. 냉장고에 설치된 모터는 냉매라고 불리는 액체를 냉장고 안팎으로 이어진 고리로 보낸다. 먼저 냉매가 팽창되면서 주변 온도가 내려간다. 주변을 차갑게 하는 냉매가 관을 통해 냉장고 뒤에서 내부로 들어오면 공기에 있던 열에너지가 냉매 주변으로 이동해 공기가 차가워진다. 냉매가 다시 냉장고 밖으로 나가면 모터가 가하는 압력으로 응축되고 주변 온도는 올라간다. 발생한 열은 공기로 사라지면서 냉매는 팽창되어 주기가 처음부터 반복된다.

열대에 도달한다. 로드아일랜드에서 수확한 블루베리가 일주일 뒤에 캘리포니아에서 팔릴 수 있는 것은 열매가 가지에서 분리된 직후부터 슈퍼마켓 진열대에 올라가기까지 한순간도 주변에서 많은 에너지를 흡수하지 않아 온도가 올라가지 않았기 때문이다. 식품이 우리에게 이동하는 동안 열에너지가 부족했던 덕에 안심하고 먹을 수 있다. 음식뿐만이 아니다. 많은 약품 또한 저온에서 보관해야 한다. 특히 백신은 온도가 올라가면 쉽게 손상되므로 개발도상국으로 운송할 때는 저온 보관이 가장 중요한 과제다. 전 지구에 걸친 추위의 사슬은 농장과 도시, 공장과 소비자를 끊지 않고 연결하며 그 끝에는 주방이나 병원 수술실에서 볼 수 있는 냉장고와 냉동고가 있다. 소에서 짜 저온살균한 우유는 우리가 코코아를 만들기 위해 데울 때 처음 온도가 올라간다. 우리가 안심하고 우유를 마실 수 있는 것은 현재 있는 곳까지 연결된 거대한 저온 유통 체계를 신뢰하기 때문이다. 우유 속 원자는 이 체계에서 이동하는 내내 열에너지가 부족하므로 우유를 상하게 하는 화학반응이 거의 일어나지 않는다. 우리는 원자에 열에너지가 지나치게 많아지는 것을 막음으로써 식량을 안전하게 유지한다.

음료수 잔 안에 얼음을 넣을 때 한번 녹는 모습을 지켜보라. 그리고 물에서 열이 얼음으로 이동하면서 작은 원자들이 진동하며 에너지를 공유하는 모습을 상상해보라. 원자는 보이지 않지만 원자의 움직임이 일으키는 결과는 곳곳에서 볼 수 있다.

제7장

스푼, 소용돌이, 스푸트니크

회전의 규칙

거품의 장점 중 하나는 거품이 어디에 있을지 알 수 있다는 것이다. 언제나 맨 위에 있다. 거품은 어항이나 수영장에서 흔들거리며 위로 향하고, 샴페인이나 맥주 위에는 거품 구름이 앉아 있다. 거품은 액체에서 가장 높은 곳을 찾아간다. 하지만 다음에 찻잔이나 커피 잔을 저을 때는 표면에 어떤 일이 벌어지는지 살펴보라. 첫 번째로 이상한 점은 스푼을 둥글게 저으면 수면에 구멍이 생긴다는 것이다. 액체는 소용돌이치면서 가운데가 가라앉고 가장자리가 위로 솟는다. 두 번째는 거품이 구멍 바닥에서 조용히 회전하는 것이다. 거품은 가장 높은 곳인 가장자리로 가지 않는다. 거품이 표면에서 가장 낮은 부분에 숨어 움직이지 않는다. 거품을 밀면 원래 자리로 돌아간다. 가장자리에 새로 거품을 만들면 소용돌이치며 가운데로 간다. 이상하다.

내가 찻잔을 저으면 스푼은 액체를 민다. 나는 액체를 앞으로 밀지만 액체가 갈 수 있는 곳은 머그잔 벽까지다. 수영장 물을 똑같이 스푼으로 민다면 물은 앞으로 이동하고 수영장 다른 부분의 물과 섞일 때까지 계속 전진한다. 하지만 머그잔 안에는 그럴 공간이 없다. 움직이지 않는 머그잔 벽은 부딪히는 액체를 밀어낸다. 차는 머그잔 벽을 통과하지 못한다. 직진하지 못하는 차는 컵 안에서 원으로 움직이기 시작한다. 하지만 머그잔 벽이 액체를 밀기 때문에 액체가 벽을 따라 쌓인다. 액체는 직진하려고 하지만 커브를 돌 수밖에 없어 원으로 움직인다.

여기서 회전하는 물체에 대해 첫 번째 교훈을 얻을 수 있다. 구속된 물체를 갑자기 자유롭게 풀어주면 풀어준 시점에 움직이던 방향으로 계속 움직인다. 원반던지기 선수가 원반을 들고 회전하는 순간을 상상해보자. 선수가 몇 바퀴 돌면 원반은 매우 빠르게 움직이지만 그가 단단히 붙잡고 있기 때문에 원에 머문다. 선수는 원 중앙으로 원반을 계속 당기고 팔을 따라 당기는 힘이 작용한다. 원반을 놓으면 원반은 그가 손을 떼기 전의 방향과 속도에 따라 직선으로 이동한다.

차를 저으면 차는 직선으로 움직이려고 하면서 바깥을 밀기 때문에 가운데 남아 있는 액체가 적어져 구멍이 생긴다. 더 이상 젓지 않아도 액체는 계속 회전하고 구멍은 계속 남아 있다. 소용돌이의 속도가 느려지면 머그잔 벽은 많은 힘을 들이지 않고도 차가 원으로 움직이게 밀 수 있으므로 테두리에 쌓이는 액체는 적어진다. 이 모든 현상은 액체가 자유롭게 움직이며 모양을 바꾸기 때문에 관찰할 수 있다.

거품은 원 가운데에서 회전한다. 거품이 가운데로 모이는 것은 가운데가 가장 인기 없는 곳이기 때문이다. 맥주잔을 식탁 위에 놓으면 바닥으로 향하는 경쟁에서 맥주가 이기기 때문에 거품은 위로 올라간다. 찻잔도 마찬가지다. 옆으로 향하는 경쟁에서 차가 이기기 때문에 거품이 가운데로 몰린다. 액체는 기체보다 밀도가 높으므로 기체는 남은 공간으로 밀린다.

우리 문명에서는 탈수기, 원반던지기, 회전하는 팬케이크, 자이로스코프처럼 수많은 물체가 회전한다. 지구 자체도 회전하며 태양 주변을 돈다. 회전은 여러 흥미로운 현상을 일으킨다. 어떤 물체는 엄청난 힘과 에너지를 소모하며 회전하지만 조금도 이동하지는 않는다. 처음 있던 곳으로 되돌아가는 경우도 있다. 찻잔의 거품은 시작에 불과하다. 찻잔에 적용된 원리는 로켓을 남극에서 발사할 수 없는 이유와 의사가 적혈구 수치를 측정하는 방법을 설명해준다. 회전은 미래의 에너지망에도 중요한 역할을 할 것이다. 이 모든 것은 물체가 회전하는 동안 직선으로 이동하는 것을 막는 구속력 때문에 가능해졌다.

자전거, 원심분리기, 피자 반죽의 마법
원심력과 구심력

당신이 원으로 움직인다면 어떤 힘이 당신을 안으로 밀거나 당기면서 당신의 방향을 계속 바꿔야 한다. 회전하는 것이라면 무엇에든 적용된다. 이런 힘이 사라지면 당신은 직선으로 움직인다. 따라서 원으로 움직이고 싶다면 안으로 미는 힘이 있어야 한다. 커브를 빨리 돌리려면 더 많은 힘이 들기 때문에 빠르게 움직일수록 미는 힘이 세야 한다. 스포츠 경기에 사용되는 경주 트랙 역시 회전의 원리를 이용한다. 트랙에서는 선수가 빠른 속도로 움직이더라도 트랙 밖으로 이동하지 않기 때문에 돈을 내고 입장한 관중이 볼 수 없는 곳으로 사라지지 않는다. 어떤 스포츠 종목은 선수들이 트랙을 벗어나지 않도록 트랙 구조를 극단적으로 설계해 안으로 미는 힘을 늘린다. 실내 경륜이 대표적인 예다. 처음 경륜을 했을 때 나를 공포에 떨게 한 건 트랙의 길이가 아니라 경사였다.

어렸을 때부터 자전거를 즐겨 탔지만 실내 경륜은 차원이 달랐다. 런던 올림픽 경륜장 내부는 반짝거리고 웅장했으며 이상할 정도로 조용했다. 고요함을 깨고 안으로 들어가니 얄팍하고 쌀쌀맞아 보이는 싱글 기어 자전거 한 대가 주어졌다. 자전거에는 브레이크가 없었고 이제까지 앉아본 안장 중 제일 불편했다. 초보자반 학생이 모두 모이자 우리는 가장자리로 이동해 트랙으로 간 다음 레일을 잡고 페달에 발을 끼웠다. 트랙은 광활했다. 양옆은 긴 직선이었고 양 끝에는 널따란 경사가 우리를 향해 쏠려 있었다. 경사가 얼마나 가파른지(최고 43도) 설계사가 벽을 만들려고 했던 게 아닐까 싶었다. 이런 곳에서 자전거를 타다니 말도 안 되었다. 하지만 이미 늦었다. 트랙이 우리를 기다리고 있었다.

처음에는 메인 트랙 안쪽에 있는 평평한 타원을 돌았다. 표면이 무척 부드러워 자전거를 타기에 안성맞춤이었다. 잠시 후 강사는 우리에게 바깥으로 이동해 얕은 경사가 시작되는 하늘색 띠가 있는 곳으로 가라고 지시했다. 우리는 첫 날갯짓을 하도록 어미 새가 둥지에서 밀어내는 새끼 새처럼 메인 트랙으로 움직였다. 그러자 눈앞에 깜짝 놀랄 광경이 펼쳐졌다. 나는 경사가 서서히 높아질 거라고 생각했는데 전혀 아니었다. 아래 경사 각도는 윗부분과 거의 같았다. 바깥으로 움직여 트랙에 들어서면 무지하게 높은 경사를 지나야 한다. 페달을 빨리 밟아야 할 것 같았다. 하지만 그러기 위해서는 뇌를 달래 본능은 없는 것처럼 잠재우고 논리로만 결정을 내리게 해야 했다. 첫 세 바퀴를 돌고 나니 안장이 얼마나 불편한지 잊었다. 햄스터가 커다란 바퀴 안에서 미친 듯이 발을 구르듯 우리는 계속 트랙을 돌았고 강사는 이따금 우리를 세워서 상태를 점검했다. 25분 후 나는 여전히 무섭긴 했지만 방법을 터득하고 있었다.

핵심은 우리가 자전거를 안으로 기울여 트랙과 수직을 만들고 싶어한다는 것이다. 경사에서 미끄러지지 않고 자전거를 안으로 기울일 수 있는 유일한 방법은 아주 빠르게 움직이는 것이다. 왜냐하면 우리는 찻잔 안에서 소용돌이치는 차와 같기 때문이다. 자전거는 수평으로 직진하려고 하지만 트랙의 커브 때문에 그럴 수 없다. 트랙에서 밀리면 안쪽으로 향하는 힘이 생기고 이 힘 때문에 우리는 원으로 움직인다. 자전거는 트랙을 강하게 누르므로 누르는 힘과 중력을 합하면 중력이 방향을 바꾼 것처럼 느껴진다. 그 결과 우리는 지구 중심 아래로 당겨지는 대신 트랙 쪽으로 당겨진다. 페달을 빨리 밟을수록 중력의 방향이 많이 바뀐다. 여전히 벽 위에서 자전거를 타는 것 같지만 중력처럼 느껴지는 익숙한 힘 덕분에 벽에서 떨어지지 않을 수 있다.

이론은 이해했지만 실전은 달랐다. 무엇보다도 쉴 수가 없었다. 평지에서는 페달을 밟지 않아도 바퀴가 스스로 움직일 때가 있지만 트랙에서는 그렇지 않아 발을 멈출 수 없었다. 바퀴가 구르면 다리도 굴러야 했다. 순간순간 도로에서 자전거를 탈 때처럼 본능적으로 발을 멈추려고 했다. 평지에서는 자전거를 타다가 힘들면 몇 초 동안 발을 구르지 않고 엉덩이를 안장에서 뗐고 그러면 아드레날린이 마구 솟구쳤다. 하지만 경륜용 자전거는 페달을 멈추면 앞으로 나가지 않는다. 다리가 아무리 아파도 멈춰서는 안 된다. 속도가 느려지면 경사에서 미끄러진다. 매일같이 연습하는 선수들이 새삼 존경스러웠다. 선수들은 트랙 안에서 다른 선수와 경쟁한다. 다른 사람을 추월하려면 이동해야 하는 거리가 길어지므로 속도를 훨씬 올리더라도 따라잡을까 말까다. 나는 아무도 추월하지 않아도 돼서 정말 다행이었다.

여기서 알 수 있는 것은 다른 문제가 없다면 경사가 급할수록 벽이 안으로 미는 힘이 강해진다는 것이다. 양옆이 아닌 양 끝에서 미는 힘이 필요한 이유는 반원 형태의 양 끝에서 방향을 바꾸기 때문이다. 방향을 빨리 바꿀수록 미는 힘이 커야 한다. 똑같은 모양의 평평한 트랙에서 그만큼 속도를 낸다면 타이어 마찰은 안으로 당기는 힘을 충분히 제공하지 못해 자전거가 옆으로 미끄러질 것이다. 경륜장은 실내 자전거의 속도가 마찰로 줄지 않도록 설계한다.

동전이 월풀 욕조 같은 깔때기 모양의 모금함으로 굴러 들어갈 때 어떤 기분인지 알고 싶다면 실내 경륜만 한 것이 없다. 한 시간이 지나자 아드레날린이 분출되어 몸이 뜨거워졌고 이제 멈출 수 있다는 생각에 기뻤다.[*] 나를 트랙으로 당기는 실질적 중력이 무서웠던 이유는 갑자기 속도를 늦추면 중력이 원래의 방향으로 바뀔 수 있다는 생각 때문이었다. 43도 경사에서 자전거를 탈 때 중력이 아래로 날 당기고 있다고 생각하면 불안하다.

경륜 선수는 우리가 항상 지면에 의해 위로 밀리듯 트랙에 의해 안으로 밀린다. 발아래 땅이 갑자기 사라지면 중력이 아래로 당기기 때문에 우리는 밑으로 떨어진다. 지면은 중력의 아래로 당기는 힘에 대항해 우리를 위로 민다. 선수들은 트랙이 위와 안으로 미는 힘을 느낀다. 전체적으로는 중력이 아래와 바깥으로 당기는 것처럼 느껴진다.

경륜 종목 중 하나인 '플라잉 200미터 타임 트라이얼'은 그 이름이 경기의 특징을 잘 보여준다. '플라잉'은 시간을 재기 전 이미 속도가 올라갔다는 의미지만 선수들은 실제로 하늘을 나는 것처럼 느낄 것이다. 내가 이 책을 쓰고 있는 현재 세계기록은 프랑수아 페르비[Francois Pervis]가 세운 9.347초다. 초속 21미터, 시속 77킬로미터의 속도다. 그가 이 속도로 트랙 양 끝 부분에서 회전하려면 트랙이 그를 안으로 미는 힘은 바닥이 그를 위로 미는 힘과 거의 비슷해야 한다. 페르비는 평소 중력의 거의 두 배에 달하는 힘에 의해 트랙에 붙어 있었다.

제2장에서 살펴보았듯이 중력처럼 지속적으로 주변에 존재하는 힘은 여러모로 유용하지만 때로는 효과가 나타나기까지 오랜 시간이

◆ 경륜을 하는 동안 거의 내내 즐거웠고 다른 사람에게도 추천하고 싶다. 당신이 자전거를 잘 탄다면 실내 경륜이야말로 회전의 물리학을 몸소 체험할 수 있는 훌륭한 방법이다.

걸린다(크림을 분리하는 일처럼). 하지만 회전은 우리에게 대안을 제공한다. 우리는 강한 중력의 효과를 얻기 위해 다른 행성으로 갈 필요가 없다. 경륜 선수는 트랙 맨 위에서 중력의 효과를 두 배 가까이 높일 수 있다. 하지만 최고의 선수라 하더라도 시간당 '불과' 약 80킬로미터밖에 갈 수 없다. 이론적으로는 회전 속도가 빠를수록 가해지는 힘도 강해진다.

제2장에서 중력으로 인해 크림이 우유에서 분리되어 병 위로 떠올랐던 것을 기억하는가? 우유를 아래로 미는 힘의 세기가 중력의 크기에 불과하다면 지방 입자를 분리하는 데 몇 시간이 걸린다. 하지만 긴 튜브에 우유를 담고 빠르게 회전하면 바깥으로 당기는 힘이 강해 크림 입자들이 몇 초 만에 분리된다. 현재 우유는 이러한 방식으로 크림을 분리한다. 가만히 두어 저절로 분리될 때까지 기다리지 않는다. 현대 식품 생산공정에서는 기다릴 시간이 없다. 물체를 빠르게 회전하면 원하는 세기만큼 당기는 힘을 발생시킬 수 있다. 이것이 원심분리다. 원심분리기의 회전 날개가 부착된 몸통은 날개를 안으로 당겨 회전하게 만들고 날개에 담긴 물체는 바깥쪽에서 매우 강한 힘으로 밀리는 느낌을 받는다.

이처럼 강한 회전력을 이용하면 중력으로는 절대 분리할 수 없는 물질을 분리할 수 있다. 예를 들어 혈액을 이용한 빈혈 진단의 경우 병원 실험실에서 혈액 샘플을 원심분리기에 넣고 빠르게 회전시킨다. 혈액은 중력보다 약 2만 배 강한 힘으로 바깥으로 당겨진다. 적혈구는 아주 작아 평상시의 중력으로는 분리할 수 없지만 원심분리기로 발생하는 힘에는 저항하지 못한다. 거의 모든 적혈구를 원심분리기 중앙에서 바깥으로 당겨 분리하기까지 5분밖에 걸리지 않는다. 적혈구는 혈액보다 밀도가 높아 아래로 향하기 위한 경쟁에서 승리한다. 적혈구가 전부 아래에 모이면 관을 꺼내 가장 밑에 있는 층의 두께를 재서 혈액 중 적혈구의 비율을 직접 측정할 수 있다. 이렇게 간단한 시험은 여러 질병을 진단할 뿐 아니라 운동선수의 도핑테스트에도 사용된다. 회전으로 발생하는 힘이 없다면 이런 측정은 훨씬 어렵고 비용도 비쌌을 것이다. 회전력은 혈액 샘플보다 훨씬 큰 물체에도 적용할 수 있다. 세계에서 가장 큰 원심분리기는 사람 몸통 전체를 회전시키기 위해 설계되었다.

우주인들은 많은 사람의 부러움을 산다. 그들은 지구의 환상적인 모습을 감상할 수 있고 최신 기기를 접할 수 있으며 풍부한 이야깃거리를 얻을 수 있고 세계에서 가장 희귀하고 보람된 직업이라는 찬사를 받는다. 하지만 사람들에게 우주인에 대해 가장 부러운 것이 무엇이냐고 물으면 대부분 '무중력'이라고 답한다. 어디가 '위'고 '아래'인지 고민할 필요 없이 떠다닌다면 재미있을 뿐 아니라 안락한 느낌이 들 것 같다. 따라서 예비 우주인들이 전혀 반대되는 문제, 즉 중력을 훨씬 초과하는 힘에 대비한다는 사실이 조금 이상하게 들릴지도 모르겠다. 현재 우주에 도달할 수 있는 유일한 방법은 빠르게 가속하는 로켓 꼭대기 위에 실려 가는 것이다. 돌아오는 길은 더욱 힘들다. 지구 대기로 다시 들어올 때 중력보다 4~8배 강한 힘이 발생한다. 전투기 조종사는 이렇게 강력한 힘을 이기기 위해 빠른 속도로 회전한다. 엘리베이터가 가속할 때 약간 어지러운 것은 당신 탓이 아니다. 중력의 크기가 달라지면 더 많은 혈액이 뇌를 향해 또는 뇌와 반대 방향으로 밀리고 심할 경우 피부 안 모세혈관이 터진다. 어떤 일이 벌어지는지 더 자세히 알면 그다지 유쾌하지 않을 것이다. 하지만 인간은 이런 강한 힘을 받더라도 견딜 수 있을 뿐 아니라 일을 할 수 있으며(우주선을 지구로 몰고 오는 우주인처럼) 익숙해지면 작업 성과도 높일 수 있다. 따라서 이를 위한 훈련이 개발되었다.

현재 모든 우주인과 우주비행사는 상당 기간 동안 모스크바 북동쪽 스타 시티Star City에 있는 유리 가가린 우주인 훈련 센터Yuri Gagarin Cosmonaut Training Center에서 지내야 한다. 이곳에는 강의실, 의료 시설, 모형 우주선과 함께 TsF-18 원심분리기가 있다. 거대한 원형 방 중앙에 설치된 원심분리기의 날개는 길이가 18미터다. 날개 끝에 있는 캡슐은 그날그날 필요에 따라 변경할 수 있다. 새내기 우주인은 원심분리기 날개가 2초 또는 4초 주기로 회전하는 동안 캡슐 안에 앉아 있어야 한다. 그다지 어렵지 않은 시험 같지만 계산해보면 캡슐은 시간당 무려 193킬로미터 또는 96킬로미터로 움직인다. 우주인으로서 적합하다고 증명된 훈련생들은 이러한 조건에서 훈련받으며 몸의 반응을 지속적으로 점검한다. 우주인뿐 아니라 항공기 성능을 시험하는 테스트 파일럿과 전투기 조종사 또한 이곳에서 훈련받는다. 일반 대중도 비용만 지불한다면 캡슐에 탈 수 있다. 하지만 한 가지는 명심해야 한다. 캡슐에 오른 사람 모두가 정말로 힘든 경험이었다고 말한다. 그래도 일정하게 지속되는 강한 힘을 경험하고 싶다면 회전이 그 답이다.

원심분리는 물체가 회전할 때 발생하는 힘을 이용하는 방법 중 하나다. 매우 강한 힘이 한 방향으로 발생해 이를 인공중력처럼 다룰 수 있다. 하지만 회전에서 발생하는 힘을 이용할 수 있는 또 다른 방법이 있다. 찻잔 속 차와 경륜 선수, 우주인 모두 갇혀 있었다. 벽이 밀어내기 때문에 바깥으로 움직이지 못하고 원을 그리며 움직였다. 하지만 회전할 때 외부 차단막이 없어 고정된 원 모양에 갇히지 않는다면 어떻게 될까? 쉽게 볼 수 있는 시나리오다. 럭비공, 팽이, 원반 모두 안으로 미는 외부의 힘 없이 회전한다. 하지만 가장 좋은 예는 재미있을 뿐 아니라 먹을 수도 있는 피자다.

내 생각에 완벽한 피자를 만들려면 밀가루 반죽을 얇고 바삭하게 구워 토핑의 맛을 살려야 한다. 하지만 이렇게 중요한 반죽은 종종 과소평가된다. 둥글게 만든 익히지 않은 피자 반죽을 여러 번 주무르고 숙성해야 최고의 맛을 낼 수 있다. 덩어리를 찢어버리지 않고 얇은 판으로 바꾸는 것은 피자를 만드는 데 필수 기술이고 어떤 요리사들은 한 걸음 더 나아가 멋진 볼거리도 제공한다. 피자를 공중에 던지는 요리사는 회전으로 반죽 펴는 법을 터득한 사람들이다. 물리학이 귀찮은 일을 알아서 다 해줄 텐데 굳이 손가락으로 반죽을 누르고 주무를 필요가 있을까? 더군다나 공중을 날아다니는 원반은 마법과 같은 신비로운 분위기를 연출해준다.

피자 반죽 던지기는 이제 스포츠로 진화해 매년 세계 챔피언 대회가 열린다. 심지어 피자 판(들)을 온몸 주변으로 돌리는 '피자 곡예사'까지 등장했다. 이처럼 현란하게 움직인 반죽은 실제로 피자로 만들어지지는 않지만 어쨌든 인상적이다. 하지만 수많은 피자 요리사가 화려한 쇼를 위해서가 아니라 다른 사람의 식사를 준비하기 위해 피자 반죽을 돌린다. 여기에 회전은 어떤 작용을 하는 걸까?

최근 피자광인 친구들과 함께 무척이나 친절한 피자집을 찾았다. 그곳은 주방이 개방되어 있었다. 나는 피자 반죽을 돌리는 모습을 볼 수 있는지 물었다. 젊은 이탈리아 요리사들이 키득키득 웃었지만 잠시 후 한 명이 용감하게 나섰다. 그는 쑥스러워하면서도 자랑스럽게 밀가루 덩어리를 몇 번 두들기더니 판판하게 만들어 집어 올린 후 손목을 살짝 튕기며 공중으로 회전시켰다.

그다음 모든 일이 순식간에 벌어졌다. 반죽이 그의 손을 떠나자 외부에서 당기고 미는 힘이 갑자기 사라졌다. 반죽 테두리에 점 하나가 있다고 생각하면 이해하는 데 도움이 된다. 이 점이 원 모양으로 도는 이유는 점이 찍힌 부분과 결합되어 있는 나머지 반죽이 안으로 당기기 때문이다. 물체가 회전하려면 안으로 향하는 힘이 항상 필요하다. 경륜 선수의 경우 트랙이 계속 바깥에서 자전거를 밀기 때문에 선수가 직진으로 움직이지 않고 가운데를 향해 안으로 커브를 돈다. 피자 반죽의 경우 반죽 가운데에서 당기는 힘이 가운데를 중심으로 테두리가 커브를 돌게끔 만든다. 두 경우 모두 회전 가운데로 향하는 힘이 존재한다. 하지만 반죽은 부드럽고 신축성이 있다. 당기면 늘어난다. 반죽 가운데는 테두리를 안으로 당기지만 당기는 힘은 반죽 전체에 가해진다. 따라서 반죽은 늘어난다. 고체가 회전하면 고체 내부에 우리 눈에 보이지 않는 힘이 발생한다. 내부에서 당기는 힘은 피자 반죽을 하나의 덩어리로 유지하는 동시에 늘리기 때문에 테두리는 가운데에서 점점 멀어진다. 피자 요리사가 지닌 기술의 핵심은 내부에서 당기는 힘이 부드럽게 좌우대칭을 이루도록 하는 것이다. 피자 반죽이 고르게 회전하면 모든 부분이 중심에서 멀어진다.

우리는 이처럼 내부에서 당기는 힘을 직접 느낄 수 있다. 약간 무거운 물체가 든 가방을 땅과 수평으로 들고 몸을 회전하면 팔이 당겨지는 느낌이 든다. 안으로 당기는 힘은 가방을 계속 원으로 회전시킨다. 다행히도 팔은 피자보다 신축성이 떨어져 길이가 변하지 않는다. 하지만 팔이 길고 회전이 빠를수록 당기는 느낌이 강해진다.

피자 반죽이 공중에서 회전하면 테두리를 원으로 움직이게 하는 당기는 힘이 동시에 반죽을 점점 바깥으로 늘린다. 반죽이 공중에 있는 시간은 1초도 안 되지만 아래에 있을 때 두꺼운 팬케이크 같았던 반죽이 올라갔다 내려오면 얇고 부드러운 원반으로 변해 있다. 요리사는 반죽을 계속 돌리고 다시 공중으로 띄웠으나 이번에는 안으로 당기는 힘이 너무 세서 반죽 가운데가 찢어지는 바람에 처참한 누더기가 되었다. 요리사는 멋쩍게 웃었다. "이래서 평상시에는 잘 안 해요."라고 그는 말했다. "최고의 피자를 만들기 위한 반죽은 너무 부드러워서 돌릴 수 없어요. 그래서 바닥에 올려놓고 손으로 늘려야 해요."◆ 공중 곡예에 사용되는 도우는 특별한 조리법으로 만들기 때문에 신축성이 뛰어

◆ 피자 애호가마다 도우를 만드는 최고의 방법과 가장 훌륭한 도우의 모양에 관해 각자 뚜렷한 견해가 있을 것이다. 이 레스토랑에서 만든 피자는 내 입맛에 잘 맞았다. 요리사의 의견에 동의하지 않더라도 내게 편지를 보내지는 않길 바란다.

나고 튼튼하지만 식감이 그다지 좋지 않다. 반죽을 돌리면 가장자리를 안으로 당기는 힘은 중력보다 5~10배 강하기 때문에 그냥 위에서 떨어트릴 때보다 훨씬 빠르게 늘어난다.

피자 반죽이 회전하면서 내부에 숨겨진 힘에 의해 모양을 바꾸는 장면을 보면 즐겁다. 어떤 사물이든 회전하면 가운데에서 당기는 힘이 가장자리까지 전달된다. 여기저기 튀는 럭비공이나 원반도 마찬가지지만 단단한 고체기 때문에 늘어나지 않으려고 하므로 눈으로 볼 수 없다. 알아차리기엔 너무 조금 늘어나는 탓이다. 하지만 모든 물체는 아주 미세하게 늘어난다. 지구도 그렇다.

투석기로 장화를 날리다
회전력

지구는 계속 회전하며 태양 주위를 돈다. 피자 반죽과 마찬가지로 지구의 모든 부분은 안으로 당겨져 원으로 움직이고 이 힘에 의해 지구는 늘어난다. 우리 모두에게는 다행히도 지구는 중력 덕분에 피자 반죽처럼 처참한 결과를 맞지 않고 거의 구 모양을 유지한다. 하지만 지구의 '적도 융기'는 케이크를 많이 먹어 툭 튀어나온 배와 같다. 당신이 적도에 서면 당신과 지구 중심 사이의 거리는 북극에 서 있는 사람보다 21킬로미터 길다. 지구는 중력으로 구조를 유지하지만 회전에 의해 모양이 형성된다. 따라서 에베레스트산이 지구에서 가장 높더라도 에베레스트산 정상이 지구 중심에서 가장 멀지는 않다. 지구 중심에서 가장 먼 지점은 에콰도르에 있는 침보라소^{Chimborazo} 화산이다. 에베레스트산은 해수면 기준으로 높이가 8,848미터지만 침보라소산 정상은 6,168미터에 불과하다. 그렇지만 침보라소산은 적도 융기 바로 위에 있다. 따라서 당신이 침보라소산 정상에 간다면 고생스럽게 에베레스트산 정상까지 오른 사람보다 지구 중심에서 2킬로미터 남짓 더 높은 곳에 설 수 있다. 하지만 집으로 돌아와 이 사실을 다른 사람에게 알리더라도 당신을 대단하다고 생각하진 않을 것이다.

회전이 일으키는 힘은 두 가지 방식에서 유용하다. 피자처럼 경계에 갇히지 않고 회전하는 물체는 도는 동안 서로 떨어지지 않으려고 하면서 내부로 당기는 힘을 발생시킨다. 반면 경륜 선수처럼 벽과 같이 회전하는 물체를 안으로 미는 장애물이 있다면 그 물체에 중력처럼 느껴지는 힘을 강하고 일정하게 발생시킬 수 있다. 하지만 공통점은 안으로 미는 힘이나 당기는 힘이 어디에선가 생겨야 한다는 것이다. 안으로 향하는 힘이 다른 곳으로 사라진다면 물체는 원을 유지할 수 없다.

피자 반죽에서 보았듯이 고체만이 회전할 때 결합해 있을 수 있다. 액체와 기체는 결합해 있지 못한다.✦ 이러한 차이 덕분에 고체와 액체가 섞여 있더라도 분리할 수 있다. 회전 탈수기에서 드럼 안에 갇힌 옷은 드럼 벽에 의해 안으로 밀리면서 계속 원으로 움직인다. 하지만 옷

✦ 액체 방울이 아주 작아 표면장력으로 결합되어 있는 경우는 예외다. 하지만 방울 크기가 정말 작아야 한다.

에서 떨어져 나간 물은 한곳에 머무르지 않는다. 물은 자유롭게 움직일 수 있으므로 옷감에서 빠져나가 바깥으로 이동한다. 액체는 고체가 안으로 밀 때만 원으로 이동한다. 그러지 않고서는 가운데에서 점차 멀어지다가 드럼에 난 구멍에 도달하면 원을 완전히 벗어나 날아간다.

당신이 물체를 돌리다가 내버려둔다면 물체가 원을 그리도록 내부로 당기는 힘을 제공했다가 그 힘을 갑자기 없앤 것과 마찬가지다. 안으로 당기는 힘이 없다면 물체는 계속 원으로 움직일 이유가 없으므로 직선으로 움직인다. 중세 시대 유럽과 동지중해 기술자들은 이 원리를 이용해 암벽 요새를 효과적으로 공격할 수 있는 거대한 공성攻城병기를 개발해 전쟁에 혁명을 일으켰다. 나도 이 원리를 이용해 장화를 날려봤지만 뜻대로 안됐다.

박사 학위 심사 마지막 날 테이블 건너편 외부 심사관이 내 논문이 통과되었다고 알려주고는 오후 계획이 무엇이냐고 웃으며 물었다. 그는 분명 파티나 펍에서 술을 마실 거라는 대답을 기대했을 것이다. 케임브리지셔Cambridgeshire 교외까지 자전거를 타고 가서 오래된 트랙터 타이어를 빌려줄 농부를 찾아볼 거라는 대답은 전혀 생각지 못했을 것이다. 나는 폐기물을 재료로 장화를 날리는 기계를 만들고 있고 다음 주 안에 완성해야 한다고 설명했다. 심사관은 이마로 주름을 만들고 눈썹을 들썩이더니 내 얘기를 못 들었다는 듯이 구직 계획에 대해 물었다. 하지만 나는 진심이었다. 나는 장화 날리는 기계를 만드는 대회인 스크랩힙 챌린지Scrapheap Challenge에 참가할 계획이었고 우리 팀은 몇 안 되는 여성 팀이었다. 각 팀이 만든 기계는 매년 도싯에서 열리는 증기 차량·기계 박람회인 도싯 스팀 페어Dorset Steam Fair에서 시연될 예정이었다. 우리 팀원 세 명은 무일푼에다가 시간도 많지 않았기 때문에 구식이지만 효과적인 투석기가 유일한 선택이었다.

투석기는 몇 세기 동안 고대 중국, 비잔틴, 이슬람 왕조 그리고 마지막으로 서유럽 문명의 지식이 축적되어 개발된 매우 독창적인 장치다. 11~12세기 전성기에 이르자 투석기는 괴물 같은 힘으로 이전에는 절대 넘볼 수 없던 성들을 무너트렸다. 투석기는 100킬로그램의 돌을 수백 미터까지 날릴 수 있었다. 이 같은 공성 병기는 전략적으로는 유용했지만 나무와 흙으로만 만든 모트 앤드 베일리motte-and-bailey 성은 사라졌다. 단단한 암석만이 투석기의 공격을 효과적으로 방어할 수 있었기 때문에 암벽 요새가 일반화되었다.

우리 팀과 중세 전쟁광들이 투석기를 좋아한 이유는 같다. 단순한 구조지만 아주 효과적이기 때문이다. 우리는 주변 공사장에서 비계용 나무 기둥을 빌리고 학교 쓰레기장을 뒤져 발사체를 담을 끈을 찾았고 캐번디시 연구소Cavendish Laboratory 기술자들을 설득해 5미터 길이의 금속 기둥을 얻은 다음 모든 재료를 학교 운동장에 모아 작업을 준비했다. 그때까지 나는 거의 8년 동안 케임브리지 처칠 칼리지Churchill College에 살았기 때문에 학교 직원들은 내 기행에 익숙했다. 지금 생각하면 학생들이 아무리 바보 같은 실험을 하더라도 직원들은 즐거워하며 이해해주었고 그들의 배려에 매우 감사하다. 같은 주에 다른 학생은 운동장 반대편에서 테디 베어를 우주로 보내기 위해 성층권까지 올라가는 열기구를 시험하고 있었다.

투석기의 기본 구조는 지극히 단순하다. 우선 지면에서 2~3미터 떨어진 곳에 중심점이 있는 골격을 만든다. 그다음 거대한 시소처럼 긴 기둥을 올리되 한쪽이 다른 쪽보다 훨씬 길어야 한다. 그러면 'A' 자 골격 꼭대기에 긴 막대가 놓인 모습이 되고 막대의 긴 쪽이 지면에 닿는다. 막대 긴 쪽 끝에 발사체를 올려놓을 끈을 달고 늘어진 끈이 지면에 닿도록 한다. 우리가 처음으로 모든 재료를 조립한 날에는 날씨가 화창해 무엇이든 발사하기에 완벽했다.

하지만 문제가 발생했다. 투석기가 매력적인 이유는(돌이 당신에게 날아오지 않는다면) 시소와 발사체 끈이 중력에 의해 회전하기 때문이다. 무거운 물체를 시소의 짧은 쪽에 단 다음 아래로 당기면 시소가 빠르게 내려온다. 그러면 시소를 이루는 기둥 전체가 중심점을 중심으로 지면과 수직으로 원을 그리고, 발사체 끈 또한 기둥의 긴 쪽 끝을 중심으로 회전한다. 끈이 빠르게 회전하면 발사체는 끈이 안으로 당기면서 역시 회전한다. 조립까지는 순조로웠다. 하지만 투석기 전체를 움직일 만큼 무거운 물체를 찾을 수 없었다. 내가 기둥에 매달려 몸무게로 움직여보려 했지만 역부족이었다. 우리는 당황했다.

그날 밤 다른 친구들에게 고민을 토로했지만 친구들은 케이크를 더 먹어보라고 할 뿐이었다. 그때 한 명이 스쿠버다이빙 장비를 빌려주겠다고 말했다. 다음 날 10킬로그램에 달하는 다이빙 장비를 장착하고 다시 시도했다. 이번에는 완벽했다. 내가 중심점 아래에서 흔들렸고 시소가 위에서 흔들렸으며 끈이 그 위에서 흔들렸다. 모든 것이 회전하고 있었다. 이제 다음 단계로 넘어갈 수 있었다.

작은 고리로 고정된 끈은 가장 높은 곳으로 올라갈 때 고리가 풀려 분리된다. 즉, 발사체를 안으로 당겨 원으로 움직이게 한 힘이 사라진다. 그러면 상황은 바뀐다. 줄에 있던 발사체가 빠르게 앞쪽 위로 이동한다. 발사체는 안으로 향하는 힘에서 자유로워지면서 계속 직선으로 움직인다. 그 전까지 앞쪽 위를 향해 이동하고 있었으므로 계속 앞쪽 위로 움직인다. 하지만 회전 중심에서 바로 바깥으로 이동하지는 않는다. 회전하는 원 꼭대기에 수평으로 그린 선을 따라가듯 옆으로 향한다. 여기까지가 이론이었다. 우리는 신발 한 짝을 발사체 끈 위에 놓고 모든 준비를 마쳤다. 난 시소의 짧은 쪽에서 운동장 위로 떴다가 아래로 흔들리며 내려왔다. 시소 반대편이 솟아오르며 끈을 중심점 위로 끌어 올렸다. 기막힌 타이밍으로(처음으로!) 끈이 분리되었고 신발이 내 머리 위로 날아가 운동장으로 떨어졌다. 돌로는 결코 해보고 싶지 않았지만 신발로 투석기의 성능을 완벽하게 입증했다. 우리의 작품은 장화를 날릴 수 있었고 우리는 짧은 시간 동안 최선을 다했다. 몇 번 더 연습한 후 다음 날 대회에 참가하기 위해 골격을 분리했다.

도싯 스팀 페어에 도착하자 풍선처럼 한껏 부푼 자존심이 마치 바늘에 찔린 듯 쪼그라들었다. 중년 남성으로 구성된 다른 팀들은 수개월 동안 창고에만 틀어박혀 만든 화려하게 장식된 장화 던지기 기계를 가지고 왔다. 비계용 나무 몇 개와 버려진 카펫으로 며칠 만에 만든 우리 기계는 조악하고 초라했다. 하지만 우리는 태연한 척 조립을 시작했다. 대회 관계자들이(역시 중년 남성) 다가와 살펴보았다. 그중 한 명이 "여기가 흔들거리면 안 돼요."라고 말했다. "중세 전사들이 했던 것처럼 밧줄로 레버를 아래로 내려야 해요. 그래야 훨씬 잘될 거예요." 난 균형추가 투석기의 성공 요인이었다고 반박했으나 그는 듣지 않았다. 투석기가 11세기까지 강력한 공성 무기가 될 수 없었던 것은 사람들이 인력으로 돌을 던졌기 때문이다. 하지만 관계자들은 손에 주머니를 넣고 밧줄을 당기는 것이 훨씬 나을 거라고 말하며 열정은 넘치지만 경험이 모자란 우리 여자들은 자신들의 도움에 감사해야 한다는 태도를 보였다. 그리고 우리 팀이 끝내 굴복하고 조언을 따를 때까지 자리를 뜨지 않고 기다렸다. 하지만 논쟁할 시간이 없었다. 대회가 곧 시작되었다.

첫 번째 시합에서는 20분 안에 되도록 많은 장화를 약 25미터 떨어진 선 너머로 던져야 했다. 상위 다섯 팀이 다음 단계로 진입해 장화를 가장 멀리 던지는 경기에 참가할 수 있었다. 초시계가 작동하기 시작했다. 우리 세 명은 밧줄을 끌어당겨 시소를 내리고 투석기 끈을 내던졌다. 하지만 첫 번째 장화는 우리 머리 위를 겨우 지났다. 우리는 시소가 제대로 회전할 만큼 빠르게 당기지 못했다. 다시 해보았다. 또 해보았다. 약 1분이 흐른 뒤 나는 팀원들에게 이대로는 안 되겠으니 원래 계획대로 하자고 말했다. 다이빙 장치를 몸에 메고 발판으로 만든 작은 서류 캐비닛에서 뛰어내려 중심점 아래로 몸을 던졌다. 첫 번째 장화가 '휙' 하고 머리를 지나 선을 넘었다. 다음! 끈에 장화를 놓고 서류 캐비닛 위에 올라가 뛰어내리자 장화가 쉬익 날아갔다. 다음! 하지만 호루라기가 울렸다. 시간이 다 됐다. 장화 두 개만으로는 부족했다.

우리는 다음 단계로 가지 못했다. 중년 남성들이 우리를 위로했다. 다음에는 운이 따를 거라고. 나는 너무 화가 나서 우리에게 밧줄을 쓰라고 한 남자를 피해 다녔다. 우리가 옳았다! 비계와 카펫 그리고 멋진 물리학으로 이루어진 단순한 구조는 내가 말한 그대로 작동했다. 우리는 창고에서 아름답고 섬세하게 치장된 경쟁자들과 싸울 수 있었다! 하지만 계획을 마지막 순간에 바꾸는 바람에 실패하고 말았다.◆ 경쟁 팀 대부분은 우리보다 효율성이 훨씬 떨어졌다. 그들 작품은 겉모습은 화려했지만 우리는 물리학적 효율성과 단순함에서 앞섰다.

우리의 투석기는 완전한 성공은 거두지 못했지만 800년 전 투석기는 전쟁에 혁명을 일으켰다. 무거운 돌을 아주 정확히 던짐으로써 원하는 성벽이 무너질 때까지 계속 공격할 수 있었다. 약 2세기 동안 투석기는 크기가 계속 커지고 성능이 향상되어 '신의 투석기'God's stone thrower, '전쟁 늑대'Warwolf 같은 이름으로 불렸다. 한 대를 만들기 위해 엄청난 양의 목재가 사용되었지만 몇 분마다 적을 향해 150킬로그램에 달하는 바위를 던질 수 있으므로 충분한 가치가 있었다. 끈에 달린 돌이 축을 중심으로 회전하면 순식간에 속도가 매우 빨라진다. 목적은 회전을 유지하는 것이 아니다. 회전은 그저 속도를 높이기 위한 수단이다. 발사체가 충분히 빨라지면 원하는 방향에서 내부로 향하는 힘을 제거한다. 그러면 발사체는 힘에서 벗어날 때의 방향으로 발사되어 날아간다. 화약이 더 이상 골칫거리가 아니라 안정적인 무기로

◆ 10년 내내 화가 풀리지 않았냐고? 절대 아니다. 어떻게 그런 오해를 할 수 있지?

사용되기 전까지 투석기는 가장 효율적인 무기였다.

스푸트니크와 식빵, 발레리나의 회전
각운동량보존의 법칙

많은 물체가 회전하고 있다. 예를 들어 바로 지금 나와 당신은 회전하고 있다. 지구가 엄청나게 크기 때문에 방향이 바뀌는 속도가 느려 느끼지는 못하지만 우리는 하루에 한 번씩 지구의 축을 중심으로 돈다. 우리가 적도에 있다면 측면 속도는 시속 1,670킬로미터가 된다. 내가 이 책을 쓰고 있는 곳인 런던은 회전축에 더 가깝기 때문에 나는 시속 1,040킬로미터로 움직이고 있다. 하지만 회전하는 표면 위에 있는 물체가 고정되어 있지 않으면 직선으로 움직여야 한다. 우리 모두가 회전하는 거대한 행성 위에 살고 있다면 어떻게 계속 지표면 위에 있을 수 있을까? 그 답은 안으로 당기는 지구의 중력이 우리를 놓치지 않기 때문이다. 사실 당신이 우주 궤도에 있더라도 지구는 당신을 놓아주지 않는다. 우주여행을 떠난다면 지구의 자전으로 발생한 속도를 편리하게 활용할 수 있다.

1957년 10월 4일 스푸트니크^{Sputnik}라고 불리는 작은 금속 공이 우주 시대의 개막을 알렸고 전 세계는 입을 벌린 채 귀를 기울였다. 지구의 첫 인공위성은 엄청난 기술 진보였다. 스푸트니크는 96분마다 지구 궤도를 돌았고 단파수신기를 가진 사람이라면 스푸트니크가 지나갈 때 내는 '빕… 빕… 빕…' 소리를 들을 수 있었다. 미국인들은 그날

아침까지만 해도 세계에서 가장 위대한 국가에 살고 있다는 생각에 행복해하며 눈을 떴다. 하지만 잠잘 시간이 되었을 때는 그렇지 않을 수도 있다는 생각에 충격에 휩싸였다. 1년도 지나지 않아 소비에트연방은 더 큰 인공위성인 스푸트니크 2호에 라이카Laika라는 이름의 개를 실어 발사했다. 당황한 미국인들은 어떤 것도 우주로 보내지 않았지만 항공우주국National Aeronautics and Administration, NASA을 설립했다. 우주 개발 경쟁이 본격적으로 시작되었다.

그렇다면 스푸트니크의 진정한 성과는 무엇일까? 우주로 올라간 것만은 아니다. 행성같이 큰 물체는 '오르막이 있으면 내리막이 있다'는 원칙을 지켜야 한다. 궤도로 위성을 보내는 작업은 물체를 위로 올리는 일부터 시작하지만 핵심 기술은 내려오는 것을 되도록 늦추는 일이다. 스푸트니크는 지구의 중력을 벗어나지 않았다. 그것은 중요한 문제가 아니었다. 더글러스 애덤스Douglas Adams는 궤도 우주선에 대해서는 아니지만 우주에서 나는 법을 완벽하고 정확하게 요약했다. "요령은 몸을 땅을 향해 던지고 빗나가는 것이다." 스푸트니크는 계속 지구를 향해 떨어졌다. 그리고 계속 빗나갔다.

스푸트니크는 현재 거대한 우주 발사 시설인 바이코누르 우주기지Baikonur Cosmodrome가 들어선 카자흐스탄 사막에서 발사되었다. 스푸트니크를 실은 로켓이 대기의 가장 두꺼운 부분으로 치솟은 다음 옆으로 틀며 지구 곡선과 수평으로 가속을 냈다. 로켓의 마지막 부품이 분해되었을 때 스푸트니크는 지구 주변을 초속 8.1킬로미터, 시속 약 2만 9,000킬로미터로 움직였다. 궤도 진입에서 중요한 단계는 위로 가는 것이 아니라 옆으로 가는 것이다.

작은 금속 공은 중력에서 벗어나지 않았다. 사실 지구와 멀어지지 않고 궤도를 유지하며 이동하려면 중력이 필요하다. 위성이 놀라운 속도로 도는 동안 지구는 지표면 위 중력과 거의 같은 힘으로 위성을 끌어내렸다.◆ 하지만 스푸트니크는 옆으로 가는 속도가 매우 빠르기 때문에 지구를 향해 약간 떨어짐과 동시에 앞으로 나아가므로 아래에 있는 지표면은 곡선으로 멀어진다. 위성은 아래로 떨어지지만 지표면은 곡선이어서 거리가 멀어진다. 따라서 궤도에서 우아하게 균형을 이룰 수 있다. 옆으로 빠르게 움직이는 탓에 땅으로 향하더라도 빗나간다. 공기의 저항이 거의 없어서 계속 떨어지고 빗나가기를 반복하며 원을 그린다.

로켓이 궤도로 진입하려면 빠른 속도로 옆으로 움직여 균형에 도달해야 한다. 카자흐스탄은 하루에 한 번씩 지구의 축을 돌기 때문에 측면 속도가 이미 높다. 자전축에서 멀어질수록 측면 속도가 빠르다. 따라서 적도와 가까운 곳에서 로켓을 발사할수록 유리하다. 저궤도로 진입하려면 속도가 초속 약 8킬로미터는 되어야 한다. 카자흐스탄은 초속 약 400미터(시속 약 1,400킬로미터)로 회전한다. 그러므로 지구가 돌 때 카자흐스탄에서 동쪽으로 로켓을 발사하면 북극에서 발사할 때보다 약 5퍼센트 유리하다.

◆ 스푸트니크는 타원형 궤도로 돌기 때문에 지구 지표면까지 거리가 223~950킬로미터 사이였다. 따라서 지구가 당기는 힘은 지표면 위 중력의 93퍼센트에서 76퍼센트 사이였다.

회전 탈수기에서 드럼 벽은 옷을 안으로 밀어 탈출하지 못하게 한다. 경륜장에서는 아찔하게 가파른 트랙이 나를 안으로 밀었다. 그리고 '빕빕' 소리를 내며 인간에게 처음으로 우주를 보여준 작은 스푸트니크를 안으로 당긴 것은 중력이었다. 물체가 회전하려면 회전 가운데로 당기거나 미는 힘이 항상 작용해야 한다. 회전 탈수기 안의 옷과 스푸트니크는 이 힘이 사라지면 직선으로 움직일 것이다.

그러므로 중력은 우리 머리 위로 수백 킬로미터 떨어진 곳에서도 중요하다. 하지만 분명 우주에서는 무중력 상태가 된다. 무중력 상태에서는 몸이 둥둥 떠다니고 물을 먹다 흘리면 물방울이 며칠 동안 공기 중에 떠다니지 않는가? 현재 국제우주정거장International Space Station이 우리 머리 위에서 궤도를 돌고 있다. 초대형 과학 시설에 탑승한 우주인들은 자신들이 특별한 임무를 맡고 우주를 날고 있다고 자랑스럽게 말하겠지만 나는 부럽지 않다. 6개월 동안 우주에서 나는 게 아니라 떨어지는 것이라면 그다지 신나지 않을 것이다. 하지만 우주인들은 나는 것이 아니라 아래로 떨어지는 것이다. 스푸트니크는 계속 지구 표면을 향해 떨어지다가 목표점에서 빗나갔고 우주선과 우주정거장도 마찬가지다.

우리는 자유낙하하는 동안 그 무엇도 우리를 밀어내지 않기 때문에 중력을 느끼지 못한다. 우주인들은 밀어내는 어떠한 힘도 느끼지 않기 때문에 중력을 느끼지 못한다. 이는 마치 승강기가 아래로 출발할 때 순간적으로 몸이 가벼워지는 것과 비슷하다. 승강기 바닥이 방금 전처럼 우리를 강하게 밀어내지 않기 때문이다. 승강기가 깊은 승강기 통로에서 최대한 빠르게 추락한다면 무중력 상태를 느낄 수 있다. 궤도에서 우리는 중력에서 벗어나지 않는다. 중력을 무시할 방법을 찾았을 뿐이다. 하지만 느끼지는 못하더라도 우주선에서 중력은 여전히 존재하고 중력의 안으로 당기는 힘 때문에 지구 주변을 돈다.

회전은 여러 곳에서 유용하지만 성가실 때도 있다. 예를 들어 왜 식빵을 떨어트리면 꼭 버터를 바른 쪽이 바닥에 닿을까? 당신이 토스터에서 뜨거운 식빵을 막 꺼내 버터를 바르면 버터가 녹기 시작한다. 하지만 찻잔으로 손을 뻗으면서 식탁 가장자리에 튀어나온 식빵을 건드리고 말았을 때 빵은 가장자리에서 기울어졌고 당신은 앞면이 바닥에 닿을 것을 이미 안다. 맛있게 녹은 버터는 이제 바닥을 장식하고 있다. 치우려니 귀찮을 뿐 아니라 우주가 내게 무언가에 대한 앙갚음을 하느라 이런 일이 벌어졌다고 생각하면 더욱 화가 난다. 왜 항상 바닥을 가장 더럽히는 쪽으로 떨어질까? 왜 같은 방향으로만 뒤집힐까?

이것은 실제 상황이다. 많은 사람이 식빵을 여러 번 떨어트려 실험했고 실제로 버터를 바른 쪽이 바르지 않은 쪽보다 바닥에 닿는 횟수가 훨씬 많았다. 떨어지는 과정에 따라 달라지기도 하지만 일반적으로 버터를 바른 쪽으로 떨어지는 것이 세상 이치기 때문에 우리로서는 어쩔 도리가 없다. 버터 때문에 생긴 무게는 상관없다. 버터 대부분은 식빵 중간까지 흡수되고 그렇지 않더라도 버터의 무게는 빵 전체 질량에 비해 매우 작다.

첫 번째 질문은 '왜 뒤집어지는가?'다. 식빵은 우리가 볼 새도 없이 빨리 떨어진다(보고 있었다면 떨어지는 모습을 보려고 일부러 식탁에서 떨어트리진 않았을 것이다). 기꺼이 식빵을 버릴 용의가 있다면◆ 또는 식빵 크기의 식탁 매트나 책을 떨어트리면 뒤집히는 장면을 볼 수 있다. 희생될 식빵을 식탁 가장자리 바로 앞에 평평하게 놓은 다음 벼랑 끝으로 밀어보자. 식빵이 식탁에 반쯤 걸쳐 있을 때 두 가지 일이 일어난다. 첫째, 식빵이 식탁 가장자리에서 시소처럼 기울어진다. 둘째, 더 이상 밀지 않아도 바깥쪽으로 점점 더 내려가기 시작한다. 이제 식빵은 알아서 내려간다. 떨어지다가 회전하고 바닥에 부딪힌다.

회전은 식빵이 식탁에서 반 정도 떨어졌을 때 시작된다. 이 모든 과정의 열쇠는 식빵이 식탁에서 떨어진 순간 처음으로 식빵에서 식탁에 닿은 부분이 닿지 않은 부분보다 적어진다는 것이다. 이제 중력이 식빵 전체를 당긴다. 식탁은 식빵을 위로 밀지만 공기는 그럴 수 없다. 시소처럼 균형이 중요하다. 식빵이 반 정도 밀렸을 때 식탁 바깥으로 나온 부분을 당기는 중력의 힘은 아직 식탁이 식빵 반대쪽을 아슬아슬하게 들어 올리는 정도다. 물리학자들은 이 절반 정도의 지점을 '무게중심'이라고 하고 시소는 무게중심에서 완벽하게 균형을 이룬다.

식빵이 떨어지고 있다는 것을 알았을 때는 조치를 취하기에 늦었다. 식빵이 식탁에서 미끄러지면 고정된 시간 동안 바닥으로 떨어진다. 식탁의 높이가 75센티미터면 바닥까지 닿는 데 0.5초도 채 안 걸

◆ 집안의 평화를 지키고 싶다면 이 실험에서 버터는 바르지 않는 것이 좋다. 실제 상황을 똑같이 재현하겠다고 고집한다면 식빵이 떨어질 위치에 신문지를 깔자. 요즘 세상에 신문지를 찾기가 힘들다면 무엇이든 깔도록 하자. 하지만 최신 태블릿 컴퓨터는 신문의 바닥 보호 기능을 결코 대신할 수 없다.

린다. 하지만 회전이 시작되면 회전을 멈출 이유가 없으므로 식빵은 떨어지면서 계속 회전한다.[*] 중력은 항상 같고 식탁은 높이가 거의 비슷하므로 식빵의 회전 속도는 일정하다. 0.4초 동안 180도 회전한다. 버터가 발린 쪽이 위를 향했으므로 바닥에서는 아래로 향한다. 물리는 항상 변하지 않기 때문에 결과 역시 항상 같다.

식빵은 버터가 발린 쪽이 바닥에 닿게 떨어진다. 재미있게도 결과를 바꿀 수 있는 한 가지 방법이 있지만[**] 의도하지 않은 결과를 감수해야 한다. 식빵을 건드린 것을 깨닫고 쳐다보았을 때 식빵이 식탁 가장자리에서 기울어지기 시작했다면 물리학 법칙에 따라 식빵 옆을 치면 도움이 된다. 식빵은 다른 쪽으로 떨어지긴 하지만 식탁 가장자리에서 회전하는 시간이 적었기 때문에 떨어질 때 회전 속도가 빠르지 않아 땅에 닿기 전까지 뒤집어지지 못한다. 그러므로 버터를 바른 부분이 위를 향할 가능성이 꽤 높아진다. 하지만 소파 아래나 강아지 등 위에 떨어질 가능성도 높다.

식빵은 두 가지 요소 때문에 회전한다. 첫째는 한쪽이 내려가기 시작하는 중심점, 둘째는 중심점을 주변으로 식빵을 당기는 힘이다. 식빵을 당기는 힘은 직선 아래로만 향하고 식빵을 원으로 당기지 않아

◆ 투석기 안의 장화는 투석기와 분리되면 회전을 멈추고 직선으로 움직이는데 식빵은 계속 도는 것이 이상할 수도 있다. 식빵은 내부 힘에 의해 결합해 있는 하나의 물체고 하나의 물체는 각 운동량이 일정하게 보존되어야 한다. 물체의 일부분이 다른 부분에서 분리된다면(예를 들어 한쪽에서 떨어져 나온 빵 부스러기) 그 부분은 직선으로 움직일 것이다.

◆◆ 식빵을 성냥갑만 하게 자르거나 아주 낮은 탁자에 올려놓는 것이 아닌 다른 방법이다.

도 상관없다. 이 힘이 식빵을 움직이기에 충분하면(즉, 무게중심이 식탁 위가 아닌 식탁에서 튀어나온 부분에 있으면) 잠깐이라도 중심점 주변에서 식빵을 당기기만 하면 된다. 물체는 회전을 시작하면 무언가가 회전을 멈출 때까지 계속 돈다.

서문에서 언급한 계란의 회전도 같은 원칙이다. 원반, 동전, 럭비공, 팽이처럼 자유롭게 회전하는 물체는 계속 운동한다. 그러므로 손가락으로 튕겨 올린 동전이 손으로 잡기 전에 어느 순간 회전을 그만둔다면 이상할 것이다.[*] 회전하는 모든 물체는 회전량을 회전각으로 측정한다. 마찰이나 공기저항처럼 무언가에 의해 속도가 느려지지 않으면 물체는 영원히 회전한다. 이것이 각운동량보존의 법칙이다. 회전하는 물체는 멈춰야 할 사건이 발생하지 않는 한 회전을 계속한다.

어렸을 때 나는 어지러운 느낌을 몸속에 있는 장난감처럼 여겼다. 심심할 때 친구들과 누가 한자리에서 제일 오래 회전하는지 내기를 하면 재미있게도 모두 멈추자마자 쓰러졌다. 회전은 잠시 방향감각을 잃게 해 주위 사람에게 즐거움을 줄 뿐 많은 문제를 일으키는 것 같지 않았다. 어른이라도 이런 놀이를 즐겨 한다면 회전에 대해 더 잘 이해할 수 있을 텐데 그러지 않아 안타깝다. 어지러운 느낌은 귓속에서 일어나는 현상 때문이고 이 현상은 눈에는 보이지 않지만 뇌는 분명하게 인지한다.

◆ 손가락으로 동전을 위로 튕기면 물체의 전반적인 운동과 회전이 독립적임을 알 수 있다. 동전은 회전하든 안 하든 호를 그리며 움직일 것이다. 하지만 제대로 튕기면 동전은 위로 가는 속도를 얻을 뿐 아니라 회전을 할 것이다. 회전과 무게중심의 운동은 서로 간섭하지 않는다.

서문에서 말한 날계란과 삶은 계란의 회전에 대해 다시 이야기해 보자. 껍질을 까지 않은 날계란과 삶은 계란을 옆으로 누인 다음 굴린 다. 두 계란이 몇 초 동안 회전하면 윗부분에 손가락을 대서 회전을 갑자기 정지시킨다. 계란이 멈추면 손가락을 뗀다. 그러면 한 계란이 다시 회전하기 시작한다. 고체인 삶은 계란은 껍데기를 손가락으로 멈추면 회전을 완전히 멈춘다. 계란과 껍데기가 함께 움직여야 하기 때문이다. 하지만 날계란의 회전을 손가락으로 멈추면 껍질만 회전을 멈춘다. 안에 있는 액체는 껍질과 결합되어 있지 않기 때문에 회전을 멈출 이유가 없으므로 계속 회전한다. 따라서 액체는 껍질이 다시 회전할 때까지 껍질을 민다.

우리가 회전할 때는 다행히도 우리 몸 대부분은 삶은 계란과 같다. 모든 부분이 함께 움직여야 한다. 따라서 회전을 멈추면 뇌, 코, 귀가 모두 멈춘다. 하지만 내이_{內耳}는 그렇지 않다. 양쪽 귀에는 반원 형태의 작은 관이 있고 여기에는 날계란과 행동이 비슷한 액체가 채워져 있다. 이 액체는 액체가 담긴 물체와 결합해 있지 않으므로 같이 움직이지 않는다. 이러한 원리로 우리의 신체는 우리가 어디 있는지를 감지한다. 미세한 털이 액체의 움직임을 인식하고 뇌는 그 정보를 우리가 눈으로 본 것과 연결한다. 우리가 머리를 돌리면 곡선으로 된 관 안의 액체가 처음에는 머리 속도만큼 빠르게 회전하지 않고 흐르던 대로 계속 흐른다. 하지만 한참 회전하면 액체 역시 회전하기 시작한다. 몇 초 뒤 액체가 속도를 따라잡으면 관과 일정하게 회전하며 움직임이 동일해진다. 우리가 갑자기 회전을 멈추면 액체는 멈추지 않는다. 날

계란처럼 액체가 담긴 관은 멈추었지만 액체는 계속 움직인다. 따라서 귓속은 뇌에 우리가 움직인다고 알려주지만 우리 눈은 뇌에 우리가 움직이지 않는다고 알려준다. 뇌가 진실을 밝히려고 할 때 우리는 어지러움을 느낀다. 마침내 내 이 안의 액체가 관처럼 회전을 멈추면 어지러움도 사라진다. 그래서 발레리나는 얼굴을 한 방향으로 고정한 채 몸을 회전한 후 머리를 몸이 있는 방향으로 빠르게 돌린다. 빠르게 정지했다가 다시 움직이면 귓속 액체가 회전하지 않기 때문에 몸을 멈추었을 때 어지러움을 느끼지 않을 수 있다.

각운동량보존의 법칙에는 두 가지 중요한 측면이 있다. 첫째, 회전하지 않는 물체가 회전하려면 힘이 가해져야 한다. 스스로는 회전을 시작할 수 없다. 둘째, 이미 회전하고 있는 물체는 멈추는 힘을 받지 않는 이상 회전을 계속한다. 일상에서 회전 속도를 늦추는 힘은 주로 마찰이다. 마찰 때문에 팽이가 멈추고 회전하던 동전이 속도를 늦추다 쓰러진다. 하지만 마찰이 없다면 물체는 계속 회전한다. 그래서 지구에 계절이 존재한다.

잉글랜드 북부에 나타나는 계절의 리듬은 그리운 고향의 기억을 떠올리게 한다. 뜨거운 여름에는 브리지워터 운하^{Bridgewater Canal}를 따라 한참을 걷고 가을 보슬비가 내리면 하키 경기가 열리고 서리가 생기는 추운 날에는 폴란드식 크리스마스이브 만찬을 즐긴 후 집으로 돌아가고 봄에는 따뜻한 날이 계속 이어지기를 기대했다. 계절의 변화를 느끼는 것은 큰 즐거움이었다. 캘리포니아에 사는 동안 힘들었던 일 중 하나는 이런 리듬이 없다는 것이다. 마치 시간이 움직이지 않는 것 같아 불안했다. 요즘 나는 계절의 변화를 무척 강하게 느끼고 있다. 첨단 사회에 살더라도 동물, 공기, 식물, 하늘처럼 계절을 알리는 신호를 통해 한 해의 주기를 알고 싶다. 이 같은 풍요로운 삶의 바탕에는 회전 물체는 방해받지 않으면 회전을 멈추지 않는다는 물리학 법칙이 있다.

회전에는 방향이 있다. 모든 물체는 회전할 때 축을 중심으로 돈다. 우리는 지구의 축을 남극에서 북극으로 이어지고 끝은 우주를 향하는 선으로 상상한다. 하지만 과거(특히 거대한 융합이 일어나 달이 탄생했을 때) 태양계 잔여물과 강하게 충돌해 회전하는 지구의 맨 꼭대기는 태양계와 수직을 이루지 않는다. 태양이 가운데 있고 행성들이 주변을 도는 판판한 평면의 형태인 태양계를 위에서 내려다본다고 상상해 보자. 지구의 축은 살짝 왼쪽을 향한다. 축이 기울어져 있으므로 지구는 기울어진 각으로 회전해야 한다. 따라서 우리가 볼 때 지구가 태양의 왼쪽에 있다면 축의 북쪽 끝은 태양 반대편 우주를 향한다. 하지만 6개월 후 지구가 태양의 오른쪽에 있으면 축의 북쪽 끝은 여전히 왼쪽으로 기울어져 있으므로 태양이 있는 쪽을 향한다. 지구의 회전축은 태양을 돌면서 방향을 바꾸지 않는다. 어떠한 물체도 지구를 밀지 않으므로 움직이던 대로 계속 움직인다. 하지만 북극은 지구의 궤도 위치에 따라 투입되는 태양광의 양이 달라진다. 이 때문에 계절의 주기가 생겨난다.* 밤과 낮이 있는 이유는 지구가 자전하기 때문이고 계절이 있는 이유는 자전축이 기울어져 있기 때문이다.**

에너지 저장고 플라이휠
회전과 첨단 기술

회전은 다양한 방식으로 우리 삶을 구성한다. 우리가 미래에 더 자주 접하게 될 플라이휠 역시 회전에 의해 작동한다. 물체는 회전하면 더 많은 에너지를 갖는다. 따라서 회전하는 물체가 계속 회전한다면 에너지 저장고 역할을 할 수 있다. 회전하는 물체의 회전 속도를 낮춰 에너지를 얻는다면 그 물체는 기계식 배터리가 된다. 플라이휠의 원리는 새로운 기술이 아니라 몇 세기 동안 사용되어왔다. 하지만 앞으로 플라이휠은 효율적인 첨단 장비로 재탄생해 어려운 문제를 해결해줄 것이다.

에너지망의 가장 어려운 문제 중 하나는 짧은 시간에 수요와 공급을 맞추는 것이다. 모든 사람이 같은 시간에 저녁을 요리하면 전국의 에너지 사용량은 약 한 시간 동안 증가했다가 떨어질 것이다. 이상적인 방법은 시스템을 감시하는 사람이 사용률이 급증할 때 필요한 만큼 에너지를 투입하는 것이다. 하지만 에너지가 나오는 화력발전소는 가동을 시작하고 멈추는 데 몇 시간이 걸린다. 또한 에너지가 발생하는 속도와 타이밍을 통제하기가 어렵다. 여러 재생에너지가 가진 문

◆ 기본적인 개념으로 실제 중력은 이보다 복잡하다. 자세한 내용을 알고 싶다면 밀란코비치 Milankovich 주기를 참고하라.

◆◆ 지구는 생성되었을 때부터 계속 자전했지만 달이 당기는 힘이 매우 약한 제동을 걸어 속도가 미세하게 낮아졌다. 변화는 아주 작지만 100년이 지날 때마다 지구의 하루는 약 1.4밀리세컨드 길어진다. 이를 반영하기 위해 몇 년에 한 번씩 윤초를 설정한다.

제 중 하나는 에너지가 발생하는 시기를 정할 수 없다는 것이다. 햇빛이 있을 때 건초를 만드는 건(에너지를 저장하는 건) 쉽지만 필요할 때 햇빛이 없다면 어떻게 해야 할까?

남아도는 에너지를 배터리에 저장하고 필요할 때 쓰면 된다고 말할 수도 있다. 하지만 전기 배터리는 그럴 수 없다. 전기 배터리는 제조비가 많이 들고 상대적으로 구하기 힘든 금속을 재료를 사용하며 충전과 방전 횟수가 한정적이고 에너지를 빠르게 저장하고 방출하지 못한다. 따라서 지난 몇 년 동안 여러 플라이휠 프로젝트가 실시되었다. 이 기술은 최소한 어느 정도 효과적인 해결책을 제공할 것으로 보인다. 무거운 회전 원반 또는 실린더 형태인 플라이휠은 마찰을 최소화한 베어링이 장착되어 있다. 회전이 시작되면 멈추지 않는다. 에너지 종류 중에는 회전 에너지가 있으므로 회전을 통해 에너지를 저장할 수 있다. 에너지망의 잉여 에너지를 사용해 플라이휠을 돌리면 플라이휠은 회전을 계속하고 그 에너지는 보존된다. 보존된 에너지를 다시 쓰고 싶다면 플라이휠 속도를 낮추어 전기에너지로 바꾼다. 플라이휠은 충전과 방전 횟수에 제한이 없고 빠르게 에너지를 방출할 수 있다. 상실하는 에너지는 처음 에너지양의 10퍼센트밖에 되지 않고 유지, 보수가 거의 필요 없다. 게다가 용도에 맞게 설계할 수 있다. 지붕의 태양광 전지판에 맞춰 작게 만들 수도 있고 에너지망 전체 크기로 만들어 에너지 사용 급증에 대응할 수도 있다. 소형 이동식 플라이휠을 하이브리드 버스에 장착해 버스가 브레이크를 밟을 때 에너지를 저장하고 다시 속도를 올릴 때 바퀴에 에너지를 공급할 수 있다. 플라이휠이 매력적인 이유는 각운동량보존이라는 단순한 아이디어를 바탕으로 하기 때문이다. 계란과 팽이 그리고 찻잔 속에서 소용돌이 치는 차 모두 같은 원리로 움직인다. 하지만 플라이휠은 효율적인 최신 기술을 써서 실용적인 해결책을 제시한다. 이 기술은 아직 초기 단계지만 앞으로는 회전하는 플라이휠을 자주 볼 수 있을 것이다.

STORM IN A TEACUP

제8장

반대편끼리
끌어당길 때

전자기

TELEVISION

CRT

ELECTROMAGNETISM

N
S

LAW OF ENERGY CONSERVATION

HIGGS BOSON

내용물을 스스로 정리하는 가방은 공상같이 느껴질 것이다. 하지만 생각처럼 불가능한 일만은 아닐 수도 있다. 작년 어느 날 런던의 과학박물관Science Museum에서 귀여운 공 모양의 냉장고 자석을 샀다(몇 개는 친구에게 주고 몇 개는 내가 가질 생각이었다. 과학 장난감이란 원래 그렇지 않은가?). 자석을 산 후 커피숍에서 코코아를 마시며 몇 분 동안 새로 산 장난감을 가지고 놀다가 여행용 가방 맨 위에 있던 스웨터 사이에 끼워 넣었다. 이틀 후 콘월Cornwall에서 나는 한동안 자석을 보지 못했다는 사실을 깨닫고 가방을 뒤졌다. 자석은 가방 바닥에 있었고 동전 일곱 개, 클립 두 개, 금속 단추가 달라붙어 몸집이 불어 있었다. 나는 큰 가방 속을 정리하는 새로운 방법을 찾았다며 기뻐했지만 이 새로운 게임에 합류하지 않은 수많은 동전이 발견되었다. 자석에 붙은 동전과 붙지 않은 동전을 분류했다. 10페니 동전 중 어떤 것은 붙고 어떤 것은 붙지 않았다. 20페니보다 단위가 큰 동전은 붙지 않았다. 1페니와 2페니 동전 대부분은 붙었지만 1992년 이전에 주조된 동전은 붙지 않았다.

자석은 무척 까다롭다. 플라스틱, 도자기, 물, 나무, 생물 등 대부분의 물질은 전혀 끌어당기지 않는다. 하지만 철, 니켈, 코발트의 경우는 이야기가 다르다. 이 물질들은 자유롭게 움직일 수 있다면 자석을 향해 달려든다. 이상한 생각이지만 철이 세상에서 가장 흔한 물질이 아니었다면 우리는 일상생활에서 자성을 발견하지 못했을 것이다. 철이 지구 질량의 35퍼센트를 차지하고 강철(주재료를 철로 하고 다른 몇 개의 물질을 섞은 것)은 현대사회 기반 시설의 필수 재료다. 냉장고 문을 강철로 만들지 않았다면 냉장고 자석은 결코 존재하지 않았을 것이다. 하지만 강철은 어디에나 있기 때문에 자성은 흔하게 볼 수 있다.

내 가방에 있던 자석은 동전을 구성 재료에 따라 분류했다. 현재 1페니와 2페니 동전은 강철 표면에 구리를 얇게 입혀 만든다. 1992년 전에는 97퍼센트가 구리였다. 옛날 페니와 새로운 페니는 겉모습은 거의 같지만 자석은 눈에 보이지 않은 내부 물질에 반응했다.◆ 은색의 20페니 동전은 예상과 달리 대부분 구리로 이루어져 있기 때문에 자석에

◆ 새 페니는 약간 두껍게 만들어 옛날 페니와 무게를 맞추었다(강철은 같은 양의 구리보다 차지하는 공간이 약간 많다). 따라서 물질마다 질량당 차지하는 공간이 다르지만 조폐국이 동전의 재료를 바꾸더라도 자동판매기를 교체하지는 않아도 된다. 자동판매기는 동전 종류에 따른 무게뿐 아니라 자성도 식별한다.

붙지 않는다. 옛날 10페니 동전도 마찬가지로 붙지 않지만 2012년부터는 강철에 니켈을 입혀 만들었다. 자석에 붙는 모든 물체는 주로 철로 만든 것이었다.

자석은 '힘의 장'인 자기장으로 둘러싸인다. 따라서 자석 자체가 다른 물체와 접촉하지 않더라도 주변 부분이 그 물체를 밀고 당길 수 있다. 이상해 보이지만 세상 법칙에 따른 것이다. 자기장의 문제는 우리 눈에 보이지 않고 평상시에는 느끼기 힘들며 상상하기가 어렵다는 것이다. 하지만 자기장의 효과는 눈에 보이기 때문에 상상하는 데 도움이 된다. 또한 모든 자석의 가장 중요한 특징은 뚜렷이 구별되는 두 개의 극인 N극과 S극이 있다는 점이다.

자석의 N극은 다른 자석의 S극을 당기지만 두 개의 N극은 반발한다. 내 가방 속 동전들은 처음에는 자성이 없었지만 자석들은 동전을 끌어당기기 위해 기발한 전략을 썼다. 새 1페니 동전 안에 있는 철은 각 부분의 자기장이 서로 다른 방향을 향한다. 이 부분들은 자기장 구역을 뜻하는 '자구'라고 불리고 각 자구 안에 있는 자기장들은 모두 일렬로 정렬되어 있다. 자구마다 각자의 자기장이 있지만 모든 자구는 N극이 서로 다른 방향을 향하고 있어 전체 효과는 상쇄된다. 내가 동전 하나를 자석에 가까이 대면 자석에서 나오는 강력한 자기장이 동전 안 모든 자구에 빠르게 힘을 가한다. 원자들은 움직이지 않지만 자기장이 흔들리면서 N극이 자석의 N극과 멀어진다. 그 결과 동전 자구의 모든 S극이 자석과 가장 가깝게 정렬된다. 자석은 서로 다른 극끼리 당기기 때문에 동전의 S극은 자석의 N극에 끌려 동전이 자석에 붙는다. 내가 자석에서 동전을 떼는 순간 모든 자구는 다시 불규칙한 상태로 돌아간다.

인간은 이 신기한 현상을 여러 방식으로 활용하는 법을 터득했고 이제 자석은 삶 곳곳에 스며들었다. 동전, 클립, 냉장고 자석처럼 일상적인 물건과 관련될 뿐 아니라 세상에 동력을 제공하는 데도 빼놓을 수 없는 요소다. 전력망에 전기를 공급하는 모든 장치의 핵심은 자석이다. 하지만 자석은 홀로 전기를 생산할 수 없으며 자성은 전체 그림의 절반일 뿐이다. 이제 더 이상 의식하지 못할 정도로 현대사회의 필수품이 된 전기는 자석과 매우 근본적인 방식으로 연결되어 있다.

과학소설 작가 아서 C. 클라크Arthur Charles Clarke는 "충분히 발달한 기술은 마법과 구분할 수 없다."라고 말했다. 전기와 자성은 그 무엇보다 마법과 같은 기술을 가능하게 한다. 이 보이지 않는 힘들은 물리학적으로 전자기라는 단일한 현상의 두 가지 측면이다. 전기와 자성은 서로 결속해 영향을 주고받는다. 하지만 이러한 결속을 살펴보기 전에 우리에게 더 친숙한 전기에 대해 자세히 알아보자. 안타깝게도 우리 대부분은 전기를 처음으로 직접 경험할 때 아픔을 느낀다.

우리는 전기로 둘러싸여 있다
정전기

미국 북동부에 위치한 로드아일랜드는 정이 많은 작은 지역으로 나는 2년 동안 그곳에 머물렀다. 로드아일랜드의 공식 별명은 오션 스테이트^{Ocean State}다. 주민들은 미국에서 가장 작은 주의 이름을 지구에서 가장 큰 자연물로 지은 것이 얼마나 역설적인지 생각해본 적이 없는 것 같았다. 로드아일랜드 주민들의 정신을 지배하는 두 가지는 해안과 여름이다. 이곳의 삶은 배, 해산물 레스토랑, 달팽이 샐러드,♦ 해변으로 이루어진다. 하지만 겨울은 추웠다. 관광객들이 사라지고 주민들은 동면에 들어갔다. 외출할 때 난방을 끄면 주방에 있던 올리브기름이 굳었다.

내게 최고의 겨울은 아침이 되었을 때 유난히 공기가 차분해 눈을 뜨기도 전에 밤새 눈이 왔음을 알 수 있는 날이었다. 우울한 회색빛인 맨체스터에서 자란 사람은 흥분할 수밖에 없다. 나는 항상 눈 오는 날을 좋아했지만 그때마다 일어나는 한 가지 일은 그렇지 않았다. 포근한 겨울 부츠를 신고 하얗게 쌓인 언덕을 파헤치는 다람쥐를 보며 삽으로 눈을 치운 다음 고요함을 깨고 저벅저벅 차로 향한다. 눈 내린 아침이면 처음 차에 손을 댈 때마다 날카로운 전기 충격에 놀란다. 제때 떠올린 적이 한 번도 없다. 아얏!

언뜻 자동차 때문인 것 같지만 가만히 생각해보면 자동차 탓이 아니었다. 내가 차까지 걷는 동안 내 몸에서는 한 무리의 무임승차객들이 빠져나갈 기회를 엿보고 있었다. 내가 느낀 고통은 이 승객들이 하차했을 때 나타난 부작용이었을 뿐이다. 이 승객들은 물질을 구성하

♦ 농담이 아니다. 이곳 주민들은 달팽이 샐러드를 무척이나 자랑스럽게 여긴다. 채식주의자는 좋아하지 않겠지만 커다란 바다 달팽이와 마늘이 잔뜩 들어간 음식이다.

는 아주 작은 성분인 전자로 세상의 가장 기본적인 구성 요소다. 전자의 장점은 최신 입자가속기나 정교한 실험 없이도 움직임을 알 수 있다는 것이다. 우리 몸은 전자의 움직임을 직접 감지할 수 있다. 하지만 안타깝게도 몸은 이 놀라운 감지 능력을 고통스럽게 느낀다.

우선 원자 안을 살펴보자. 원자 중심에는 원자 '물질'의 거의 대부분을 차지하는 무거운 핵이 있다. 이 핵에는 두툼한 양전하가 있어서 혼자 있는 적이 거의 없다. 전하는 낯선 개념이지만 우리 세상을 하나로 결합시킨다. 우리 눈에 보이는 물체 대부분의 구성 요소는 양성자, 전자, 중성자고 각 구성 요소는 전하가 서로 다르다. 전자보다 크기가 훨씬 큰 양성자는 양전하를 띤다. 중성자는 양성자와 크기는 비슷하지만 전하가 없다. 전자는 비교적 작지만 양성자 한 개와 균형을 이룰 수 있는 음전하를 갖는다. 세상의 구조는 이 구성 요소들의 혼합으로 만들어진다. 원자 중심에는 양성자와 중성자가 뭉쳐져 무거운 핵을 이루고 있다. 하지만 원자는 전하가 균형을 이루어야 한다. 전하는 다른 종류끼리 끌어당기고 같은 종류끼리 반발하며(자석과 동전의 예에서 보았듯이) 세상에 영향을 준다. 따라서 음전하인 작은 전자들은 가운데 있는 양전하에 이끌려 거대한 핵 주위를 돌아다닌다. 전체적으로 양전하와 음전하는 상쇄되지만 끌어당기는 힘으로 원자를 하나로 결합시킨다. 눈에 보이는 모든 물질은 전자로 가득하지만 모두 균형을 이루기 때문에 우리는 알아차릴 수 없다. 전자는 움직일 때에야 정체를 드러낸다.◆

문제는 전자가 작고 민첩해 균형을 항상 유지하지 않는다는 것이다. 두 개의 물질이 접촉하면 전자는 종종 한곳에서 다른 곳으로 뛰어 오른다. 이 일은 항상 일어나지만 보통 다른 전자들이 빠르게 돌아오 기 때문에 큰 문제를 일으키지는 않는다. 집에서 양말을 신고 돌아다 니면 걸을 때마다 전자 몇 개가 나일론 카펫에서 내 발로 이동하지만 곧 다시 돌아간다. 하지만 내가 가장자리가 양털이고 밑창은 고무인 부츠를 신을 때는 상황이 다르다. 양말을 신었을 때처럼 이동하던 전 자는 카펫에서 고무 밑창으로 뛰어든다. 하지만 민첩한 전자들이라도 쉽게 통과할 수 없는 물질이 있다. 이런 물질을 절연체라고 하며 고무 도 그중 하나다. 고무 자체에는 전자가 많지만 외부에서 쉽게 흡수하 지 못한다. 내가 가방을 챙기고 코트를 찾고 아침 먹은 것을 정리하는 동안 전자는 소리 없이 내 몸으로 들어와 쌓인다. 그 결과 내 몸 주변 에 전자가 증가한다. 내가 바깥으로 나갈 때쯤 내 몸에는 수조 개의 전 자가 새로 들어와 있지만 원래 몸에 있던 전자의 수에 비하면 아주 작 은 숫자다.

왜 탈출하지 않았을까? 새로 들어온 음전하 전자들은 서로 반발하 므로 몸 안에 머물지 않고 다른 길을 찾아 떠나는 편이 나을 것이다. 하지만 부츠가 바닥으로 가는 길을 막았다. 그래도 또 다른 쉬운 탈출

◆ 여러 핵이 움직이는 전자를 공유할 때 분자가 형성된다. 전자를 공유하는 핵들이 서로 결합해 여러 원자로 구성된 단일 분자를 구성한다. 원자와 분자를 결합하는 유일한 요소는 양전하와 음 전하의 끌어당기는 힘이다. 전자는 분자 사이를 오가며 결합하는 핵을 바꿈으로써 핵들의 패턴 을 변화시키기도 한다. 이를 화학반응이라고 한다. 화학은 이러한 전자들의 춤과 전자들의 춤이 만들어내는 환상적인 복잡성을 연구하는 학문이다.

로가 있다. 바로 습기가 찬 공기다. 습한 공기에는 물 분자가 많다. 물 분자에는 양전하로 된 부분이 있어서 잠시 동안 전자를 추가로 보관할 수 있다. 평상시 내 몸에 새로운 전자들이 쌓이면 떠다니는 물 분자에 하나하나 올라타며 서서히 빠져나간다. 하지만 눈이 많이 내려 추워지면 공기가 건조해진다. 공기 중에 물 분자가 거의 없으므로 전자가 빠져나갈 길도 사라진다.

따라서 눈 내린 건조한 날이면 나도 모르게 수많은 음전하 승객을 몸에 태우고 집에서 차까지 걷는다. 이 승객들은 기회가 올 때까지 존재를 드러내지 않는다. 땅 위에 서 있는 내 차는 균형을 이룬 전자와 핵의 거대한 저장고다. 내가 맨손으로 자동차의 금속 표면을 건드리는 순간 탈출 통로가 열린다. 금속은 전도체기 때문에 전자가 쉽게 통과할 수 있다. 내 전자 승객들은 손가락 끝으로 몰려와 차로 이동한다. 전자 무리가 지나가면서 피부 신경 말단이 전자의 흐름인 전류에 자극을 받아 곤두선다. 나는 입으로 욕을 뱉으며 눈의 마법 같은 아름다움을 잠시 잊는다.

정전기는 우리 대부분이 전기를 가장 직접적으로 경험할 수 있는 방법이다. 우리는 전기로 둘러싸여 있다. 건물 벽, 전자 기기, 자동차, 조명, 시계, 선풍기 모두 전기로 바쁘게 돌아간다. 하지만 플러그, 전선, 회로, 퓨즈가 전기의 전부는 아니다. 이것들은 인간이 전기를 다룰 수 있다는 사실을 보여주는 조악한 트로피일 뿐이다. 전기는 지구상의 여러 예상치 못한 곳에서 흐른다. 심지어 벌조차도 전기를 일으킨다.

따뜻하고 평화로운 나른한 날 영국식 정원의 잔디밭 가장자리에서

되새가 부리로 땅을 쪼는 장면을 생각해보자. 새 뒤에 있는 화려한 꽃들은 느리지만 치열하게 물, 영양분, 햇빛과 꽃가루 전달자의 관심을 얻기 위해 경쟁한다. 재스민과 스위트피가 풀 사이로 향기를 퍼트리며 호객 행위를 한다. 꿀벌은 꽃밭을 돌아다니며 어떤 먹이가 있는지 둘러본다. 한가로운 장면처럼 보이지만 벌에게는 효율성이 중요한 어려운 일이다. 벌은 공중에 머무르기 위해 엄청난 노력을 해야 한다. 1초마다 작은 날개를 200번 펄럭여 계속 공기를 강하게 밀어내야 한다. 그때마다 진동이 일어나 '윙윙' 소리가 난다. 우리 몸이 벌의 크기라면 공기저항이 훨씬 커서 공기 분자를 밀어내고 통과하는 데 더 많은 힘이 든다. 이런 식으로 공기를 밀어내면 우아하게 날 수 없지만 효과는 있다. 벌이 분홍색 피튜니아 근처에서 그 위에 앉을지 말지 고민하며 잠시 맴돈다. 하지만 꽃에 닿기 바로 전 공중을 날던 벌에게 이상한 일이 벌어진다. 꽃 가운데 있던 꽃가루가 갑자기 공기로 뜨더니 벌의 털 위로 이동한다. 벌이 꽃 위에 앉으면 더 많은 꽃가루가 벌 위에 안착한다. 벌은 아직 꿀을 한 모금도 마시지 않았지만 마치 일부러 꽃가루 속으로 뛰어든 것처럼 온몸이 꽃의 DNA로 뒤덮인다.

주변 물체가 벌에 끌리는 이유는 날갯짓 때문이다. 벌의 외모나 행동이 매력적이어서가 아니라 날개가 아주 약한 전하를 띠기 때문이다. 내가 겪은 정전기처럼 전자가 벌 주위를 돌아다닌다. 하지만 이번에는 누구도 아픔을 느끼지 않는다.

벌의 전자는 날개에 있는 분자들의 가장자리를 돌아다닌다. 어떤 물체(예컨대 공기)가 벌 옆을 빠르게 지나가면서 무언가를 훔친다면 그것은 전자다. 벌의 날갯짓이 바로 이런 원리다. 털이 풍성한 스웨터에 풍선을 비비면 정전기가 생기는 것과 같다. 정전기는 물체에 있던 전자의 수가 많아지거나 적어지면서 생긴다. 벌이 빠른 날갯짓으로 공기 분자를 밀어내면 날개에 있던 전자들이 떨어져 공기로 흘러간다. 날고 있는 벌은 원자의 양전하를 상쇄할 전자의 수가 줄어 약한 양전하를 띤다. 전하의 세기는 사람이 정전기를 느낄 만큼 강하지 않다.

벌이 꽃에 다가가면 음전하인 전자를 당기고 양전하를 밀어낸다. 자석의 N극이 S극을 당기듯 양전하인 벌은 음전하인 전자를 당긴다. 꽃과 접촉하지 않지만 거리가 매우 가까워지면 벌의 양전하는 꽃가루 표면을 당기고 알갱이 몇 개가 꽃에서 떨어져 공중으로 날아가 벌에 앉는다. 그러면 정전기가 생긴 풍선이 벽에 붙듯 꽃가루가 벌의 털에 붙는다. 벌이 다음 꽃으로 날아가면 벌에 붙은 꽃가루도 함께 이동한다. 사실 벌이 꽃에 앉으면 털에 꽃가루가 묻고 꽃가루 역시 끈적거리므로 정전기가 없어도 수분^{受粉} 작용은 일어난다. 하지만 결합이 느슨한 전자가 이동해 꽃가루가 공기 중으로 점프하면 수분 작용은 더욱 활발해진다.◆

전자는 작고 이동성이 높아 전하는 주로 전자를 통해 이동한다. 전

◆ 벌 이야기에는 또 다른 반전이 있다. 브리스틀 대학교Bristol University 연구팀은 2013년 꽃은 미세하게 음전하를 띠고 벌이 앉으면 중성화된다고 발표했다. 연구팀은 벌은 꽃 위에 앉지 않아도 중성화된 꽃과 음전하 꽃을 구분할 수 있음을 증명했다. 벌은 다른 벌이 앉았던 꽃에는 이미 꿀이 많이 사라졌으므로 중성화된 꽃을 피한다. 더 자세한 내용은 이 책 뒷부분 참고문헌에 표시된 클라크Clarke 외의 논문과 코빗Corbet 외의 논문을 참고하라.

하는 자주 움직이지만 평상시에는 우리가 알지 못한다. 음전하를 띤 전자는 서로 반발하기 때문에 한 장소에 수많은 전자가 모인다면 서로 밀다가 거리가 멀어진다. 따라서 전하는 축적되지 않는다. 하지만 두 가지 경우 거리가 멀어지지 않아 전하가 생길 수 있다. 첫째, 전자가 갈 수 있는 곳이 없거나 둘째, 전자가 움직일 수 없을 때다. 벌이 날면 양전하는 갈 곳이 없어 벌의 몸 밖에 쌓인다.

하지만 우리가 전기를 능숙하게 통제할 수 있는 것은 전자가 움직일 수 없는 두 번째 상황에서다. 벌이 플라스틱 화분에 앉으면 플라스틱이 절연체라 양전하가 플라스틱으로 이동할 수 없다. 즉, 플라스틱에 전자가 많더라도 분자와 강하게 결합하고 있기 때문에 움직일 수 없다. 새로운 전자가 플라스틱 안 전자 사이로 끼어들지 못하므로 전자를 새로 더하거나 빼기가 힘들다. 절연체는 이렇게 더 많은 전자를 받아들이거나 남는 전자를 내보낼 수 없다. 따라서 벌이 플라스틱 화분에 앉으면 양전하는 벌에 머문다. 금속 쇠스랑은 즉시 벌의 전하를 빼앗는다. 전도체인 금속 안에서 전자는 쉽게 움직일 수 있기 때문이다. 금속이 이 같은 행동을 하는 이유는 금속의 모든 원자가 금속 겉을 거대하게 둘러싼 외각 전자들을 공유하기 때문이다. 이 전자들은 항상 이동하고 어떤 전자도 특정 원자에 소속되지 않기 때문에 여기에 쉽게 다른 전자를 추가하거나 원래 있던 전자를 빼낼 수 있다.

우리는 물질들이 전도체나 절연체기 때문에 전기망을 구축하고 통제할 수 있다. 여러 물질의 모자이크로 된 미로를 만들면 전자들은 어떤 길에서는 쉽게 통과하고 어떤 부분에서는 제어된다. 기본적인 요소만 갖추면 세상을 능수능란하게 통제할 수 있다.

오리너구리의 사냥법
전기장

처음에 전기는 정전기 상태지만 전자와 전하를 체계적으로 움직인다면 실생활에 쓸 수 있는 힘을 발생시킬 수 있다. 우리가 에너지를 이동하는 데 사용하는 전기 네트워크는 놀라운 자원이다. 우리는 전선을 따라 전하를 밀고 작은 스위치와 증폭기로 제어해 어디든 필요한 곳에 에너지를 저장할 수 있다. 전기회로는 전기에너지를 재분배하는 방법일 뿐이다. 회로의 가장 중요한 특징은 순환이다. 회로는 고리 모양이어서 전자가 끝부분에 몰리지 않고 계속 움직인다. 모든 회로가 시작하고 끝나는 부분인 전원 장치는 전자를 계속 움직이게 하고 한쪽에서는 전자를 받아들이면서 다른 쪽에서는 회로로 돌려보낸다. 전원 장치는 긴 미끄럼틀 꼭대기까지 사람을 싣는 승강기와 같다. 사람들은 승강기만 있다면 온종일 미끄럼틀을 타고 내려갔다가 다시 올라갈 수 있다. 모든 회로의 규칙은 전자는 출발했던 곳으로 돌아오기 전까지 전원 장치에서 추가로 얻은 에너지를 소진해야 한다는 것이다.

전자가 선을 따라 이동한다면 무엇이 전자를 밀어 회로를 순환하게 만드는 것일까? 앞에서 말했듯이 무엇보다도 전자가 움직일 길을 만들기 위한 전도체가 있어야 한다. 하지만 전자를 밀기 위한 힘도 필요하다.

냉장고 자석과 정전기가 생긴 풍선 모두 눈에 보이지 않는 힘의 장을 갖는다. 즉, 가만히 있는 물체가 주변 물체를 밀거나 당기지만 우리는 그 원인을 볼 수 없다. 냉장고 자석과 풍선이 비슷하게 행동하는 것은 우연이 아니며 둘 사이의 연결 고리는 전기장이나 자기장을 움직여야만 분명히 알 수 있다. 우선 힘의 장에 대한 원리를 다시 살펴보자. 힘의 장을 이용하는 것은 인간만이 아니다.

개울 바닥은 돌, 식물, 나무뿌리가 진흙에 엉켜 있는 갈색 미로다. 어두컴컴하고 장애물들이 있는 길 사이로 진한 흙탕물이 유유히 흐른다. 수면 1미터 아래 조약돌 사이로 튀어나온 작은 안테나 두 개가 물을 맛보다가 근처에 움직임이 감지되자 사라진다. 물속 불순물을 먹고 자라는 민물 새우는 식성이 좋지만 연약하다. 상류에서 포식자가 어두운 물속으로 미끄러져 들어온다. 포식자는 물갈퀴가 달린 두 앞발로 개울 중간까지 헤엄친 다음 눈을 감고 코와 귀를 막고 잠수한다. 오리너구리가 저녁거리를 찾기 시작한다.

전혀 움직이지 않는 한 새우는 안전하다. 오리너구리는 볼 수도 들을 수도 냄새 맡을 수도 없지만 미로 속을 자신 있게 빠르게 헤엄친다. 납작한 부리를 좌우로 움직이며 진흙 속을 훑는다. 먹이를 찾던 새우는 오리너구리의 꼬리가 움직여 일으키는 물의 움직임을 감지하고 돌멩이 사이로 빠르게 숨는다. 포식자는 방향을 틀어 돌진한다. 새우의 꼬리 근육을 수축시키는 신호는 전기다. 이 전기 자극은 새우에 일시적인 전기장을 생성하고 전기장은 주위 물에 소란을 일으켜 주변 전자를 미세하게 밀고 당긴다. 1초도 안되는 순간이지만 충분하다. 오리너구리는 부리 윗면과 아랫면에 4,000개의 전기 수용체가 있다. 물의 움직임과 전기 자극만 있다면 방향과 공간을 파악할 수 있다. 부리를 정확한 위치에 파묻고 나면 새우는 더 이상 존재하지 않는다.

새우는 움직이다가 전기장을 변화시켰기 때문에 안타까운 상황에 처했다. 모든 전하는 주변 전하를 밀거나 당긴다. 전기장은 밀거나 당기는 힘이 얼마나 강한지 보여주고 전기신호는 전하가 어디론가 이동했음을 의미한다. 주변의 무언가가 변화를 감지할 수 있는 것은 그것을 미는 힘이 증가했거나 감소했기 때문이다. 근육이 움직이면 근육 안 전하가 움직이므로 전기장이 발생한다. 따라서 먹잇감이 아무리 화려한 위장술을 쓰더라도 전기신호는 감출 수 없고 가까운 거리에 있는 포식자는 전기 수용체를 이용해 사냥할 수 있다. 동물은 결국 움직일 수밖에 없고 아무리 작은 움직임이라도 전기신호는 방출된다.

그렇다면 우리는 왜 우리 스스로 일으키는 전기장을 잘 감지하지 못할까? 전기장이 강하지 않기 때문이기도 하지만 더 큰 이유는 전기장이 전기를 전도하지 않는 공기에서는 빠르게 소멸되기 때문이다. 흐르는 물(특히 소금이 함유된 바닷물)은 훌륭한 전도체라 전기신호가 훨씬 멀리서도 감지된다. 전기 수용체가 있는 거의 모든 종은 해양 생물이다(육지 생물로는 벌, 바늘두더지, 바퀴벌레가 있다).

이동할 뿐 사라지지 않는다
에너지보존법칙

전기회로에서 전자가 이동할 수 있는 것은 선 안의 전기장 때문이다. 전기장은 각 전자를 밀어 이동시킨다. 그렇다면 전기장은 어디서 왔을까? 우선 배터리부터 알아보자. 배터리는 모양과 크기가 다양하지만 그중 하나를 나는 결코 잊지 못한다. 그것은 커다란 해양 배터리다. 바다에 나가 중요한 실험을 할 때 촬영을 위해 배터리들을 거대한 폭풍 속에 띄웠고 나는 사방팔방으로 움직이는 배터리가 몹시 걱정되었다.

폭풍이 일 때 해수면에 생기는 물리학 현상을 연구하려면 야외로 나가 직접 관찰해야 한다. 연구하는 내용이 실제로도 분명 적용된다고 확신하지 않는 한 안락한 실내에서 세운 이론만으로는 복잡한 바다 환경을 알 수 없다. 하지만 배를 타고 거친 바다를 항해해 해변에서 몇 킬로미터 떨어진 '그곳'에 도착한다 해도 내가 원하는 곳, 즉 해수면에서 몇 미터 아래에 있는 물을 만지기는 어렵다. 그곳에서 어떤 일이 벌어지는지 안다면 바다가 어떻게 숨을 쉬는지 이해할 수 있고 기상 예측과 기후 모델 발전에 기여할 수 있다. 하지만 자세히 관찰하려면 직접 가야 한다. 그곳은 거칠고 어지럽고 위험하다. 나는 거기서 수영할 수 없더라도 내 실험 장비들은 그래야만 한다. 실험 장비에는 전기가 공급되어야 하고 배에서 떠나 파도를 따라 위아래로 떠다닐 때도 동력이 필요하다. 플러그를 꽂을 수 없으니 배터리에 의존해야 한다. 다행히 전기회로는 물 위에 둥둥 떠 있을 때도 물기 없는 육지에서

처럼 훌륭하게 작동한다.

갑판장은 페인트가 튄 후드 티셔츠 주머니에 손을 넣은 채 수평선을 노려보다가 갑판이 기울자 내 쪽으로 비틀거렸다. 그때는 11월이었고 나는 북대서양 바다 위에서 4주 동안 육지를 보지 못했다. 사방이 회색 하늘과 회색 바다였고 모든 것이 항상 위아래로 움직였다. 내가 갑판 위에 올려놓았던 절연테이프가 잠시 내 눈길을 끌다가 갑판 위에서 미끄러지더니 갑판장 신발에 부딪혔다. 강한 보스턴 사투리를 쓰는 그의 경쾌한 말투는 이 으스스한 분위기와 어울리지 않게 우스꽝스러웠다. "얼마나 걸릴까요?"

해양 실험에서 항상 가장 어려운 작업은 실험 장치를 바다에 띄우기 전에 하는 최종 점검이다. 나는 긴장했고 모든 책임을 홀로 졌다. 부서지는 파도 바로 아래 거품을 측정하기 위해 커다란 노란 부표에 각종 측정 장치를 끈으로 묶었다. 부표를 배에서 파도가 이는 바다로 던지는 것은 갑판장이었지만 모든 준비를 마치는 것은 내 책임이었다. 큰 폭풍이 다가오고 있었기 때문에 쓸 만한 데이터를 얻기를 간절히 바랐다. 나는 "이제 배터리에 플러그를 연결할게요. 그럼 준비가 끝나요."라고 말했다. 길이가 11미터에 달하는 거대한 노란 부표는 내 실험 장비들을 매달고 갑판에 단단히 묶인 채 안전하게 바다로 들어가기를 기다렸다. 우선 부표 맨 위에 달린 케이스 속 카메라의 전원 커넥터에서 전선을 따라 손을 움직여 부표 바닥에 있는 큼직한 배터리에 플러그를 연결했다. 다음은 음파 공명기 차례였다. 전력 케이블을 배터리까지 가져와 플러그를 연결했다. 잘 연결되었는지 점검했다. 또한 번 점검했다. 다른 카메라도 살폈다. 이 실험 장비들은 물리학 세계를 놀라울 정도로 섬세하고 정교하게 조작할 수 있지만 그러려면 전기에너지가 있어야 한다. 에너지를 공급할 거추장스러운 납축전지는 각각 무게가 40킬로그램에 달하며 1859년 발명된 이래 기본 디자인이 거의 그대로다.

준비가 끝나면 방수복을 입은 우리 과학자들은 갑판 끝으로 후퇴하고 선원들과 크레인이 배 옆에서 이 괴물을 컴컴한 바닷속으로 조종한다. 마지막 밧줄까지 풀어지면 원근감이 달라지면서 노란 거대 괴물이 보잘것없는 잡동사니처럼 보인다. 거대한 대양에 비해 너무나 작은 부표는 파도 사이로 종종 몸을 숨겼다. 사람들은 배 난간에서 부표가 물에 뜨는 원리와 배에서 멀어지는 속도에 대해 이야기했다. 하지만 나는 딴생각에 정신이 팔려 있었다. 내 머릿속은 전자로 가득 차 있었다.

해안선 아래에서 전자들이 춤을 추기 시작했다. 배터리에서 나온 전자들은 부표에 달린 회로를 돌고 배터리 반대편으로 들어갔다. 회로에 있는 전자 수는 일정하고 모두 같은 고리를 따라 움직였다. 전자들은 소진되지 않고 계속 돈다. 전자들을 밀기 위해서는 에너지가 필요하고 전자는 이동하면서 이 에너지를 방출한다. 에너지의 원천은 독창적인 장치인 배터리다.

배터리가 기발한 이유는 연속된 여러 단계에 의해 작동되기 때문이다. 각 단계마다 다음 단계에 필요한 전자가 공급된다. 배터리가 회로에 연결되면 전자가 고리를 돌 준비가 완료된다. 부표에 달린 해양 배터리에는 외부와 연결되는 두 개의 전극이 튀어나와 있다. 내부를 보면 각 전극은 납으로 된 두 개의 판에 하나씩 연결되어 있고 두 판은 서로 접촉하지 않는다. 납판 사이의 공간은 산酸, acid으로 메워져 있어서 영어로 납축전지를 'lead-acid battery'라고 한다. 납은 산과 두 가지 방식으로 반응한다. 첫째, 추가로 전자를 얻는 방식이고 둘째, 전자를 방출하는 방식이다. 납축전지는 이 두 반응이 최대한에 이를 때 충전된다.

내가 실험 장비를 배터리에 연결하면 전자가 한 장의 납판에서 출발해 실험 장비를 통과한 다음 다른 납판으로 이어지는 길이 생긴다. 이 퍼즐의 마지막 중요한 조각은 납판에서 일어나는 화학작용으로 전선 주변에 형성하는 전기장이다. 전자는 전선을 따라 밀리며 한쪽 납판에서 다른 납판으로 이동한다. 전자는 산을 건널 수 없으므로 멀리 우회해 외부 회로로 가는 것이 유일한 길이다. 사슬은 완성되어 있어서 전자가 전기장이 있는 길에 들어가 밀리기만 하면 화학반응은 알아서 일어난다. 한쪽 납판이 산에 전자들을 제공하면 산은 이 전하들을 다른 쪽 납판으로 전달한다. 전달받은 납은 화학반응을 통해 전자들을 받아들이고 전자들은 회로를 돌아 다시 첫 번째 판으로 가면서 모든 과정이 반복된다. 중요한 사실은 전자가 카메라로 갔다가 돌아오면서 쓸 에너지를 얻는다는 것이다. 이것이 전기다. 전기를 정교한 전기회로를 통과하도록 정렬한다면 짜잔! 에너지를 유용하게 쓸 수 있는 배터리가 된다.

나는 난간에 기대어 노란 부표가 떠다니는 모습을 보면서 이 춤을 상상했다. 카메라 전원이 켜지면 배터리에서 나온 전자가 통과할 수 있는 길이 생기고 전자들은 부표를 따라 신나게 올라가 카메라로 들어갈 것이다. 우리는 전자가 가장 쉬운 길을 선택할 것임을 알기 때문에 전자가 가는 장소를 통제할 수 있다. 따라서 전도성 물질로 이루어진 미로를 만들어 경로를 설계할 수 있다. 전력 케이블은 금속이어서 플라스틱 선보다 전자가 쉽게 이동할 수 있으므로 우리는 전기가 주변 물질로 이탈하지 않고 전선을 따라 흐르리라고 확신할 수 있다. 또한 통제에서 가장 중요한 요소는 스위치다. 회로에서 스위치가 있는 곳에는 두 전선이 접촉해 있다. 두 전선은 붙어 있지 않지만 서로 접촉만 하면 전자가 이동할 수 있다. 전자의 흐름을 막기 위해서는 한쪽 전선 끝을 움직여 다른 끝과 분리하면 된다. 그러면 쉽게 통과할 수 있는 길이 사라져 전기 흐름이 끊긴다.

전자들이 카메라 안으로 들어가면 길이 갈라져 일부는 컴퓨터로 가고 일부는 카메라로 간다. 전기회로는 모든 길이 로마로 통하듯 모든 길이 배터리로 통한다. 거대한 노란 부표는 전자의 흐름이 여러 갈래로 갈라지는 뼈대와 같고 전자는 스스로 전기장과 자기장을 생성하며 거대하고 정교한 통합된 흐름에 따라 카메라 셔터를 밀거나 당기고 타이머를 작동시키고 빛을 발산하고 데이터를 기록한 후 배터리로 돌아온다.

이 모든 일이 부표가 대서양 폭풍으로 생긴 무시무시한 파도(8~10미터까지 이르는) 사이를 움직이는 동안 일어났다. 변덕스러운 중력 때문에 물건들을 벨크로 부직포, 고무줄, 밧줄로 고정시켜야 그나마 질서가 유지되는 배 위에서 우리는 비틀거리며 기다렸다. 3~4일 후 배터리 안 화학반응이 끝났고 배터리는 충전되지 않은 원래 상태로 돌아갔다. 저장된 에너지가 남지 않아 전자가 회로를 돌 수 없게 되자 춤도 끝났다. 부표는 금속, 플라스틱, 반도체로 이루어진 무생물 껍데기로 돌아갔다. 하지만 데이터는 컴퓨터 반도체 메모리에 안전하게 저장되었다.

며칠 후 폭풍이 멈추었을 때 우리는 부표를 따라가 배 위로 건졌다. 나는 연구선 선원들이 바다에서 물건을 낚아 올릴 때마다 감탄한다. 배는 옆으로 움직이지 않기 때문에 천천히 돌거나 방향을 튼다. 선장은 갑판장이 긴 갈고리 장대에 부표를 걸 수 있도록 75미터에 달하는 선박을 부표와 충돌하지 않고 바로 옆으로 움직여야 한다. 선원들은 보통 단 한 번에 성공한다.

이제 다시 우리 차례였다. 배터리를 배의 전원 공급 장치에 연결해 다음 실험 때 화학반응을 일으킬 에너지를 제공했다. 모든 실험 장비를 분리해 선실 안으로 들였지만 카메라는 예외였다. 카메라는 전자들이 추는 춤의 부작용 때문에 추운 날씨에 방치해야 했고 불쌍한 내 조교가 희생을 치러야 했다.

우리가 아는 가장 기본적인 물리학 법칙 중 에너지보존법칙은 여러 차례 정확성이 입증되었고 한 번도 반박된 적이 없다. 에너지는 절대 새로 생기거나 파괴되지 않고 형태를 바꾸며 이동할 뿐이다. 배터리에는 화학에너지가 있었고 화학반응이 화학에너지를 전기에너지로 바꾸었으며 배터리 전극과 전극 사이에서 전기에너지가 이동했다.

그 후 에너지는 어디로 갔을까? 카메라가 사진을 찍고 컴퓨터 프로그램이 실행되고 데이터가 기록되는 등 많은 일이 일어났다. 하지만 이 중 어떤 일도 전기에너지를 새로운 장소에 저장하지 않았다. 에너지는 그저 알게 모르게 빠져나갔다. 전자를 움직이려면 대가를 치러야 하고 그 대가는 열의 발생이다. 모든 전기저항은 저항을 뚫고 지나는 전기에너지에 에너지 세금을 부과한다. 전자들이 최소한의 저항만을 통과하더라도 어느 정도의 세금은 반드시 내야 한다.◆

카메라는 열이 거의 전달되지 않는 두꺼운 플라스틱 케이스에 담겨 있었다. 카메라가 작동하면 전자가 카메라 시스템 안에서 이동하면서 모든 에너지는 결국 열로 바뀐다. 물 안에서라면 문제가 없다. 우리가 있던 바다는 섭씨 약 8도로 열을 빼앗아 케이스를 효율적으로 식혔다. 하지만 공기는 그렇지 않다. 실험실에서 컴퓨터로 데이터를 내려받는 동안 카메라가 과열되었다. 우리는 여러 방법을 찾아보았지만 얼음물을 담은 양동이에(다행히도 배에는 제빙기가 있었다) 담가 밖에 두는 것이 유일한 해결책이었기 때문에 내 조교는 9~10시간 동안 카메라가 과열되지 않도록 얼음물에 담가두었다 빼면서 데이터 내려받기를 반복했다. 생생한 현장에서만 경험할 수 있는 매력이 아닐 수 없다.

이와 같은 이유로 노트북, 진공청소기, 헤어드라이어를 사용하면 뜨거워진다. 전기에너지는 어디론가 반드시 가야 하고 다른 종류의

◆ 이것이 집에 있는 전기 히터의 작동 방식이다. 전자들이 거센 저항을 통과하면 전기에너지가 열로 전환된다. 다른 에너지 전환 과정에서는 일부 에너지가 열로 손실되기 때문에 비효율적이다. 하지만 열이 목적이라면 100퍼센트 효율을 달성할 수 있다. 이보다 완벽할 수는 없다!

에너지로 전환되지 않으면 최후 종착지는 열이다. 헤어드라이어는 이 원리로 공기를 뜨겁게 만든다. 회로는 에너지를 압축된 방식으로 다량의 열을 뿜어내게끔 배열된다. 반면 노트북은 회로가 뜨거워지면 효율이 떨어지므로 제조업체들은 열을 싫어한다. 하지만 열 세금을 내지 않고는 전기에너지를 사용할 수 없다.[◆]

전자는 전기장이 밀기 때문에 이동한다. 전자는 배터리에서 나오는 게 아니라 세상에 이미 많이 존재한다. 배터리가 하는 일은 전자를 움직이는 전기장을 제공하는 것이다. 회로가 완성되면 전기장은 전자가 고리를 돌도록 민다. 여기까지는 단순하다. 하지만 플러그와 안전 경고문 위에 적힌 작은 숫자들은 도대체 무엇을 의미하는 걸까? 이 문제를 해결하는 데는 전형적인 영국식 접근법이 최선일 것 같다. 우선 비스킷 통을 가져오고 찻주전자를 불에 올리자.

주전자와 텔레비전의 마법
직류와 교류

티타임에서 가장 중요한 것은 차와 휴식을 함께 즐겨야 한다는 점이다. 내 미국 동료는 이를 이해하지 못하고 업무 회의를 하면서 차를 마신다. 하지만 영국인에게 '불에 주전자를 올리는 행위'는 속도

◆ 박식한 독자를 위해 밝히자면 초전도체를 사용할 수는 있다. 하지만 물체를 절대영도까지 낮추려면 막대한 에너지가 필요하고 엄청난 열이 발생한다. 따라서 목적이 에너지 효율이라면 초전도체는 그다지 도움이 되지 않는다.

의 변화를 의미한다. 내 주전자는 전기 주전자라 물을 붓고 플러그를 꽂으면 된다. 나는 주전자가 임무를 수행하는 동안 일을 잠시 멈출 수 있다.

눌린 스위치는 아주 단순한 일을 처리한다. 작은 금속을 움직여 회로의 마지막 부분을 제자리에 끼워 맞추는 것이다. 이제 주전자 속 미로로 가는 통로가 열려 전자들은 전도체로만 이루어진 길을 쉽게 이동할 수 있다. 이 길은 어떠한 장애물도 없이 플러그 한쪽 핀에서 주전자를 통과해 플러그 다른 쪽 핀까지 연결된다. 여기서 전기장은 배터리가 아니라 콘센트에서 나온다.

유럽에서 일반적으로 쓰는 핀이 세 개 달린 플러그에서 맨 위 핀은 다른 핀보다 길다. 이를 그라운드 핀이라고 부른다. 그라운드 핀은 회로 나머지 부분과 완전히 분리된다. 사실 이 핀은 눈 내린 추운 아침 내 차가 그랬던 것처럼 전자가 잘못된 곳에 쌓이기 시작했을 때 탈출 경로(즉, 주전자 밖)를 제공한다. 따라서 그라운드 핀은 주전자에 에너지를 제공하는 경로에 포함되지 않는다.

나머지 짧은 두 핀이 전자들을 민다. 그중 하나는 고정된 양전하처럼 행동하고 나머지는 고정된 음전하처럼 행동한다. 내가 스위치를 누르면 전기장이 흐르는 길이 연결된다. 이 길 안에 있는 전자들은 음극에서 밀리는 느낌을 받고 양극에서 당기는 느낌을 받는다. 내가 찻주전자를 꺼내고 티백을 준비하는 동안 전자들은 이동하기 시작한다. 처음에는 제자리에서 조금씩 움직이다가 곧 선을 따라 이동한다. 즉, 전체적으로 전하가 한 개의 플러그 핀에서 주전자를 지나 다른 플러

그 핀으로 이동한다.

내 전기 주전자 밑에 있는 라벨에 따르면 주전자는 230볼트(230V)에서 작동하도록 설계되었다. 전압은 회로를 따라 전자를 미는 전기장의 세기와 관련이 있다. 전기장이 셀수록 각 전자가 이동하며 제거해야 하는 에너지의 양이 많다. 따라서 전압은 회로를 따라 사용할 수 있는 에너지의 양을 의미한다. 앞서 말한 미끄럼틀 유추에서 전압은 전자가 다른 쪽 플러그 핀으로 돌아오기 전에 타야 하는 미끄럼틀의 높이다. 전압이 높을수록 각 전자는 이동하면서 더 많은 에너지를 방출해야 한다.

전기 주전자에 물을 붓고 티백을 넣은 다음 우유와 머그잔을 준비했다. 이제 물이 끓기만을 기다린다. 몇 분만 기다리면 되지만 목이 마를 때는 참기가 힘들다. 서둘러! 나는 전기 공급에서 전압이 무엇을 의미하는지 알지만 전압은 전체 이야기의 일부일 뿐이다. 전압이 높을수록 각 전자가 방출할 수 있는 에너지가 많다. 하지만 얼마나 많은 전자가 통과하는지는 알 수 없다. 물에 많은 에너지를 투입하는 가장 빠른 방법은 많은 전자를 회로로 흐르게 하는 것이다. 이것이 전류고 전류는 암페어^{ampere}로 측정한다. 전류가 높을수록 전선 특정 부분을 지나가는 초당 전자 수가 많다. 전압에 회로를 흐르는 전류(암페어)를 곱하면 초당 저장되는 에너지의 총량을 알 수 있다. 내 전기 주전자는 230볼트고 전압은 13암페어이므로 대략 $230 \times 13 = 3,000$이다. 주전자 아래에도 그렇게 적혀 있다. 주전자의 전력은 3,000와트(3,000W)고 이는 초당 방출되는 에너지가 3,000줄임을 의미한다. 이 정도면

1~2분 안에 물을 끓일 수 있지만 주변으로 손실되는 열도 있으므로 실제로는 2분 30초 정도 걸린다.

"전압은 충격을 주고 전류는 목숨을 앗아간다."라는 말이 있다. 물론 차를 끓이는 동안 이를 실험할 의도는 없다. 눈 내린 날 로드아일랜드에서 내 자동차와 내 몸의 전압 차이는 약 2만 볼트였다. 하지만 전하 중 아주 적은 양만 이동했기 때문에 나는 거의 다치지 않았다. 전류는 약했고 이동한 에너지는 매우 적었다. 내가 손가락으로 플러그 핀 사이의 길을 연결해 주전자가 있어야 할 자리에 내 몸을 대신한다면 이야기는 달라진다. 전류가 높다는 것은 균일한 에너지의 전자가 많다는 의미다. 수많은 전자가 통과하기 때문에 에너지의 총량도 많다. 주전자 핀 사이의 전압 차이는 나와 자동차의 전압 차이의 100분의 1 정도지만 주전자의 전류를 몸으로 통과시키는 것이 자동차에서 정전기로 충격을 받는 것보다 위험하다. 부상을 일으킬 위험은 전류가 훨씬 크다.

금속 발열체를 이동하는 전자는 전기장에 의해 밀린다. 그 결과 속도가 조금 올라가지만 전도체는 수많은 원자로 이루어져 있어서 속도가 높아진 전자는 다른 원자들과 충돌할 수밖에 없다. 전자가 충돌하면 에너지를 잃고 충돌한 물체에 열을 가한다. 따라서 많은 전하를 이동시키면 충돌이 잦아지고 열이 많이 발생한다. 이 원리로 주전자가 작동한다. 속도가 높아진 전자가 충돌하면서 에너지를 열로 방출한다. 전자 자체가 움직이는 거리는 초당 1밀리미터에 불과하다. 하지만 그 정도면 충분하다.

끓는 물에는 에너지가 넘친다. 작은 전자들이 움직이면서 충돌해 물을 끓였다는 사실이 놀랍다. 믿기 힘들지만 명백한 사실이다. 전도체에서 전자를 미는 전기장 덕분에 차가 준비되었다. 전기에너지를 사용하는 가장 단순한 방법은 이렇게 바로 열로 전환하는 것이다. 하지만 회로와 전원 공급 장치, 배터리 설계 방법이 개발된 이후 에너지를 전환하는 방식은 빠르게 정교해졌다.

배터리(종류에 상관없이)로 발생하는 전자의 춤과 기계를 콘센트에 연결할 때 일어나는 일에는 근본적인 차이가 있다. 배터리로 작동하는 모든 장치에서 전자는 늘 한 방향으로만 흐른다. 이를 직류 또는 DC$^{direct\ current}$라고 한다. 일반적으로 쓰는 AA 배터리는 약 1.5볼트DC를 공급한다. 반면 콘센트 전류는 교류 또는 AC$^{alternating\ current}$라고 한다. 즉, 1초마다 약 100번 방향을 바꾼다.♦ 이러한 전기 공급 방식이 더 효율적이다.

직류를 교류로 또는 교류를 직류로 바꿀 수 있지만 번거롭다. 노트북 전선을 들고 다녀본 사람이라면 얼마나 번거로운지 잘 알 것이다. 노트북 전선 가운데에는 작은 벽돌처럼 무거운 장치가 있다. 이는 AC/DC 어댑터로 콘센트에서 나온 AC 전류를 노트북에 필요한 DC 전류(노트북 배터리가 직접 공급하는)로 전환한다. 이를 위해서는 여러 고리의 전선과 전기회로망이 필요하고 이 모든 부품을 작게 만드는 기술

♦ 따라서 1초마다 처음 시작한 곳으로 50번 돌아온다. 영국의 콘센트에 표시된 50Hz가 바로 이런 의미다.

은 여전히 까다롭다.◆ 그러므로 당분간은 어댑터를 들고 다닐 수밖에 없다.

현재 우리는 전기를 당연하게 여긴다. 하지만 초기 전기는 변덕스럽고 불확실한 괴물이었다. 우리 할아버지는 전기를 이용한 정교한 발명품이 집집마다 확산되는 데 기여했다.

할아버지 잭은 최초의 텔레비전 기술자 중 한 명이다. 할머니는 당시 전자 제품은 시끄럽고 뜨거우며 가끔 고약한 악취를 풍겼다고 기억한다. 할아버지가 어떤 고장을 수리했는지 할머니가 설명해준 덕분에 나는 스마트폰과 와이파이 시대에 살면서 잊기 쉬운 초기 전자 제품의 구조를 오랜만에 기억해냈다. 그뿐만 아니라 할머니가 모든 부품과 프로세스를 속속들이 알고 있다는 사실에 놀랐다. 살면서 할머니가 기술에 대해 이야기하는 것을 본 적이 없지만 구식 TV에 대해서는 내가 이제까지 접해보지 않은 전문용어를 자유자재로 구사했다. "음." 그녀는 내게 말했다. "중요한 부품 중 하나는 수평 출력 트랜스포머line-output transformer였어. 수평 출력 트랜스포머는 꽤 성공적이었지만 어떨 때는 불도 나고 냄새도 났지." 할머니는 북부 사투리로 별것 아닌 양 덤덤하게 말했다. 전자는 눈에 보이지 않지만 1940년대부터 1970년대까지는 전자가 무엇을 하는지 분명하게 알 수 있었다. 텔레비전이 '쾅' 소

◆ 좀 더 자세히 설명하자면 어댑터가 하는 일은 두 단계로 이루어진다. 우선 220볼트의 전압을 노트북에 적합한 20볼트 정도로 전환한다. 그다음 모든 주기를 절반으로 만들어 전류가 나갈 때만 받고 돌아올 때는 받지 않는다. 그 후 배터리에서 나오는 전류를 안정적으로 일정하게 만든다.

리를 내거나 '팡' 하고 터지거나 '칙' 김을 내면서 갑자기 그을음이나 섬광이 나타났고 이는 엄청난 에너지가 가지 말아야 할 곳으로 갔다는 신호였다. 새로운 텔레비전 시대의 개막을 함께한 할아버지는 전기의 세상이 어떤 것인지 몸소 체험한 유일한 세대다. 그가 은퇴할 때쯤 트랜지스터와 컴퓨터 칩이 모든 것을 감추었다. 트랜지스터와 칩의 작은 외부 안에는 겉에서는 볼 수 없는 거대하고 정교한 내부가 숨어 있다. 하지만 그것들이 등장하기 전 수십 년 동안 우리는 마법을 직접 볼 수 있었다.

1935년 할아버지는 열여섯 살에 메트로빅^{MetroVick}으로 불리는 메트로폴리탄 비커스^{Metropolitan Vickers}에 견습생으로 취직했다. 맨체스터 근처 트래퍼드 파크^{Trafford Park}에 본사를 둔 메트로빅은 중장비 대기업으로 세계적 수준의 발전기, 증기 터빈을 비롯한 대형 가전제품을 생산했다. 스물한 살에 전기 기술 훈련을 마친 할아버지는 전쟁에 나가기에는 기술이 너무 뛰어났기 때문에 군 면제를 받고 메트로빅에서 5년 동안 전투기용 총의 전기 부품을 검사했다. 시스템을 검사하는 첫 단계는 '플래싱'^{flashing}이었다. 2,000볼트를 흘려보냈을 때 터지는 소리가 나지 않으면 통과였다. 전자를 길들여 복종시키기 위한 첫 단계였다.

전쟁 후 EMI는 전자 제품을 다뤄본 경력 직원을 모집했다. 초기 텔레비전은 변덕스럽고 복잡해 전문가가 설치하고 이후 수명이 다할 때까지 자주 조정해야 했다. EMI는 할아버지를 런던으로 파견해 텔레비전 기술자 교육을 받게 했다. 이 직업에 필요한 도구는 전자를 달래기 위한 밸브, 저항기, 와이어, 자석이었다. 1990년대까지 모든 텔레비전의 핵심 기술은 유리, 세라믹, 금속의 아름다운 조합이었다. 이 조합이 한 일은 지극히 단순했다. 전자 빔을 생성한 후 구부리면 영상이 만들어졌다.

할아버지는 'CRT' 텔레비전에 대해 배웠다. 내가 CRT라는 단어를 좋아하는 이유는 우리를 전자가 발견되기 전의 세상과 연결해주기 때문이다. CRT는 음극선관을 뜻하는 'cathode ray tube'의 줄임말이다. 음극선이 처음 발견되었을 때 사람들은 무척 신기해했다. 1867년 독일 물리학자 요한 히토르프^{Johan Hittorf}가 자신의 최신 발명품을 바라보는 장면을 상상해보자. 음침한 실험실에 유리관이 하나 있다. 관 안의 양 끝에는 금속 두 조각이 있고 공기는 모두 제거되었다. 별것 아닌 것처럼 보일 수 있다. 하지만 큰 배터리를 두 금속 조각에 연결했을 때 관 한쪽 끝에서 반대쪽으로 눈에 보이지 않는 알 수 없는 물질이 흘러간다는 사실을 발견하면 크게 놀랄 것이다. 그는 관 끝이 빛났기 때문에 어떠한 물질이 존재한다는 사실을 알 수 있었다. 길 중간에 장애물을 놓으면 그림자가 생겼다. 흘러가는 물질이 무엇인지 누구도 몰랐지만 이름을 지어야 했기 때문에 음극선이라고 부르기 시작했다. 음극은 미스터리한 물질이 나오는 배터리 음극 전극을 의미한다.

30년 후 조셉 존 톰슨^{Joseph John Thomson}이 흐르는 것은 선이 아니라 현재 우리가 전자라고 부르는 음전하 입자들이라는 사실을 발견했다. 하지만 이름을 바꾸기에는 너무 늦어 계속 음극선관으로 불렸다. 음극선관에 전압을 가하면 양 끝까지 이어지는 전기장이 형성되어 전자들이 음극에서 양극으로 빠르게 이동한다. 전하를 띤 모든 입자는 전기장에 의해 속도가 높아지고 계속 밀리는 힘을 받는다. 따라서 전자는 양극에 이끌려 움직일 뿐 아니라 이동하면서 가속한다. 양극과 음극 사이의 전압 차이가 클수록 이동하는 속도가 빨라진다. CRT 텔레비전에서 전자가 화면과 충돌할 때의 속도는 초당 몇 킬로미터에 이른다. 우주에서 가장 빠른 속도인 광속에 견줄 만한 속도다.

최초로 전자의 발견을 이끈 기본적인 프로세스가 불과 몇십 년 전까지도 모든 텔레비전에 적용되었다. 모든 CRT 텔레비전은 뒷면에 전자를 생성하는 장치가 있다. 텔레비전 중간은 텅 빈 공간으로 공기가 없는 진공상태여서 '전자총'에서 '발사'된 전자가 어떤 장애물도 없는 공간을 통과해 화면에 닿는다. 직선으로 움직이는 이 하전입자들은 가장 순수한 형태의 전류다.

전자들의 섬세한 춤
전기와 자성

이모는 할아버지가 돌아가셨을 때 작업실에서 찾은 잡동사니 상자를 연다. 원통형 전구처럼 안에 벌레같이 생긴 금속이 있는 유리관들이 나온다. 이 유리관들은 회로에서 전자의 흐름을 통제하는 데 사용하는 밸브다. 처음에 할아버지는 주로 망가진 밸브를 찾아 교체했을 것이다. 당시에는 이런 밸브를 어디서든 볼 수 있었고 종류도 다양해서 할아버지의 밸브는 어머니와 이모, 할머니에게 향수를 불러일으켰다. 상자 한구석에는 반으로 쪼개진 커다란 원형 자석이 있다.

전기와 자석의 연결은 1800년대 말 물리학자들에게 깨달음을 주었다. 전기를 통제하려면 자석이 필요하다. 자석을 통제하려면 전기가 필요하다. 전기와 자성은 동일한 현상의 일부다. 전기장과 자기장 모두 움직이는 전자를 밀 수 있다. 하지만 결과는 다르다. 전기장은 전기장의 방향으로 전자를 민다. 자기장은 움직이는 전자를 옆으로 민다.

전자빔을 생성하는 일은 그럭저럭 수월하다. 옛날 텔레비전이 독창적인 진짜 이유는 빔이 발사되는 방향을 조정하는 능력에 있다. 핵심은 전기와 자성 사이의 긴밀한 연결이다. 전자가 자기장을 이동하면 한 방향으로 밀린다. 자기장이 셀수록 미는 힘은 강하다. 따라서 구식 텔레비전 안의 자기장을 바꾸면 전자빔을 원하는 곳으로 밀거나 당길 수 있다. 이모가 내게 보여준 큰 영구자석은 초점을 맞추는 기본 장치로 전자총과 매우 유사하다. 하지만 화면 가까이에서 전자의 방향을 조종하는 전자석들을 직접 통제하는 것은 안테나에서 나오는 신호다. 전자빔은 전자석에 의해 밀리면서 화면을 한 번에 한 줄씩 수평으로 스캔한다. 빔은 각 줄마다 켜졌다가 꺼지며 화면에 닿으면 밝은 점을 만든다. 할머니가 말한 '수평 출력 트랜스포머'는 스캐닝을 조정하는 부품이다. 초당 405줄이 50번 스캔되었고 픽셀마다 정확한 시간에 전자빔이 켜지고 꺼지면서 자연스러운 화면이 만들어졌다.

전자는 놀라울 정도로 섬세하게 춤춘다. 전자의 춤이 만든 화면을 보기 위해서는 수많은 작은 부품들이 정확한 시간에 정확하게 작동해야 한다. 따라서 초기 텔레비전에는 다이얼과 단추가 많았고 텔레비전 주인들은 이를 조작하고 싶은 유혹을 뿌리치지 못했다. 할아버지는 다이얼과 단추를 어떻게 조작하는지 속속들이 알았다. 그때는 마법처럼 보였을 것이다. 몇 세기 동안 사람들은 자신들이 할 수 없는 일을 해내는 장인들을 존경하면서 장인의 작업 과정도 이해할 수 있었다. 하지만 이제 세상이 바뀌었다. 가전제품 기술자들이 기계를 작동하지만 우리는 그들이 어떤 작업을 한 것인지 또는 기계가 어떻게 작동하는지 알지 못한다.

역설적이게도 진공관에 갇힌 조용하고 눈에 보이지 않는 전자들이 웅장한 소리와 화려한 시각 효과를 만드는 핵심이다. 50년 동안 텔레비전은 하나의 단순한 원리에 기반을 두었다. 전기장에 전자를 두면 속도를 올리거나 낮춘다. 움직이는 전자를 자기장에 두면 커브가 생긴다. 그렇게 오랫동안 두면 전자는 원을 그린다.

2012년 힉스 입자를 발견한 제네바 유럽원자핵공동연구소^{CERN}의 초대형 물리 실험◆ 역시 음극선관과 원리가 같지만 움직인 입자는 전자만이 아니었다. 하전입자는 전기장에 의해 가속되고 자기장에 의해 곡선을 그릴 수 있다. 힉스 입자의 존재를 최종 확인한 장치인 강입자충돌기Large Hadron Collider 내부에는 양성자들이 돌아다녔다. 양성자의 속도는 광선과 비슷할 만큼 빨라 초강력 자석으로 움직이는 입자의 방향을 조절해도 원주가 27킬로미터나 된다.

◆ 힉스 입자 발견은 큰 관심을 불러일으켰다. 물리학자들은 우주를 구성하는 입자에서 패턴을 알아냈고 이 패턴은 입자물리학에서 '표준모형'Standard Model으로 불렸다. 하지만 패턴은 힉스 입자가 있을 때만 정확하게 나타났다. 수십 년에 걸쳐 힉스 입자의 존재가 증명되면서 우리 세계에 대한 이해는 크게 발전했다.

따라서 전자를 발견하고 CERN 강입자 충돌기를 가동하는 데 사용된 기본적인 구조, 즉 진공상태에서 하전입자의 줄기를 통제하는 장치는 아주 최근까지 집집마다 벽 한구석을 차지했다. 현재 덩치가 큰 텔레비전은 거의 평면 스크린으로 교체되었다. 2008년 전 세계 평판 디스플레이 판매량은 CRT 스크린 판매량을 앞섰고 이후 순위는 뒤바뀌지 않았다. 이런 변화로 디스플레이의 이동성이 높아지면서 노트북과 스마트폰이 등장했다. 새로운 디스플레이도 전자로 제어되지만 훨씬 정교하다. 화면은 픽셀이라고 부르는 여러 작은 박스로 나뉘고 각 픽셀의 전자제어에 따라 빛의 방출 여부가 결정된다. 화면 해상도가 1280×800픽셀이라면 격자 안에서 100만여 개의 여러 색 점이 약한 전압에 의해 켜지거나 꺼지고 이 상태가 1초에 60번 넘게 바뀐다. 매우 긴밀한 협동의 놀라운 결과지만 실제 노트북 화면은 이보다 성능이 더 뛰어나다.

다시 자석에 대해 이야기해보자. 자기장은 전자를 밀어 전류를 통제할 수 있다. 하지만 전기와 자성의 연관성은 이것이 전부가 아니다. 전류 역시 스스로 자기장을 생성할 수 있다.

토스터의 진정한 재능
전자석

제5장에서 살펴보았듯이 토스터는 적외선을 이용해 효율적으로 식빵을 굽는다. 하지만 토스터의 진정한 재능은 열을 발산하

는 것이 아니다. 그릴도 열을 발산한다. 토스터의 재능은 언제 멈추어야 할지 안다는 데 있다. 토스터에 빵을 넣고 레버를 아래로 누르면 토스터 내부로 빵이 사라진다. 끝까지 누르지 않으면 빵이 바로 튀어나온다. 하지만 끝까지 누르면 '찰칵' 걸리는 소리가 나고 뜨거운 식빵이 소형 용광로에서 튀어나오기 전까지 꼼짝도 하지 않는다. 빵이 갈색으로 잘 변하는지 지켜보지 않아도 된다. 빵이 구워지면 다시 한번 찰칵 소리가 난 후 위로 튀어나온다. 무언가가 빵을 잘 붙잡고 있기 때문에 나는 주방을 돌아다니며 버터와 잼을 찾을 수 있다.

토스터는 단순함의 아름다움을 보여준다. 빵을 토스터에 넣으면 스프링이 달린 쟁반에 담긴다. 아래에 있는 스프링은 빵이 튀어나와야 할 때 절연체 위로 빵을 민다. 빵을 넣기 위해서는 레버를 스프링의 힘보다 세게 눌러야 한다. 쟁반이 토스터 바닥에 닿으면 약간 튀어나온 금속이 회로에 난 구멍과 결합하는데 결합한 회로는 하나가 아니라 두 개다. 그중 하나는 열과 관련한 회로로 전기가 토스터 주변에 흐르게 해 빵을 가열한다.

하지만 훨씬 재미있는 일은 다른 회로에서 일어난다. 회로 안 전자들이 작은 철 덩어리에 감긴 전선을 따라 이동한다. 마치 놀이동산에 있는 나선형 미끄럼틀 같다. 전자들이 철을 따라 나선을 그리며 빠져나와 회로 나머지 부분을 돌다가 콘센트로 돌아온다. 그게 전부다. 하지만 자성과 전기는 긴밀하게 연계되어 있으므로 전류가 전선을 통해 흐르면 전선 주변에 자기장을 형성한다. 전자들이 전선 코일을 따라 움직이면 전자들이 한 바퀴 돌 때마다 자기장이 증가한다. 코일 중간의 철심은 자기장을 강화해 훨씬 더 강력하게 만든다. 이것이 전자석이다. 전류가 전선을 따라 흐르면 자석이 된다. 전류가 멈추면 자기장은 사라진다. 토스터의 레버를 아래로 누르면 토스터 바닥에 원래는 없던 자기장이 생성된다. 빵 쟁반 바닥은 철이기 때문에 자석에 붙는다. 따라서 내가 냉장고를 뒤지는 동안 일시적으로 생긴 자기장이 빵 쟁반을 붙잡는다. 토스터 옆면에 달린 타이머는 회로가 연결된 동안 작동한다. 시간이 다 되면 타이머가 토스터 전체에 전력을 차단한다. 전자석에 전력이 공급되지 않으면 자석의 성질은 사라진다. 더 이상 아무것도 빵을 붙잡지 않기 때문에 스프링이 풀린다.

가끔 토스터 플러그를 뽑아놓았다는 것을 잊지만 금방 알아차릴 수 있다. 레버를 아래로 끝까지 당겨도 바로 튕겨 올라온다. 전자석에 전력이 통하지 않아 빵 쟁반을 붙들지 않기 때문이다. 단순하지만 아름다운 시스템이다. 우리는 토스트를 만들 때마다 전기와 자성의 근본적인 연결성을 이용한다.

전자석은 필요에 따라 자석을 활성화하고 비활성화할 수 있어 다양한 곳에서 유용하게 사용된다. 확성기, 전자자물쇠, 컴퓨터 디스크드라이브에 전자석이 사용된다. 전력이 계속 공급되지 않으면 자기장은 사라진다. 냉장고에 붙이는 자석은 영구자석이기 때문에 껐다 켜거나 자성을 바꿀 수 없지만 전력이 필요하지 않다. 전자석은 켜져 있으면 냉장고 자석과 똑같지만 전류를 차단함으로써 편리하게 끌 수 있다.

우리는 여러 작은 영구적인 자기장과 일시적인 자기장으로 둘러싸여 있다. 거의 모두 인간이 편리를 위해 만든 것이거나 편리를 위한 물체를 만들다가 나온 부산물이다. 자기장의 범위는 그리 넓지 않아서 자석이 아주 가까워야 감지할 수 있다. 하지만 인간이 만든 자기장들은 지구 전체를 감싸는 자연발생적인 자기장에 비하면 작은 생채기에 불과하다. 우리는 이 자기장을 느낄 수 없지만 항상 사용한다.

북극은 움직인다
진북과 자북극

우리는 특히 먼 길을 걸을 때 나침반 바늘이 편리하게 북쪽을 가리키는 것을 당연하게 여긴다. 하지만 열 개, 스무 개 아니면 200개의 나침반이 있다고 생각해보자. 바닥에 펼쳐놓은 나침반 모두 북쪽을 가리키는 것을 보면 길을 찾기 위해 나침반을 꺼내는 순간에만 북쪽을 향하는 것이 아님을 알 수 있다. 북쪽은 언제나 그곳에 존재하고 일정하다. 지구 어디서든 나침반을 꺼내면 바늘이 돌다가 모두 같은 방향을 북쪽이라고 가리킬 것이다. 지구의 자기장은 도시, 사막, 숲, 산에 존재하며 언제나 그 자리를 떠나지 않는다. 우리는 그 안에 살고 있다. 결코 느낄 수는 없지만 나침반이 자기장의 존재를 상기시켜준다.

나침반은 아주 단순한 측정 장치다. 바늘은 자석이라 양 끝이 반대로 움직인다. 자석 양 끝을 N극(북극)과 S극(남극)으로 부르는 이유는 각각 지구의 자북극과 자남극처럼 행동하기 때문이다. 두 개의 자석을 가까이 대면 N극끼리 결합하기는 어렵지만 N극과 S극은 강하게 결합한다. 따라서 자성의 방향을 감지하기 쉽다. 우리가 작은 휴대용 자석을 자성 안에 놓으면 N극과 S극이 회전하다가 자기장과 정렬된다. 이것이 나침반의 원리다. 휴대용 자석이 주변 자성의 방향을 나타낸다. 우리는 지구의 거대한 자기장은 볼 수 없지만 나침반 바늘의 반응은 볼 수 있다. 나침반이 감지하는 것은 지구의 자기장만이 아니다. 나침반을 들고 집 안을 돌아다니면 콘센트, 스테인리스 프라이팬, 전자 제품, 냉장고 자석, 심지어 최근 자석 근처에 있었던 철로 된 물체 주변에서도 자기장을 감지할 수 있다.

분명 나침반의 주요 목적은 길을 찾는 것이다. 둥근 지구의 표면 위에서 길을 찾는 일은 언제나 어렵지만 몇 세기 동안 탐험가들은 지구의 자기장을 믿고 의지했다. 지구는 자북극과 자남극이 있어 누구라도 나침반을 이용해 방향을 잡을 수 있다. 자성은 단순하고 저렴하며 결코 닳지 않는 훌륭한 항해 도구다. 하지만 몇 가지 주의할 점이 있다. 첫 번째는 생각보다 심각한 문제로 지구의 자극磁極은 한자리에 고정되어 있지 않다는 것이다. 자극은 이동할 뿐 아니라 이동 거리가 엄청나게 길 수 있다.

내가 이 글을 쓰고 있는 현재 자북극은 지구의 자전축으로 정해지는 진짜 북극인 '진북'에서 약 430킬로미터 떨어진 캐나다 최북단에 있다. 작년 이맘때부터 자북극은 북극해에서 러시아를 향해 약 42킬로미터 이동했다. 항해자들에게는 끔찍한 일처럼 들리지만 사실 세계는 매우 넓으므로 그다지 큰 문제는 아니다. 하지만 자기장의 이동은 우리 지구 내부가 움직이지 않는 돌덩어리가 아니라는 사실을 알려준다.

우리 발아래 깊은 곳에 있는 외핵은 철이 풍부하고 천천히 회전하고 있다. 열은 지구 중심에서 지표면으로 옮겨 가고 지구가 회전하면서 용해된 암석 또한 회전한다. 느리게 움직이는 외핵은 철이 포함되어 있기 때문에 전기 전도체 역할을 하고 따라서 토스터의 전자석처럼 행동할 수 있다. 외핵이 회전하면서 발생하는 전류가 지구의 자성을 생성하는 것으로 추정된다. 이 과정은 용해된 암석이 느리게 이동하며 일어난다. 시간이 흐르면서 암석의 움직임이 변하기 때문에 자극들이 이동하는 것이다. 철 함유량이 높은 외핵 암석은 지구 전체가 회전하면서 같이 회전하기 때문에 자극은 지구의 자전축을 따라 대략 정렬되지만 '대략'일 뿐이다.

따라서 정확한 방향으로 항해를 해야 한다면 자북극과 진북은 동일하지 않으므로 현재 자북과 진북의 차이를 고려해야 한다. 현재의 지도는 자북극과 진북 모두 알려준다. 내가 방금 영국 국립지리원 Ordnance Survey이 제작한 영국 남부 해안 지도를 보니 위에 자북극과 진북이 모두 표시되어 있다. 나침반이 가리키는 북쪽을 향해 약 64킬로미터를 올라가면 진북을 향하는 선에서 서쪽으로 약 1.5킬로미터 떨어진 곳에 닿는다. 지도는 영구적인 기록인 반면 길을 찾을 때 사용하는 자기장은 변덕을 부린다. 그렇다고 해도 최신 기술 덕분에 우리는 쉽게 길을 잃지 않을 것이다. 하지만 인간이 개발한 가장 복잡한 운송 시스템을 운영하는 항공업계는 관심을 집중해야 한다. 우선 활주로의 표시를 계속 바꾸어야 하기 때문이다.

공항에 갈 일이 있다면 활주로가 시작되는 부근의 큰 표지를 보길 바란다. 전 세계 모든 활주로에 표시된 숫자는 북쪽에서의 각도를

10으로 나누어 표시한 방향이다. 따라서 글래스고 프레스트윅^{Glasgow} ^{Prestwick} 공항 활주로의 숫자가 12인 이유는 착륙하는 비행기의 '헤딩' 이 북에서 120도기 때문이다. 모든 활주로는 01~36 중 하나의 숫자로 표시된다.◆ 하지만 헤딩은 나침반에 따라 움직이므로 자북극을 기준 으로 한다. 그래서 2013년 글래스고 활주로의 숫자는 자북극 이동에 따라 12에서 13으로 변경되었다. 활주로는 움직이지 않았지만 지구 의 자기장이 움직였다. 항공 당국은 자기장의 움직임을 예의 주시하 며 필요할 때마다 활주로 표지를 수정한다. 극이 느리게 움직이므로 관리하기는 어렵지 않다.

하지만 극의 이동은 시작에 불과하다. 지구의 변덕스러운 자기장은 방향을 찾게 해줄 뿐 아니라 더 중요한 사실을 알려준다. 자기장이 남 긴 힌트 덕분에 단순하지만 지질학계에서 가장 큰 논란을 불러일으킨 심오한 문제가 최종 승인되었다. 지구 표면을 뒤덮은 거대한 암석 덩 어리인 대륙들이 움직인다는 주장이다.

대륙의 퍼즐 조각이 맞춰지다
대륙이동설과 판구조론

1950년대 인류 문명은 새로운 과학기술 시대로 빠르게 진입

◆ 또는 차이가 18인 두 개의 숫자를 표시한다(예를 들어 09-27). 활주로 양 끝에서 이착륙할 수 있 기 때문이다. 당연히 헤딩의 차이는 180도다.

했고 현대사회를 이루는 주춧돌이 마련되었다. 전자레인지, 레고, 벨크로, 비키니 모두 이 시대에 발명되어 널리 퍼졌다. 인류는 원자력 시대를 맞이했고 사회적 규칙은 완전히 새로 쓰였으며 신용카드가 발명되었다. 숨 가쁜 발전이 이루어졌지만 우리는 우리가 살고 있는 지구를 여전히 이해하지 못했다. 지질학자들은 지구의 암석을 능숙하게 분류했지만 지구 자체는 설명하지 못했다. 수많은 산은 어디서 왔을까? 왜 화산이 여기 있을까? 왜 어떤 돌은 오래되었고 어떤 돌은 새것일까? 왜 돌은 모양이 제각각일까?

만족할 만한 설명이 이루어지지 않은 수많은 현상 중 하나는 남아메리카 동부 해안과 아프리카 서부 해안이 마치 퍼즐의 두 조각처럼 대칭을 이루는 것이었다. 암석도 대칭되었고 지형과 화석도 마찬가지였다. 이 모두를 우연의 일치로 볼 수 있을까? 하지만 과학자 대부분이 이를 중요하지 않은 호기심거리로 취급했다. 대륙만 한 물체가 다른 곳으로 이동한다는 것은 생각할 수도 없는 일이었다. 1900년대 초 독일 과학자 알프레트 베게너Alfred Wegener가 마침내 모든 증거를 모아 '대륙이동설'을 발표했다. 베게너는 과거 남아메리카와 아프리카는 연결되어 있다가 거대한 대륙이 떨어져 나와 지구 표면에서 이동했다고 주장했다. 대륙처럼 거대한 물체가 서쪽으로 약 4,800킬로미터를 이동한다는 것은 터무니없는 생각으로 여겨졌고 베게너의 주장을 진지하게 받아들이는 과학자는 거의 없었다. 만약 베게너의 주장이 사실이라면 무엇이 대륙을 밀었을까? 베게너는 대륙이 해양 암석을 헤치고 나아갔다고 주장했지만 어떤 증거도 제시하지 못했다. '어떻게'

와 '왜'를 설명하지 못한 그의 이론은 사람들의 관심에서 멀어졌다. 누구도 더 나은 아이디어를 제시하지 않았고 의문은 방치되었다.

1950년대 여전히 새로운 아이디어는 나오지 않았지만 새로운 측정 방법이 등장했다. 화산에서 뿜어져 나온 용암에는 철분이 풍부한 화합물이 함유되어 있고 이 화합물 입자는 나침반 바늘처럼 행동해 주변 자기장에 맞추어 정렬한다는 사실이 발견되었다. 중요한 것은 용암이 식어 단단한 돌이 되면 작은 철광물이 더 이상 움직이지 못해 고정된다는 사실이다. 굳어버린 작은 나침반은 굳는 순간 지구 자기장의 기록을 암석에 새겼다. 지질학자들은 이 기록을 통해 시대별 자기장의 변화를 연구했고 이 과정에서 훨씬 흥미로운 사실이 밝혀졌다. 지구 자기장은 몇백 년을 주기로 방향이 뒤바뀌었다. 완전히 뒤집혀 남쪽은 북쪽이 되고 북쪽은 남쪽이 되었다. 그다지 큰 문제처럼 보이지는 않았지만 무척 이상했다.

이후 지질학자들은 해저를 관찰했다. 지구 구조에 대해 설명되지 않은 많은 현상 중 하나는 평평한 해저에 거대한 해저산맥(해령)이 해양 여러 곳에 있다는 것이다. 해령이 바다 밑에서 무슨 일을 하는지 아무도 몰랐다. 가장 유명한 해령인 대서양중앙해령은 화산들이 일렬로 늘어서 있고 물 위에서 시작해(우리가 아이슬란드라고 부르는 나라가 바로 이 산맥이 물 위로 나온 끝부분이다) 해저로 들어가 지그재그로 대서양 중앙을 지나 거의 남극대륙에까지 이른다. 1960년 자기장을 측정했을 때 산맥을 둘러싼 암석의 자성은 아주 특이했다. 자성은 줄무늬였고 줄무늬들은 산맥과 평행을 이루었다. 산맥 중앙에서 멀어지면서 해저 암석의 자성은 북쪽을 가리켰다가 남쪽을 가리켰다가 다시 북쪽을 가리켰고 이 줄무늬들의 길이는 산의 길이와 같았다. 그리고 더 이상한 현상이 발견되었다. 산맥 중앙을 기준으로 양쪽을 보면 자성 줄무늬가 거울에 비친 모습처럼 정확히 일치했다.

1962년 영국 과학자 드러먼드 매슈스^{Drummond Hoyle Matthews}와 프레드 바인^{Fred Vine}은 연결 고리를 찾기 시작했다.◆ 그때를 상상하면 지질의 퍼즐 조각들이 맞춰지는 소리가 들리는 것 같다. 두 과학자는 대륙들이 서로 멀어질 때 해저화산들이 새로운 해저를 형성하면 어떻게 될지 추측했다. 산맥의 자성은 현재의 자기장과 같은 방향이다. 하지만 대륙들이 멀어지면서 화산들의 양옆으로 새로운 암석을 형성한다. 지구의 자기장이 뒤바뀌면 새로운 용암의 자성 또한 뒤바뀌어 자성이 반대로 향하는 새 줄무늬가 생긴다. 줄무늬들이 거울상인 이유는 각 줄무늬가 자성이 뒤바뀌기 전의 자성 배열을 나타내기 때문이다. 과거 해저가 무너진 곳들이 비슷한 시기에 발견되었다. 지구의 크기는 항상 같다는 점에서 중요한 발견이었다. 남아메리카 반대편에서는 태평양판이 대륙 밑으로 밀려 지구 맨틀로 들어가면서 안데스산맥이 솟았다. 대륙이 이동하면서 충돌하고 멀어질 뿐 아니라 해저를 생성하고 파괴한다는 사실을 알고 나면 지질학적 패턴들을 납득할 수 있다. 판구조론의 발견은 지질학계의 이정표가 된 사건이었다. 이제 판구조

◆ 당시 캐나다 과학자 로렌스 몰리^{Lawrence Morley}도 같은 생각을 했으나 그의 논문은 웃음거리로 여겨졌다.

론은 지구를 이해하기 위한 모든 지식의 중추다.

대륙은 이동하지만 해저를 가르며 움직이지는 않는다. 대륙은 지구 표면 아래의 대류전류에 의해 밀려 위로 뜬다. 이 과정은 과거의 일이 아니다. 대서양은 아직도 매년 약 2.5센티미터씩 넓어지고 있다.[*] 현재도 자성 줄무늬가 생기고 있다. 과학자들은 깜짝 놀랄 증거를 발견하고 나서야 지구 표면이 움직인다는 가능성을 받아들였다. 해저 자성 패턴을 보면 지표면의 이동은 부정할 수 없다. 이제 우리는 아주 정확한 GPS 데이터로 모든 대륙의 이동을 측정할 수 있고 대륙이 엔진을 가동하고 있음을 알 수 있다. 하지만 지구의 역사와 현재 모습을 알려준 열쇠는 수백만 년 동안 암석에 갇힌 자성에 있었다.

전기와 자성이 형성하는 파트너십은 우리에게 매우 중요하다. 인간의 신경계는 전기를 사용해 몸으로 신호를 보내고 문명은 전기로 돌아가며 우리는 자성을 통해 정보를 저장하고 작은 전자들을 소집해 수많은 일을 처리한다. 그래서 우리 문명이 전자기 세계를 잘 감추어왔다는 사실이 놀랍다. 감전이나 정전은 흔치 않은 경험이고 우리는 자기장과 전기장을 잘 피해 다니므로 살아가면서 그 존재를 거의 자각하지 못한다. 이는 우리가 전자기를 훌륭하게 통제하고 있다는 증거지만 이 놀라운 세계를 감추고 있다는 생각에 서글퍼지기도 한다. 하지만 미래에는 무언가가 전자기의 존재를 상기시켜주어 우리가 항상 자각할 수 있을지도 모른다. 인간 문명이 화석연료 중독의 심각성

◆ 종종 손톱과 같은 속도로 자란다고 말한다.

을 깨달으면서 한 가지 해결책이 떠오르고 있다. 앞으로는 멀리 떨어진 발전소에서만 전력이 생산되지 않을 것이다. 재생에너지는 집과 훨씬 가까운 곳에서 생산될 수 있으므로 미래에는 전기에너지가 더 많은 곳에서 생산될 것이다. 내 손목시계 화면은 태양전지 판이고 지금껏 7년간 멈춘 적이 없다. 창문으로 들어오는 태양에너지, 우리가 걸을 때 생기는 운동에너지, 하구 퇴적지에서 발생하는 파동 에너지를 활용하는 기술은 이미 존재한다. 그리고 이 기술들의 원리가 바로 전자기다.

전기와 자석의 우아한 춤
전자기유도의 법칙

전자기장 패턴의 마지막 조각에 대해 알아보자. 앞에서 살펴보았듯이 토스터에서 전류는 자기장을 생성한다. 하지만 반대 현상도 일어난다. 전선 주변에 자석을 대면 전자와 같은 하전입자들이 밀리면서 원래는 없던 전류가 생성된다. 미래의 기술이 아니라 현재 우리가 전기망을 작동하는 방식이다. 화력 또는 원자력발전소의 터빈을 가동하거나 자가발전 라디오에 달린 핸들을 돌려 자석을 움직이면 전기망에 에너지가 공급된다. 풍력발전은 전기와 자석을 이용해 에너지를 공급하는 가장 단순하고 아름다운 방법이다.

날개들이 우아하게 돌아가는 풍력 터빈을 우뚝 솟은 하얀 타워 밑에서 올려다보면 고요하다. 하지만 타워 안으로 발을 들이는 순간 평화는 깨진다. 내부는 깊고 시끄러운 소리로 가득해 거대한 악기의 배 속으로 들어온 것 같다. 나는 잉글랜드 동부인 스와프햄Swaffham에 있는 풍력 터빈으로 들어갔다. 하루 몇 시간 동안 일반인에게 개방하는 몇 안 되는 풍력 단지 중 하나인 이곳은 외딴곳에 떨어져 있지만 꼭 한 번 가볼 만한 곳이다.

타워 안 나선형 계단을 올라가는 동안 윙윙거리는 소리가 계속 높아졌다 낮아진다. 바람에 건물이 흔들리는 것을 느낄 수 있다. 주변이 컴컴해지다가 밝아지길 반복하면 꼭대기에 거의 도착했음을 알 수 있다. 터빈 날개가 돌면서 햇빛이 숨었다가 다시 나타나기 때문이다. 꼭대기에 도착해 밖으로 나오면 터빈 중심인 허브hub 바로 아래에 있는 전망대가 나오고 67미터 높이에서 사방을 360도 볼 수 있다. 고요함은 이미 한참 전에 사라졌다. 길이가 30미터에 달하는 거대한 날개 세 개가 힘차게 움직이는 모습을 보면 이 높은 곳에 수확할 에너지가 있다는 사실을 확신할 수 있다. 바람이 위아래로 움직일 때마다 날개의 소리와 속도가 거의 동시에 반응한다. 이것만으로도 이미 놀라운 광경이 아닐 수 없다.

하지만 중요한 부분은 날개 바로 뒤 하얀 타워에 모두 숨어 있다. 창에 코를 대고 위를 보면 허브 전체가 회전한다. 허브 테두리는 정지된 내부 원을 중심으로 부드럽게 돌고 타워와 가장 가까운 테두리 부분이 내 머리 바로 위로 지나간다. 허브 테두리에는 강력한 영구자석들이 정렬되어 있어 자석들이 허브 내부를 지나며 회전한다. 내부 원에는 구리 코일들이 정렬되어 있고 각 코일은 뒤편 회로와 연결된다.

각 자석이 코일을 지날 때마다 전선을 따라 전류가 생성된다. 전자들이 코일을 따라 앞으로 밀리고 자석이 지나갈 때마다 다시 뒤로 당겨진다. 자석과 전선이 접촉하지 않았지만 회전으로 에너지가 이동하며 전선에서 전기에너지가 된다. 날개들 때문에 자석이 코일을 지나면 전자기유도의 법칙에 따라 코일마다 전류가 생성되고 그 결과 전기가 생산된다.

석탄, 가스, 원자력, 파동 에너지를 사용하는 다른 모든 발전소도 마찬가지다. 자석이 밀려 전선을 지나가면 운동에너지가 전류로 전환된다. 바람으로 자석을 돌려 전류를 생성하는 풍력 터빈이 특별한 이유는 자연 재료를 그대로 사용하기 때문이다. 화력발전소는 자석을 움직이는 증기터빈을 가동하기 위해 물을 가열해야 한다. 결과는 같지만 거쳐야 하는 단계가 더 많다. 우리가 플러그를 꽂을 때마다 사용하는 에너지는 자석이 구리선 코일에서 전자를 밀어 전기망으로 들어온 것이다. 전기와 자석은 분리될 수 없다. 인류 문명은 두 형제가 추는 춤 덕분에 에너지를 얻고 배분할 수 있다. 우리는 이 춤을 피막을 씌운 전선, 벽, 땅 밑 케이블 속에 꽁꽁 숨겼다. 아주 잘 숨겼기 때문에 요즘 태어난 아이는 전기나 자성을 직접 보거나 경험할 수 없다. 전자기는 기술이 진보하면서 투명 망토에 덮이고 미래 세대는 전자기의 아름다움과 중요성을 체감하지 못할 것이다. 하지만 전자기는 여전히 중요하다. 인류 문명이 하나의 직물이라면 그것을 엮은 실이 바로 전자기다.

제9장

우리는 무엇으로
사는가

인간, 지구, 문명

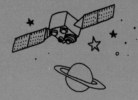

인간의 몸, 지구, 문명은 우리 모두가 의존하는 생명 유지 시스템이다. 이 셋은 물리적 구조가 같아 유사점이 많다. 세 시스템을 이해하는 것이야말로 우리가 삶을 유지하고 사회를 발전시킬 수 있는 최고의 방법일 것이다. 어떤 것도 이보다 실용적이면서 흥미로울 수 없다. 이 책의 마지막 부분에서는 우리의 생명 유지 시스템을 하나씩 살펴보며 새로운 시각을 제시하고자 한다.

세포가 모여 만든 움직이는 기계
인간

나는 숨 쉬고 있고 당신도 마찬가지다. 우리 몸은 공기에서 산소 분자를 받아들이고 이산화탄소를 내보내야 한다. 우리 모두가 지닌 생명 유지 시스템인 몸은 안과 밖이 있다. 몸 안은 온갖 일을 처리할 수 있지만 밖에서 에너지, 물, 적합한 분자 물질들이 공급될 때만 그 일을 해낼 수 있다. 호흡은 외부 물질이 공급되는 경로 중 하나며 매우 독창적인 과정이다. 우리가 흉곽을 확장하면 폐의 부피가 늘어나고, 입 주변에서 움직이던 작은 공기 분자들이 기관氣管으로 밀려들어 간다. 숨을 더 깊게 쉬면 가슴이 더 확장되어 들어온 공기가 폐 안의 미세한 부위들과 접촉할 수 있는 공간이 넓어진다. 흉곽 주변 근육을 이완하면 갈비뼈가 지구 중력 때문에 아래로 당겨지고 폐 안의 공기 분자들이 서로 가까워져 충돌하다가 바깥으로 나온다. 우리 몸은 폐 안에 들어온 분자 중 산소만을 사용하지 않는다. 공기가 코끝 안에 있는 감각기관을 지나가면 피부 벽과 충돌하는 수십억 개 분자 중 일부는 벽에 붙어 있는 큰 분자와 충돌해 마치 열쇠가 자물쇠로 들어가듯 일시적으로 결합한다. 두 분자가 결합하면 아래에 있던 세포가 이를 감지한다. 떠다니던 분자가 정확한 위치로 들어가면서 우리의 후각이 기능하기 시작하는 것이다. 이제 몸 안은 몸 밖에 대한 정보를 확보했다.

인간의 몸은 각각 작은 공장인 세포들이 잘 조율된 거대한 집합이다. 최근 측정한 인간의 세포 수는 약 37조 개였다. 모든 세포는 생명을 유지할 재료를 공급받아야 할 뿐 아니라 온도, pH, 습도와 같은 환경도 적합해야 한다. 우리가 세상에서 이동하는 동안 몸은 끊임없이 변화해 주변 환경에 적응한다. 우리가 따뜻한 방에 오래 있으면 피부

표면과 가까운 분자들은 에너지가 높아지면서 빠르게 진동한다. 분자들의 진동이 몸 깊이 전달되면 세포의 활동을 방해할 수 있다. 따라서 따뜻한 곳에 있으면 에너지를 방출해야 한다. 그다지 어렵지 않은 일처럼 들린다. 따뜻한 곳에서는 물 분자가 증발하면서 에너지를 빼앗아가기 때문이다. 몸속에는 증발할 수 있는 물이 많다. 하지만 우리 몸은 방수 처리가 되어 있어 물은 몸 안에 갇혀 있다. 그러므로 땀을 흘려야 한다.

가장 겉에 있는 피부 세포 바로 아래에는 지방 분자로 된 얇은 막이 있어 액체가 안과 밖을 이동하지 못한다. 하지만 따뜻한 방에 있으면 피부는 피부 장벽 안에 난 통로인 모공을 연다. 땀은 모공에 스미면서 방수층을 통과해 바깥으로 나온다. 물 분자들은 주변 물 분자와 따뜻해진 피부 표면에 충돌하면서 에너지가 높아지고 속도가 빨라지다가 바깥으로 탈출한다. 물 분자가 하나씩 날아가면서 피부는 차가워진다. 충분히 차가워지면 모공이 닫히고 우리는 다시 방수 상태가 된다. 피부가 방수인 이유는 단지 외부에서 물이 들어오지 않도록 막기 위해서가 아니다. 몸 내부의 수분 공급은 제한적이므로 피부는 방수 기능을 통해 물이 외부로 방출되는 것을 막는다. 몸 구석구석 물을 운송하는 혈액은 우리 몸에 자원을 배분하는 내부 공급 시스템이다. 이 공급 시스템이 계속 작동해야 세포가 살 수 있다. 우리는 맥박을 통해 시스템이 잘 작동하는지 확인할 수 있다.

맥박은 3차원으로 진동하며, 압력 파동이 이동하면서 혈류에 대한 정보를 제공한다. 심장은 심실에서 끊임없이 혈액을 짜내 유압을 올려 혈액을 동맥으로 내보낸다. 강하게 미는 힘이 소진되면 심실의 유압이 떨어지고 그 결과 혈액에 가해지는 힘이 역전된다. 하지만 막 배출된 혈액은 판막 덕분에 역류하지 않고 일방통행으로 출구를 향해 나갈 수 있다. 혈액이 갑자기 뒤로 후진하면 판막이 닫히고 혈액은 판막 조직과 충돌하며 흐름이 막힌다. 혈액과 판막의 충돌은 매우 강해 충격을 받은 조직들을 바깥으로 밀고 이 조직들도 주변 조직들을 민다. 이렇게 생긴 압력 파동이 몸 전체를 돌며 근육과 뼈를 미세하게 압박한다. 압력 파동이 몸 밖까지 도달하는 시간은 약 1,000분의 6초고 청진기나 귀를 다른 사람 몸에 대면 그 소리를 들을 수 있다. 이것이 심장박동이다. 파동이 조직들 사이를 이동하지 않는다면 우리는 심장박동을 들을 수 없다. 심장박동이 두 번 연속해 '쿵쿵' 진동하는 이유는 심장에 달린 네 개의 판막 중 한 쌍이 닫힌 다음 바로 다른 한 쌍이 닫히기 때문이다. 물리학과 생리학의 우연한 조합으로 몸 전체에 생명의 신호가 울려 퍼진다.

땀을 흘리고 나면 혈액의 물 분자가 감소한다. 이제 바깥에서 물을 보충해야 한다. 물을 마시는 단순한 행위도 세포 활동을 조율해야 한다. 필요한 신체 부위들이 목적을 달성하도록 조율하기 위한 결정과 행동은 무의식적으로 이루어진 다음 뇌에서 의식한다.

뇌세포 하나는 홀로 있으면 아무 소용이 없고 다른 세포와 연결될 때만 유용하기 때문에 세포 연결망은 뇌세포 자체만큼 중요하다. 마실 것을 찾겠다는 결정이 연결망에서 내려지면 뇌세포들은 멀리 떨어진 다른 세포들과 소통해야 한다. 이러한 내부 소통의 통로인 신경섬유는 얇은 세포 가닥으로 이루어져 있고 우리 몸에서 전선 역할을 한다. 뇌세포가 신경섬유 말단에 있는 하전입자가 세포막을 통과하게 하면 전기신호가 발생하고 이 신호는 전기 도미노처럼 신경섬유를 따라 파동을 일으키며 퍼진다. 첫 신경섬유 말단은 다른 섬유의 말단과 연결된다. 춤추는 하전입자들이 섬유 사이를 넘어 메시지를 전하면 전기 도미노가 메시지를 이어 전달한다. 메시지는 순식간에 세포에서 세포로 전달되어 다리근육 하나에 도달한다. 비슷한 때 다른 신경 섬유들에서 여러 신호가 조율되어 생성된 메시지들이 다리근육으로 도달하고 다리근육들은 수축하면서 몸을 소파에서 들어 올린다. 발밑 바닥에서 느껴지는 촉감과 몸이 움직이면서 일으킨 약한 바람으로 생긴 피부 온도 변화가 또 다른 전기신호를 통해 뇌로 전달된다.

우리 몸 안에는 수많은 정보가 전기로 된 신경 신호 또는 호르몬 같은 화학적 메신저를 통해 이동한다. 인체의 개별 장기들과 구조들이 단일한 유기체를 구성할 수 있는 이유는 물리적으로 서로 연결되어 있을 뿐 아니라 엄청난 정보가 조율되어 흐르기 때문이다. '정보화 시대'가 도래하기 한참 전 우리 자체가 이미 정보 기계였다.

정보는 두 가지 종류로 나뉜다. 첫 번째는 이동하는 정보다. 신경 신호와 화학 신호는 현재도 움직이면서 우리 몸 안에서 흡수되고 깜박이고 흘러 다닌다. 한편 분자 도서관인 DNA에는 거대한 양의 정보가 저장되어 있다. 우리 주변을 보면 수백만 개의 비슷한 원자가 뭉쳐 유리, 설탕 또는 물을 형성한다. 하지만 커다란 DNA 가닥 분자에서 각각의 작은 원자는 정해진 자리에 고정되어 있다. 여러 종류의 원자들이 정확하게 배열됨으로써 우리 몸에 알파벳이 부여된다. 세포의 분자구조 중 일부는 DNA 가닥을 따라 이동하면서 A, T, C, G 유전자 알파벳을 해독하고 이 정보를 이용해 단백질을 형성하거나 세포의 활동을 조절한다. 각 세포 공장은 수많은 원자가 필요하므로 우리 몸은 거대할 수밖에 없다.

우리 몸은 거대한 기계다. 세포 한 개에는 약 10억 개의 분자가 들어 있고 우리 몸에는 10^{13}개의 세포가 있다. 훌륭한 신호 시스템과 전달 시스템이 있어야 모든 신체 구성 요소를 조율할 수 있고 조율이 이루어지기까지는 어느 정도의 시간이 걸린다. 그 누구도 '번개같이 반응'할 수 없다. 우리 몸은 복잡한 구조를 갖는 대가로 어떤 행동을 하기까지 상당한 시간이 걸리기 때문이다. 우리가 인지할 수 있는 가장 짧은 시간은 눈을 깜박이는 시간(약 3분의 1초)이다. 이 시간 동안 우리 몸 안에서는 수백만 개의 단백질이 생성되고 수십억 개의 이온이 신경 시냅스로 확산되지만 우리 몸 밖은 그제야 상황을 파악한다.

우리 내부의 정보 엔진은 우리가 이 방에서 저 방으로 이동하는 동안 계속 가동된다. 이 거대한 시스템은 주변에 대한 정보가 필요하다. 지금 우리는 물을 찾아야 한다. 우리 몸 안에 있는 감각기관들은 주변에 따라 반응하고 주변에 대한 정보를 뇌와 공유한다. 우리에게 가장 친숙한 감각은 아마 시각일 것이다.

우리는 빛 속에 살지만 우리 몸은 대부분의 빛을 차단한다. 빛에는 수많은 정보가 담겨 있으나 대부분의 정보는 우리를 지나친다. 넘쳐나는 빛 중 아주 적은 양만이 직경 몇 밀리미터에 불과한 두 눈동자에 도달한다. 눈동자에 닿은 빛 중에서도 작은 일부인 가시광선만이 몸 안으로 들어간다. 이 작은 표본에서 발생하는 다채로운 시각적 효과를 우리는 당연하게 여긴다. 광파들이 경계를 건너면 우리가 정보를 취합할 수 있도록 배열되어야 한다. 부드럽고 투명한 수정체는 빛의 속도를 공기에 있을 때보다 60퍼센트까지 낮추어 세상을 보여주는 우리의 창을 보호한다. 광선이 속도를 늦추면 방향을 바꾸고 수정체는 미세하게 근육을 움직여 몸 밖에 있는 물체에서 나온 광선이 모두 눈 뒤에 도달하도록 만든다. 이러한 선별 과정은 정말 놀랍다. 우리는 모든 것을 본다고 생각하지만 실제로는 극히 작은 일부만 샘플로 추출해 머릿속에 그림을 그리는 것이다.

망막에 닿은 광선은 달에서 왔을 수도 있고 우리 손가락에서 왔을 수도 있지만 효과는 같다. 광자 하나가 하나의 옵신^{opsin} 분자에 흡수되면 분자는 움직이기 시작하고 도미노가 시작되어 제어 시스템에 전기신호를 보낸다. 목마른 우리 몸이 주방으로 가면 싱크대, 수도꼭지, 주전자에서 튕겨진 광자가 우리 눈으로 들어오고 뇌는 눈 깜박할 사이에 이 정보를 처리해 우리에게 우선 무엇을 집을지 알려준다. 주방이 약간 어둡다면 우리는 광파의 원천인 전구를 켠다. 광파가 밖으로 뿜어져 나와 이동을 시작하면 굴절되고 반사되고 흡수되어 변하고 이 중 남은 광파가 우리 눈으로 들어온다. 우리 주변에 흐르는 것은 빛만이 아니다.

인간은 사회적 동물이다. 우리는 다른 사람과 신호를 주고받는 의사소통을 통해 사회적 네트워크를 유지한다. 인간의 가장 특별한 특징 중 하나인 목소리는 악기처럼 파동을 형성하고 변형해 주변으로 보낸다. 영국 사람이라면 따뜻한 차를 준비할 때 옆에 누군가에게 같이 마시겠느냐고 묻지 않는 일은 상상할 수 없다. 우리는 물을 때 목소리를 사용한다. 옆에 있는 사람이 귀로 신호를 받아들이고 질문을 들으면 몸은 새로운 정보의 흐름을 생성하고 그 의미를 분해, 결합해 조합한 후 신경섬유가 성대 근육에 적절하게 대답하도록 지시한다. 우리는 돌아온 메시지에 따라 우리 앞에 놓인 세라믹과 금속을 재배치해 세상을 바꾼다.

우리 몸은 다양한 종류의 원자로 구성되지만 원자들이 배열되는 방식 때문에 우리가 직접 할 수 있는 일은 제한적이다. 하지만 인간은 직접 할 수 없는 일을 대신 해줄 도구를 만드는 데 능숙한 전문가다. 우리는 손안에 끓는 물을 담을 수 없지만 강철로 된 주전자는 할 수 있다. 우리는 밀봉된 용기가 아니므로 말린 잎을 보관할 수 없지만 유리병이 대신 해줄 수 있다. 우리는 집게발이나 껍데기, 상아가 없지만 칼과 옷, 통조림 따개를 만들 수 있다. 세라믹 컵 덕분에 연약하고 민감한 우리 손가락에 열에너지를 전달하지 않고 뜨거운 음료를 담을 수 있다. 금속, 플라스틱, 유리, 세라믹은 나무, 종이, 가죽같이 생물학적 물질과 함께 인간의 대리인 역할을 한다.

주전자는 안에 든 물 분자에 에너지를 제공하고 분자들은 미세하게 진동한다. 물 분자들의 움직임이 훨씬 빨라지면 우리는 세라믹 찻잔으로 옮겨 담는다. 찻잔에 우유를 넣으면 안타깝게도 거품이 잠시 솟아 올라오는 모습만 볼 수 있다. 바로 코앞에서 벌어지는 일이지만 신호를 빠르게 처리하지 못해 눈으로 볼 수 없다. 잔의 바닥은 이제 보이지 않는다. 수백만 개의 작은 지방 입자에 빛이 튕기면서 반투명했던 차가 불투명해졌기 때문이다.

우리는 주위의 세상을 조종하는 동안 우리가 바닥에 붙어 있게 하는 힘을 당연스레 여긴다. 우리가 이 힘을 감당할 수 있는 것은 우리 몸이 그렇게 진화했기 때문이다. 지구의 중력이 더 강했다면 우리 다리는 더 단단했을 것이고 두 발로 걷기가 불편했을 것이다. 중력이 약했다면 키가 더 컸을 테지만 모든 물체의 낙하 시간이 길어 삶의 속도가 느렸을 것이다. 우리가 걷기 위해 한 발을 들어 올리면 중력의 당기는 힘을 이용해 몸을 앞으로 기울이게 된다. 멈춰 있는 발을 축으로 몸을 기울이다가 움직인 발을 디뎌 기울기를 멈추면 우리 몸은 앞으로 나아가 있다. 중력 없이는 걸을 수 없고 우리 몸의 크기와 형태는 지구의 중력에 맞춰 직립보행에 적합하게 진화했다. 우리가 마실 것을 들고 문으로 갈 때 우리 몸은 추처럼 한쪽 발과 엉덩이를 축으로 반대쪽 다리를 앞으로 흔든다. 걸을 때 몸이 규칙적으로 흔들리면서 생기는 리듬은 찻잔 속 액체에 전달되고 액체도 같은 리듬으로 출렁인다.

걷는 동안 우리는 두개골 속 액체를 이용해 균형을 유지한다. 내이의 작은 구멍 안 깊숙이 출렁이는 액체는 우리가 멈추어도 계속 움직이고 우리가 다시 걸으면 한 발짝 늦게 움직인다. 이 구멍의 벽에 있는 감각기관들은 정보를 거대한 뇌 네트워크에 전달해 뇌가 어떤 근육을 움직일지 결정하도록 돕는다.

이제 문 앞에서 찻잔을 들지 않은 손으로 문을 밀고 밖으로 나간다.

인간을 담고 있는 거대한 생명 그릇
지구

밖으로 나가면 우리는 눈에 보이지 않는 대기 너머로 세상을 볼 수 있다. 지구 시스템의 다섯 가지 구성 요소인 암석, 대기, 바다, 얼음, 생명체는 서로 상호작용한다. 구성 요소마다 고유의 리듬과 역학이 있지만 지구가 다양성을 갖는 것은 영원히 변하지 않는 춤이 구성 요소들을 연결하기 때문이다. 구성 요소들은 모두 같은 힘에 이끌리고 예상치 못한 곳에서 비슷한 현상들이 발견된다. 눈에 보이지 않는 분자들로 이루어진 하늘의 공기는 부력에 따라 이동한다. 우리가 막 나온 건물의 난방에 의해 온도가 올라간 공기는 주변 공기보다 밀도가 낮아 위로 떠오른다. 따뜻한 지면에서 올라온 공기 기둥은 수 킬로미터에 이르고 1킬로미터를 오르는 데 약 5분이 걸린다. 차갑고 밀도가 높은 공기는 지구의 중력에 이끌려 아래에서 흐른다. 이러한 대류의 패턴은 우리가 보고 있는 풍경 전반에 걸쳐 있다. 공기는 잠시도 멈추지 않는다.

깊은 바다의 표면을 바라보면 역시 눈에 보이지 않는 부력이 존재한다. 북대서양의 차갑고 염분이 높은 바닷물은 차갑고 밀도가 높은 공기처럼 지구 중앙 아래로 향한다. 해저에 닿고 나면 흘러 다니다가 온도가 올라가거나 염분이 낮은 다른 물과 섞이면 다시 해수면으로 올라온다. 하늘에서 공기가 위로 올라갔다가 아래로 가라앉는 주기는 몇 시간 정도다. 바다에서의 주기는 4,000년이고 한 번의 주기 동안 바닷물은 지구 반 바퀴를 돈다.

지금 우리 발아래에 있는 돌 역시 움직인다. 지구 표면을 떠다니는 얇은 지각과 외핵 사이에 있는 두꺼운 맨틀은 지구의 대부분을 차지한다. 맨틀은 액체지만 점성이 높아 느리게 움직인다. 용해물인 맨틀은 지구의 뜨거운 핵과 핵 안에서 서서히 부패하는 방사성원소에 의해 온도가 올라간다. 따라서 우리 발밑 지하 깊은 곳 암석 주위에서는 에너지가 이동하고 있다. 뜨거운 맨틀 암석은 부력이 생기면 위로 뜨고 차가운 돌은 가라앉아 맨틀이 있던 자리를 차지한다. 하지만 높은 온도와 압력으로 용해된 암석은 이동하는 데 시간이 오래 걸린다. 우리가 있는 땅 아래 깊은 곳에 있는 맨틀 융기는 1년에 약 2센티미터씩 올라온다. 바닥에서 지표면까지 왔다가 다시 바닥으로 가는 주기는 5천만 년이다. 하지만 지구의 중심은 대기와 바다에 적용되는 동일한 물리학 법칙에 따라 끊임없이 내부의 열을 열이 없는 곳으로 이동시킨다.

막대한 양의 열에너지가 지구 중심에서 바깥으로 계속 움직이지만 태양에서 지구에 도달하는 빛 에너지에 비하면 매우 적은 양이다. 또한 눈에 보이지 않는 구석이든 광활한 초원이든 지구 어디에나 녹색이 존재한다. 벽돌에 낀 희미한 이끼든 풍성한 자연의 건축물인 열대우림이든 모든 곳에 식물이 있다. 잎은 엽록소로 채워진 세포들이 층을 이룬 구조고 각 세포는 햇빛과 이산화탄소를 당과 산소로 변환하는 작은 분자 공장이다. 잎은 주변에 수많은 빛 중 적은 에너지를 당으로 저장하고 이는 미래의 연료로 쓰인다. 화창한 날 모든 것이 멈춰 있고 변하지 않는 것 같은 들판은 무척 고요하지만 식물은 분주하게 움직인다. 식물은 우리가 들이마시는 산소 분자를 한 번에 한 개씩 생산한다. 식물은 대기 산소량 중 21퍼센트를 생산해 지구에 사는 다른 모든 생명체의 삶을 유지해준다. 이 작은 분자 공장들은 계속해서 지구 전체 대기 중 5분의 1을 변화시킨다. 양치식물, 나무, 조류, 풀로 이루어진 녹색 부대가 수천 년 동안 만들어온 분자들이 공기 안에서 서로 충돌하고 있다.

집 밖을 나와 땅 위에 서면 지구의 아주 작은 부분만 볼 수 있지만 공중에 뜬다면 더 멀리 볼 수 있다. 대기를 통과해 올라가면 공기 분자는 퍼진다. 공기 분자들을 아래로 당기는 중력은 아주 얇은 층만 표면으로 붙잡을 수 있다. 우리가 약 20킬로미터 위까지 올라가 가장 큰 뇌우의 꼭대기를 지나가면 대기 중 분자의 90퍼센트가 우리 아래에 있다. 바다에서 제일 깊은 곳은 해수면에서 11킬로미터 아래고 그 아래로 약 6,360킬로미터 깊이의 단단한 암석층을 지나면 지구 중심에 도달한다. 로켓을 타지 않는 한 우리 인간의 활동 범위는 거대한 지구 표면에서 불과 30킬로미터 떨어진 곳까지다. 지구가 탁구공이라면 탁구공에 입힌 페인트의 두께 정도다.

100킬로미터 높이에서 우리는 지구와 우주 경계에 있고 초록색, 갈색, 하얀색, 파란색 지구가 우주의 암흑에서 돌아가는 모습을 내려다볼 수 있다. 위에서 본 바다의 크기는 충격적이다. 지구 표면은 끊임없이 반복되는 하나의 단순한 분자로 이루어져 있다. 물은 생명체를 담는 캔버스지만 물 분자가 액체 형태로 이동할 수 있는 에너지 범위인 골디락스 영역Goldilocks zone◆에서만 그러하다. 물 분자에 에너지를 공급

342

하면 분자들이 진동하면서 결합하고 있던 복합 분자들이 흔들려 분리된다. 더 많은 에너지를 주면 연약한 생명체를 보호하는 데 아무 소용이 없는 기체로 변해 날아간다. 에너지를 줄여 골디락스 범위의 아래로 내려가면 물 분자는 진동 속도가 느려지다가 얼음의 격자 구조 사이로 들어간다. 이 같은 부동 상태는 생명의 적이다. 세포 내부의 물이 비유동적인 얼음 결정으로 변하면 생명체는 파멸할 것이다. 우리 지구가 특별한 이유는 물이 있기 때문만이 아니라 물 대부분이 액체 형태로 존재하기 때문이다. 이곳 우주와 지구 경계에서 내려다보면 지구의 가장 소중한 자산이 지구의 모습 대부분을 차지한다.

저 밑에서 태평양 바다가 미끄러지듯 나아갈 때 흰긴수염고래 한 마리가 어두운 바다 속에서 음파를 보내고 있다. 해수면 아래에서 음파의 이동을 볼 수 있다면 그 모습은 연못에 생기는 물결과 같고 하와이에서 출발한 음파는 캘리포니아까지 도달하는 데 한 시간 정도 걸린다. 하지만 소리는 물속에 숨어 있고 이곳 위에서는 그 증거를 전혀 찾을 수 없다. 바다 안은 부서지는 파도, 배, 돌고래에서 나오는 압력 진동들이 수없이 겹쳐져 소리로 가득하다. 남극 빙하의 깊은 울림은 물속에서 수천 킬로미터까지 이동할 수 있다. 이곳 우주의 경계에서 볼 때는 결코 그 존재를 알 수 없다.

지구 위 모든 것은 하루 한 번 자전축을 중심으로 회전한다. 바람은 회전하는 지구 표면 위를 이동하는 동안 지표면과 마찰하고 주변 공

◆ 너무 덥거나 춥지 않은 적당한 곳을 뜻한다.

기에 갇혀 길이 막힐 때도 있지만 항상 직선으로 가려고 한다. 이곳 위에서 보면 북반구 바람은 지구의 자전과 상관없이 계속 움직이려고 하기 때문에 지구 표면을 기준으로 오른쪽으로 휘어진다. 따라서 기상 역시 회전하고 적도에서 멀어질수록 회전은 뚜렷해진다. 허리케인이 일어나고 바다 위에서 폭풍이 소용돌이친다. 폭풍의 눈은 바퀴의 중심과 같다. 바퀴가 도는 이유는 지구가 자전하기 때문이다.

남극 위에 두꺼운 눈구름이 생성되고 있다. 그 안에는 수십억 개의 물 분자들이 산소, 질소와 함께 기체 형태로 움직인다. 하지만 구름이 차가워지면 분자들은 에너지를 방출하며 속도를 늦춘다. 속도가 가장 낮아진 분자들이 이제 막 생기려는 얼음 결정과 충돌하면 얼음 격자에 고정되어 갇힌다. 눈송이가 구름 속에서 위아래로 흔들리면 육면체 결정의 표면에 있던 분자들의 환경은 모두 같아져 동일한 방식으로 결정에 결합한다. 분자가 하나하나씩 결합하며 대칭 구조의 얼음 결정이 형성된다. 결정은 여러 시간 동안 서서히 커지다가 중력이 작용할 만큼 무거워지면 구름 아래에서 굴러 떨어진다. 아래에 있는 남극 빙상氷床은 지구에서 가장 큰 얼음 덩어리로 너비가 수천 킬로미터, 두께는 최대 4.8킬로미터에 이른다. 축적된 얼음은 매우 무거워 대륙 자체가 얼음 무게만큼 아래로 가라앉아 있다. 하지만 광활하고 하얀 지대의 모든 분자는 떨어진 눈송이 더미가 오랫동안 커져온 것이다. 이곳에는 수백만 년 동안 얼어 있는 물이 있다. 그동안 안에 있는 분자들은 격자에서 끝없이 진동했지만 다시 액체가 될 만큼 속도를 내지 못했다. 한편 하와이 화산에서 나오는 용암 분자들은 45억 년 전 지구가 탄생했을 때 이후 처음으로 600도 이하로 온도가 내려갔다.

지구의 외부 엔진은 태양이 공급하는 에너지로 가동된다. 태양에너지가 암석, 바다, 대기의 온도를 높이고 식물이 당을 생산하도록 연료를 공급해 엔진을 평형에서 멀어지게 한다. 에너지 배분이 균형을 이루지 않으면 물체는 변화할 잠재력을 갖는다. 떨어지는 비의 운동에너지는 빗방울이 돌 위로 튀면서 산을 침식할 수 있다. 적도의 엄청난 열에너지는 열대 폭풍을 일으켜 야자수를 쓰러트리고 해수면 위의 물을 산 위로 재분배하며 파도를 해변으로 보낸다. 식물에 저장된 에너지는 가지, 잎, 과일, 씨를 생성한 후 낮은 열이 되어 소진된다. 유전정보가 담긴 씨앗만이 태양빛에서 새로운 에너지를 받아 다시 주기를 시작할 것이다. 지구는 위에서 끝없이 주입되는 에너지로 엔진을 가동해 안정적이고 변화가 없는 평형상태를 피해 다니기 때문에 생명을 유지할 수 있다. 이곳 우주 가장자리에서 내려다보면 작은 부분은 볼 수 없지만 큰 그림은 볼 수 있다. 에너지가 태양에서 지구로 들어가 바다, 대기, 생명체에 도달한 후 지구가 열을 방출하면 결국 우주로 돌아온다. 들어오는 에너지와 나가는 에너지의 양이 같다. 하지만 이 에너지 흐름에서 지구는 거대한 댐과 같아 소중한 자원을 우주로 방출하기 전 수많은 경로로 저장해 사용한다.

다시 땅으로 내려가면 해변은 이제 공간이 아니라 여러 시간 척도와 크기 척도의 조각들이 모인 하나의 과정으로 보인다. 파도는 폭풍에서 나온 에너지를 먼 바다로 보낸다. 파도가 해변에서 부서지면 모래와 돌이 서로 부딪히며 마모된다. 돌은 한 번에 한 알갱이씩 깎여나

가므로 자갈들은 수백만 번의 무작위적인 충돌로 지금의 모양을 갖춘 것이다. 아주 작은 알갱이를 깎는 것은 1,000분의 1초면 충분하지만 자갈은 수년 동안 서서히 마모된 후에야 반질반질해진다. 지질연대에서 해변은 일시적이다. 새로 공급되는 자갈과 모래의 양이 바다로 씻겨 사라지는 양보다 클 때만 유지될 수 있다. 앞으로 수개월 그리고 수년 동안 모래는 바다의 움직임에 따라 바다로 들어갔다가 해변으로 돌아올 것이다. 우리가 해변의 조수를 사랑하는 이유는 모래가 하루에 두 번씩 밀물과 썰물에 의해 변하는 모습을 볼 수 있기 때문이다. 마치 슬레이트 판처럼 깨끗이 씻겨 매끈해진 모래를 보면 기분이 좋아진다. 하지만 이렇게 매일 반복되는 변화 때문에 우리는 눈앞의 해안 지대가 수십 년을 주기로 늘어났다가 줄어드는 것을 눈치채지 못한다. 바위 사이 웅덩이에 사는 생명체는 주변이 높고 건조한 곳이었다가 완전히 물에 잠기는 곳으로 계속해서 변화하는 환경에 적응하며 번성한다. 웅덩이를 바라보면 박물관에서 유리 너머에 있는 전시물을 감상하는 것 같지만 안에서는 자원을 차지하기 위한 치열한 전투가 벌어진다. 웅덩이 속 자원들은 지극히 단순하다. 즉, 지구 시스템을 통과한 미세한 양의 에너지를 차지할 수 있거나 생명체를 탄생시키기 위해 필요한 분자 구성 요소를 결합할 수 있는 기회다. 해변은 그 어떤 곳보다 삶의 무상함을 잘 보여준다. 삶을 유지할 에너지와 영양소가 공급되면 웅덩이는 번성한다. 척박한 시기에는 생명체가 다른 곳에서 발견될 것이다. 종들은 한 번에 하나의 유전적 돌연변이를 일으켜 자신의 신체 기능을 바꿈으로써 진화한다. 모든 종은 에너지를 흡수하든 다른 곳으로 이동하든 의사소통을 하든 생식을 하든 방식은 다르지만 모두 같은 원리를 이용한다.

에너지는 지나가지만 지구는 계속 재생된다. 지구를 구성하는 알루미늄, 탄소, 금 대부분은 형태를 바꾸며 수십억 년 동안 존재해왔다. 이처럼 오랜 기간이 지나면 서로 다른 물질이 거대한 지구라는 그릇 안에서 섞였을 것이라고 생각할지 모른다. 하지만 우리 주변의 물리적, 화학적 프로세스는 물질들을 계속 분류해 비슷한 원자끼리 뭉쳐놓는다. 중력으로 인해 액체는 고체에 난 구멍을 통해 흐르므로 토양이 자리를 지키는 동안 물은 토양을 통과해 거대한 대수층에 합류할 수 있다. 주로 칼슘으로 이루어진 작은 해양 생물들이 해수면에서 살다가 죽으면 중력은 이를 해저로 당긴다. 그 결과 얕은 바다에 거대한 해양 공동묘지가 생기고 묘지들은 압축되고 변화하다가 눈에 띄는 하얀 석회가 된다. 에너지를 얻으면 쉽게 증발해 기체가 되는 물 분자와 달리 소금은 침전된다. 중앙해령에서 생기는 용암은 물보다 밀도가 훨씬 높아 해저에 머무르며 새로운 지층을 형성한다. 생물체는 주변 세계에서 물질들을 끊임없이 채취해 모양을 변화시키고 조직을 재배열하고 죽어서는 재활용될 유해를 남긴다.

어두운 밤하늘을 보면 태양계나 은하계 또는 우주 너머에서 우리의 눈까지 도달한 파동이 보인다. 수백만 년 동안 광파는 우리와 우주를 잇는 유일한 연결 고리였고 우리가 지구 밖에 무언가가 존재한다는 사실을 알 수 있는 유일한 통로였다. 약 20년 전부터 우리는 지구에 도달하는 중성미자neutrino와 우주선cosmic ray의 얇은 입자층을 관찰하기 시작했다. 그리고 우리가 우주를 체험할 수 있는 제3의 방법으로 중력파가 등장했다. 2016년 2월, 블랙홀 간의 융합처럼 재앙적인 우주 현상 역시 우주에 파동을 일으킨다는 사실이 최종 확인되었다. 중력파는 계속 우리 모두를 통과해왔지만 우리는 이제야 지금까지 놓쳤던 것을 발견했다. 우리는 광파와 중력파로 태피스트리를 짜 우주의 지도를 만들고 우리가 있는 곳을 '현재 위치'라고 쓰인 화살표로 표시할 수 있다.

하지만 지구의 일상에는 당면한 문제가 많다. 집 밖에 서서 세상이 돌아가는 모습을 보면 우리가 거대한 시스템의 일부라는 사실을 새삼 깨닫게 된다. 우리는 시스템의 현재 구조에서 작은 조각에 불과하다. 호모사피엔스가 처음 등장했을 때 모든 인간은 생명 유지 시스템이 몸과 지구 두 가지뿐이었다. 하지만 지금은 세 번째 시스템이 있다.

지구는 수많은 종에 의해 변해왔지만 하나의 종이 불과 수천 년 동안 자신에 맞게 지구의 환경을 재정비했다. 지구는 하나의 유기체처럼 바뀌었다. 개인의 의식이 지구 구석구석으로 뻗은 망을 통해 상호 연결되었다. 각 개인은 이 시스템에서 생존하기 위해 다른 사람에게 의존하는 동시에 여러 도움을 제공한다. 우리 사회를 지탱하는 기둥 중 하나인 물리학 법칙에 대한 지식 없이는 교통, 자원 관리, 통신, 의사결정이 불가능하다. 과학과 기술은 인류의 가장 위대한 성과인 문명을 탄생시켰다.

과학과 기술의 찬란한 결정체
문명

양초와 책은 원할 때마다 구할 수 있고 이동 가능한 에너지와 정보지만 몇 세기 동안 존재할 수 있는 잠재력을 가졌다. 이 두 가지는 개인의 삶들을 엮어 서로 협력하는 더 큰 사회를 만들고 사회는 이전 세대의 성과를 기반으로 발전한다. 우리 문명에서는 에너지가 항상 흘러야 하므로 양초는 한 번밖에 사용할 수 없지만 그 에너지는 거의 영구적으로 저장된다. 지식은 축적되므로 한 권의 책은 여러 사람의 마음을 흔들 수 있다. 2,000년 전 양초와 책이 존재했고 지금도 존재한다. 두 가지 모두 단순하지만 효과적인 기술이다. 우리는 에너지를 저장하고 정보를 교환함으로써 지금의 세계를 만들었다.

우리는 문명을 생각할 때 도시를 떠올리지만 문명은 항상 들판에서 발견된다. 실패를 거듭하면서도 무언가를 만들고 탐험하려면 에너지가 필요하고 인간은 이 같은 노력에 필요한 연료를 확보하기 위해 식물로 하여금 태양에너지를 모으게 했다. 인간은 땅을 갈고 물을 뿌리며 씨를 뿌릴 수 있지만 광파를 당으로 바꾸는 것은 식물의 몫이다. 녹색의 댐들은 엄청나게 밀려오는 태양에너지 중 작은 일부분의 흐름을 바꾸었고 우리는 그 결과물을 수확했다. 일시적으로 흐름이 바뀐 에너지는 인간과 동물에 식량을 제공했고 우리에게 세상을 바꿀 능력을 부여했다.

우리는 현대사회에 살고 있다고 생각하지만 이는 일부만 사실이다. 우리는 몇십 년 전 또는 몇 세기 전 또는 몇천 년 전 세대가 지은 기반 시설에 의존한다. 과거에 지은 도로, 건물, 수로는 우리 사회 곳곳을 연결하는 통로로 여전히 유용하다. 협력과 무역은 막대한 이익을 가져왔고 이러한 네트워크를 통해 모든 사람은 혼자서는 얻을 수 없는 능력과 지식을 누릴 수 있다.

도시는 기능과 디자인이 다양한 빌딩으로 이루어진 숲이다. 빌딩 아래에는 두꺼운 구리 전선이 거미줄처럼 엮여 있다. 구리 덩굴은 빌딩들로 가지를 뻗고 벽과 바닥으로 숨어 들어가서는 다시 갈라졌다가 콘센트 끝에서 모습을 드러낸다. 콘센트에 플러그를 꽂으면 바깥에서 가지를 뻗은 구조가 콘센트에 꽂힌 물체와 연결되어 순환 고리가 완성되고 전자는 고리 안을 자유롭게 돌 수 있다. 도시에서 볼 수 있는 전선은 곳곳에 있는 거대한 발전소에서 생산된 에너지를 마치 핏줄처럼 우리에게 전달한다. 각 나라는 이 금속 네트워크를 전역에 깔아 다양한 에너지원을 연결하고 막대한 에너지 수요를 충족한다. 우리는 우리의 지시대로 움직이는 전자들에 둘러싸여 있다.

전력 네트워크 위를 지나는 다른 네트워크 역시 건물들과 우리 삶을 침투한다. 지구 전체를 포괄하는 지구 고유의 물 순환 시스템은 바닷물을 빗물과 강물, 대수층과 연결한다. 태양에서 온 에너지는 물을 증발시킨 다음 대기에서 이동시켜 다른 곳에 저장한다. 인간은 우회로를 만들어 물이 자연적 주기에서 일탈해 문명을 지나가도록 만든다. 저수지에 모인 빗물은 중력의 명령에 따라 강을 거쳐 바다로 흘러가지 않고 정지해 있다. 전자들이 움직이며 펌프에 전력을 제공하면 저수지의 물은 직경이 거의 1미터인 관을 통해 흐르다가 여러 갈래로 갈라져 건물로 들어와 수도꼭지에 이른다. 우리가 물을 사용하고 나면 물은 배수관과 하수관을 거친 다음 크기가 점점 커지는 관을 통과해 하수처리 시설이나 강으로 흘러간다. 우리가 물을 트는 수도꼭지는 네트워크의 말단이고 거대한 고리에 달린 작은 연결부다. 물은 흘러가 시야에서 사라지고 다시 숨겨진 터널로 이동한다. 이제 중력이 물을 통제한다. 우리가 에너지를 투입해 평형상태에서 멀어진 물이 위로 올라가면 이후 중력이 물의 흐름을 다시 아래로 내린다. 배수구는 중력에 대한 저항이 일시적으로 사라지는 곳이다.

인간은 생존을 위해 이러한 네트워크 주변에 모여 살기 때문에 도시에는 네트워크가 결집해 있다. 익숙한 도시 풍경에서는 식량 공급 시스템, 교통망, 운송 시스템처럼 다른 여러 네트워크도 볼 수 있다. 네트워크는 우리가 어디서 찾을 수 있는지 알 때만 모습을 드러낸다.

불은 인간 스스로 빛을 내기 위한 탐험의 시작이었다. 우리는 태양에서 나오는 광파에 의존하는 대신 스스로 빛을 만드는 법을 배웠다. 양초 덕분에 우리는 태양과 등지고 있을 때도 주변을 볼 수 있게 되었다. 150년 전 밤의 도시는 타오르는 촛불, 나무, 석탄, 석유에서 나오는 광파로 빛났다. 이제는 우리 눈에 보이지 않는 빛이 하늘을 밤낮없이 가득 메운다. 우리가 전파를 볼 수 있다면 지구는 한 세기 동안 어두웠던 적이 단 한 번도 없었을 것이다. 하지만 이 새로운 파장들은 조명 이상의 역할을 한다. 라디오 전파, 텔레비전 방송, 와이파이, 휴대전화 신호는 잘 조율된 정보 네트워크를 구성해 우리 주변뿐 아니라 우리 자신을 끊임없이 통과한다. 전자 기기를 통해 파동을 정확히 인식할 수 있는 문명인은 뉴스 방송, 해상 기상통보, TV 리얼리티 쇼, 항공 교통 관제, 아마추어 무선통신, 친구와 가족의 목소리를 실시간으로 보고 들을 수 있다. 파동은 항상 우리 주변을 흐르고 최신 기술 덕분에 우리는 파동을 쉽게 인식하고 전달할 수 있다. 정보의 흐름은 세상을 연결한다. 농부는 이번 주 슈퍼마켓이 원하는 상품을 고려해 수확을 계획할 수 있다. 전 세계에 자연재해 뉴스가 실시간으로 전달된다. 비행기는 경로를 변경해 악천후를 피한다. 약 10분 후 비구름이 몰려오므로 쇼핑을 뒤로 미룰 수 있다. 각 국가마다 규칙을 세우고 특정 파장에 대해서는 국제적으로 합의해 조율했기 때문에 파동 시스템이 작동할 수 있다. 인류 역사 대부분 동안 파동은 존재했지만 네트워크화된 적은 없다. 지난 다섯 세대 동안 인간은 파동을 기반으로 한 정보 네트워크를 구축했고 이제 파동 네트워크는 우리 삶에 필수 불가결하다.

과거 인간은 더위, 추위, 자원 부족 때문에 지리적으로 제약되었다. 주변 분자에 열에너지가 너무 적거나 많으면 우리 몸을 구성하는 분자도 그 경향을 따라간다. 분자 활동과 인체 상태 사이의 세심한 균형이 깨지면 우리는 고통을 느낀다. 하지만 이러한 지리적 제약은 이제 거의 사라졌다. 우리는 우리가 안락함을 느끼는 에너지 상태로 건물, 인도, 차량, 벽, 실내 구조를 설계한다. 두바이의 냉방 시스템과 알래스카의 중앙난방 덕분에 과거 누구도 살지 못했던 곳에 주거 공간이 생겼다. 우리는 세상이 실제로는 얼마나 불편한지 잊은 채 우리의 거처를 당연하게 여긴다. 다른 행성에서 사는 것은 아직 먼 미래의 일이지만 인류는 우리의 행성을 살기 좋게 만드는 기술들을 개발했다. 원리는 동일하다. 우리의 까다로운 생존 조건에 맞게 환경을 바꾸는 것이다. 물, 분자 구성 요소, 에너지가 모두 적합하게 공급되어야 한다. 인간은 한 곳에 거처를 마련하고 나면 다른 곳에 또 마련하면서 발길 닿는 곳마다 영역을 늘려 생존 네트워크를 확대한다.

문명이 커지면서 우리는 여러 도전에 직면한다. 인구가 늘어날수록 더 많은 자원과 공간이 필요하다. 우리는 연료 사용으로 산업혁명과 선진국들의 극적인 성장을 이룩했지만 대가를 치러야 했다. 인간은 필요에 따라 태양에너지를 사용할 수 있도록 식물을 재배해 녹색 에너지 저장고를 만들었지만 대부분의 에너지는 다른 원천에서 나왔다. 지구에는 이미 수억 년 동안 엄청난 양의 태양에너지로 형성된 에너지 저장고가 존재했고 인간은 여기서 에너지를 끊임없이 써왔다. 태양에너지를 가둔 식물 중 일부는 억겁의 시간 동안 땅속 깊이 매장되어 압축되었다. 가둬진 태양에너지가 서서히 누적되어 생긴 거대한 지하 저장고는 지구 안팎을 오가는 태양에너지가 지표면을 흐르더라도 안전하게 묻혀 있다. 이러한 고대의 에너지 저장고를 화석연료라고 부르며 우리는 이 에너지를 쉽게 방출해 사용할 수 있다. 에너지 사용 자체는 문제를 일으키지 않는다. 저장된 태양에너지를 우주로 다시 보낼 뿐이다. 하지만 에너지를 사용한 후의 뒤처리는 악몽 같다. 식물은 성장하기 위해 이산화탄소를 흡수하고 식물로 형성된 연료에서 에너지가 방출되면 이산화탄소가 다시 배출되어 대기로 돌아간다. 이 기체 분자들은 공기로 흘러가 파동이 대기를 통과하는 방식을 바꾼다. 그 결과 지구는 과거보다 태양에너지를 저장하는 양이 조금 늘어났다. 인간은 수백만 년 동안 누적된 에너지 저장고를 태우면서 지구의 온도를 조금씩 상승시켰다. 지구의 새로운 평형상태를 어떻게 다룰지 알기 위해서는 창의력이 필요하다.

하지만 인간은 창의적이다. 우리 주변의 보이지 않는 파동 네트워크에서 과학, 의학, 기술, 문화에 대한 지식을 얻을 수 있다. 우리는 정보 네트워크를 이용해 과거 여러 세대가 기울인 노력을 활용한다.

인류는 우리 세상과 다른 크기의 척도를 발견하고 그 척도에 진입하는 법을 터득하면서 가장 큰 발전을 이루었다. 인간의 몸과 그것에 적합한 구조물들은 크기가 변하지 않을 것이다. 우리 몸은 매우 복잡한 시스템으로 구성되어 있고 그 시스템을 담기 위해서는 그만큼의 공간이 필요하다. 우리가 이 크기의 몸으로 살기 때문에 침대, 식탁, 의자, 음식의 크기도 변하지 않을 것이다. 하지만 작은 세계를 조작하고 우리 시각을 작은 세상에 맞춰 축소하는 방법을 알게 되면서 우리는 눈에 보이지 않을 정도로 작으면서 실제로는 거대한 공장을 만들 수 있게 되었다. 크기가 작아지면 일을 처리하는 속도가 빨라지므로 1초 안에 수십억 개의 일을 해낼 수 있다. 전기는 이렇게 미세한 척도에서 유연하게 흐른다. 컴퓨터는 나노미터 크기의 부품으로 만들어진 전자 주입 장치일 뿐이다. 우리가 보기에 컴퓨터는 작지만 컴퓨터를 구성하는 원자와 비교하면 경이롭고 거대한 구조물이다. 컴퓨터의 기능은 원자의 척도로 수행된다. 컴퓨터가 마법처럼 놀라운 이유는 우리의 세계와 다른 시간 척도와 크기 척도에서 일을 처리하기 때문이다. 지금도 작으면서도 거대한 전자 주입 공장들은 우리 세계를 통제하는 매우 중요한 수단이고 시간이 지날수록 우리 문명 곳곳에 통합될 것이다. 인구가 늘어날수록 우리 문명은 더 효율적으로 신속하게 의사를 결정해야 하고 시스템의 섬세한 톱니들을 조율하기 위해 더 빠른 정보의 흐름이 필요하다. 인간의 세계와 다른 크기 척도가 이를 가능하게 해준다.

현재 인간의 영역은 지구와 그 주변에 국한되어 있지만 우리는 몇세대 동안 지구 밖 별들을 바라보았다. 또한 이제는 인류 역사상 처음으로 우리 행성의 모습을 바라보고 있다. 지구관측위성과 통신위성이 지구 주위를 돌며 우리를 서로 연결해주고 지구의 모습을 보여준다. 지구 위 우주에서 우리 문명의 흔적을 볼 수 있다. 밤하늘 도시는 조명으로 빛나고 추운 지역의 도시 주변에는 따뜻한 공기가 흐르며 토양은 농작물의 색들로 다채롭다. 궤도를 도는 물체 중 오직 국제우주정거장에서만 인간이 서식할 수 있다. 인류 문명은 어찌 되었든 우주에 진출했다. 한 번에 최대 10명이 인류 전체를 대표해 92분마다 지구 궤도를 돈다. 궤도에서 지구를 본 적이 있는 사람들은 인류 문명에 대한 새로운 관점을 갖게 되지만 이를 다른 사람들에게 완벽하게 전달하기란 절대적으로 불가능하다. 하지만 그들의 대단한 노고 덕분에 우리는 그 관점을 이해하려고 시도할 수 있다.

위성 위로 올라가 지구를 우주 방사선으로부터 보호하는 자기장 방패를 벗어나면 인류 문명의 흔적은 옅어진다. 우주에서는 위아래가 없다. 중력이 없기 때문에 추시계는 작동하지 않는다. 이곳에서 단순함이란 인간의 기준에서 보았을 때 모든 일이 매우 빠르게 일어나거나 매우 느리게 일어난다는 의미다. 빠르게 일어나는 핵반응으로 태양에 에너지가 공급되지만 태양은 수십억 년에 걸쳐 서서히 변한다. 아주 작은 원자들이 상호작용하지만 그 결과는 행성, 위성, 태양계와 같은 거대 물질로 나타난다. 혼란스럽고 복잡한 세계에 존재하는 혼란스럽고 복잡한 문명은 크기와 시간의 척도에서 중간에 위치한다.

인류가 지금까지 발견한 우주 영역에서 인간은 예외적인 존재다.

인간은 우주 밖을 바라본다. 어쩌면 우주의 무언가도 우리를 보고 있을지 모른다. 빛은 우리를 지구 밖 물체와 소통하게 해주는 유일한 수단이고 별빛이 우리 망막에 도달할 때 일어나는 분자의 이동은 우리를 우주와 연결해준다. 우리가 살고 있는 우주와 지구의 경계는 암석으로 된 작은 행성 위에 아름답게 떠 있는 복잡하고 살아 있는 얇은 층이다. 우리는 우주의 물리법칙에 따라 형성된 세 가지 생명 유지 시스템이 공조해 얻어낸 결과물이다.

나는 집 밖에서 구름이 하늘을 덮으며 시야에서 우주를 가리는 모습을 보고 있다. 나는 지구의 재료로 만들어진 머그잔을 들고 우주의 복잡성을 생각한다. 내 주변은 온통 물리학 패턴으로 가득하고 나는 그것을 직접 느낄 수 있다. 머그잔 안에서 액체가 소용돌이치고 있다. 다시 보니 조금 전과 다른 것이 보인다. 액체 표면에 반사된 머리 위 하늘의 아름답고 환상적인 패턴이다. 찻잔 안에서 폭풍이 보인다.

제1장 팝콘과 로켓: 기체법칙

- Ian Inkster, History of Technology, vol. 25 (London, Bloomsbury, 2010), p. 143
- 'Elephant anatomy: respiratory system', Elephants Forever, http://www.elephantsforever.co.za/elephants-respiratory-system.html#.VrSVgfHdhO8
- 'Elephant anatomy', Animal Corner, https://animalcorner.co.uk/elephant-anatomy/#trunks
- 'The trunk', Elephant Information Repository, http://elephant.elehost.com/About_Elephants/Anatomy/The_Trunk/the_trunk.html
- John H. Lienhard, How Invention Begins: Echoes of Old Voices in the Rise of New Machines (New York, Oxford University Press, 2006)
- 'Magdeburger Halbkugeln mit Luftpumpe von Otto von Guericke', Deutsches Museum, http://www.deutsches-museum.de/sammlungen/meisterwerke/meisterwerke-i/halbkugel/?sword_list[]=magdeburg&no_cache=1
- 'Bluebell Railway: preserved steam trains running through the heart of Sussex', http://www.bluebell-railway.co.uk/
- 'Rocket post: that's one small step for mail…', Post&Parcel, http://postandparcel.info/33442/in-depth/rocket-post-that%E2%80%99s-one-

small-step-for-mail%E2%80%A6/

- 'Rocket post reality', Isle of Harris website, http://www.isleofharris.com/ discover-harris/past-and-present/rocket-post-reality
- Christopher Turner, 'Letter bombs', Cabinet Magazine, no. 23, 2006
- "A sketch diagram of Zucker's rocket as used on Scarp, July 1934 (POST 33/5130)", Bristol Postal Museum and Archive

제2장 올라간 것은 반드시 내려온다: 중력 ─────────────

- D. Driss-Ecole, A. Lefranc and G. Perbal, 'A polarized cell: the root statocyte', Physiologia Plantarum, 118 (3), July 2003, pp. 305-12
- George Smith, 'Newton's Philosophiae Naturalis Principia Mathematica', in Edward N. Zalta, ed., Stanford Encyclopedia of Philosophy, Winter 2008 edn, http://plato.stanford.edu/archives/win2008/entries/newton-principia/
- Celia K. Churchill, Diarmaid O Foighil, Ellen E. Strong and Adriaan Gittenberger, 'Females floated first in bubble-rafting snails', Current Biology, 21 (19), Oct. 2011, pp. R802-R803, http://dx.doi.org/10.1016/j.cub.2011.08.011
- Zixue Su, Wuzong Zhou and Yang Zhang, 'New insight into the soot nanoparticles in a candle flame', Chemical Communications, 47 (16), March 2011, pp. 4700-2, http://dx.doi.org/10.1039/C0CC05785A

제3장 작은 것이 아름답다: 표면장력과 점성 ─────────────

- Peter J. Yunker, Tim Still, Matthew A. Lohr and A. G. Yodh, 'Suppression of the coffee-ring effect by shape-dependent capillary interactions', Nature, 476, 18 Aug. 2011, pp. 308-11, http://dx.doi.org/10.1038/nature10344
- Robert D. Deegan, Olgica Bakajin, Todd F. Dupont, Greb Huber, Sidney

R. Nagel and Thomas A. Witten, 'Capillary flow as the cause of ring stains from dried liquid drops', Nature, 389, 23 Oct. 1997, pp. 827-9, http://dx.doi.org/10.1038/39827

- The whole of the Micrographia is online here: https://ebooks.adelaide.edu.au/h/hooke/robert/micrographia/contents.html

- 'Homogenization of milk and milk products', University of Guelph Food Academy, https://www.uoguelph.ca/foodscience/book-page/homogenization-milk-and-milk-products

- 'Blue tits and milk bottle tops', British Bird Lovers, http://www.britishbirdlovers.co.uk/articles/blue-tits-and-milk-bottle-tops

- Rolf Jost, 'Milk and dairy products', in Ullman's Encyclopedia of Industrial Chemistry (New York and Chichester, Wiley, 2007), http://dx.doi.org/10.1002/14356007.a16_589.pub3

- Aaron Fernstrom and Michael Goldblatt, 'Aerobiology and its role in the transmission of infectious diseases', Journal of Pathogens, 2013, article ID 493960, http://dx.doi.org/10.1155/2013/493960

- 'Ebola in the air: what science says about how the virus spreads', npr, http://www.npr.org/sections/goatsandsoda/2014/12/01/364749313/ebola-in-the-air-what-science-says-about-how-the-virus-spreads

- Kevin Loria, 'Why Ebola probably won't go airborne', Business Insider, 6 Oct. 2014, http://www.businessinsider.com/will-ebola-go-airborne-2014-10?IR=T

- N. I. Stilianakis and Y. Drossinos, 'Dynamics of infectious disease transmission by inhalable respiratory droplets', Journal of the Royal Society Interface, 7 (50), 2010, pp. 1355-66, http://dx.doi.org/10.1098/rsif.2010.0026

- I. Eames, J. W. Tang, Y. Li and P. Wilson, 'Airborne transmission of disease in hospitals', Journal of the Royal Society Interface, 6, Oct. 2009, pp. S697-S702; http://dx.doi.org/10.1098/rsif.2009.0407.focus

- 'TB rises in UK and London', NHS Choices, http://www.nhs.uk/news/

2010/12December/Pages/tb-tuberculosis-cases-rise-london-uk.aspx
- World Health Organization, Tuberculosis factsheet 104, 2016, http://www.who.int/mediacentre/factsheets/fs104/en/
- A. Sakula, 'Robert Koch: centenary of the discovery of the tubercle bacillus, 1882', Thorax, 37 (4), 1982, pp. 246-51, http://dx.doi.org/10.1136/thx.37.4.246
- Nobel Prize website about Robert Koch, http://www.nobelprize.org/educational/medicine/tuberculosis/readmore.html
- Lydia Bourouiba, Eline Dehandschoewercker and John W. M. Bush, 'Violent expiratory events: on coughing and sneezing', Journal of Fluid Mechanics, 745, 2014, pp. 537-63
- 'Improved data reveals higher global burden of tuberculosis', World Health Organization, 22 Oct. 2014, http://www.who.int/mediacentre/news/notes/2014/global-tuberculosis-report/en/
- Stephen McCarthy, 'Agnes Pockels', 175 faces of chemistry, Nov. 2014, http://www.rsc.org/diversity/175-faces/all-faces/agnes-pockels
- 'Agnes Pockels', http://cwp.library.ucla.edu/Phase2/Pockels,_Agnes@871234567.html
- Agnes Pockels, 'Surface tension', Nature, 43, 12 March 1891, pp. 437-9
- Simon Schaffer, 'A science whose business is bursting: soap bubbles as commodities in classical physics', in Lorraine Daston, ed., Things that Talk: Object Lessons from Art and Science (Cambridge, Mass., MIT Press, 2004)
- Adam Gabbatt, 'Dripless teapots', Guardian, Food and drink news blog, 29 Oct. 2009, http://www.theguardian.com/lifeandstyle/blog/2009/oct/29/teapot-drips-solution
- Martin Chaplin, 'Cellulose', http://www1.lsbu.ac.uk/water/cellulose.html
- D. Klemm, B. Heublein, H-P. Fink and A. Bohn, 'Cellulose: fascinating biopolymer and sustainable raw material', Angewandte Chemie, international edn, 44, 2005, pp. 3358-93, http://dx.doi.org/10.1002/anie.200460587

- Alexander A. Myburg, Simcha Lev-Yadun and Ronald R. Sederoff, 'Xylem structure and function', eLS, Oct. 2013, http://dx.doi.org/10.1002/9780470015902.a0001302.pub2
- Michael Tennesen, 'Clearing and present danger? Fog that nourishes California redwoods is declining', Scientific American, 9 Dec. 2010
- James A. Johnstone and Todd E. Dawson, 'Climatic context and ecological implications of summer fog decline in the coast redwood region', Proceedings of the National Academy of Sciences, 107 (10), 2010, pp. 4533-8
- Holly A. Ewing et al., 'Fog water and ecosystem function: heterogeneity in a California redwood forest', Ecosystems, 12 (3), April 2009, pp. 417-33
- S. S. O Burgess, J. Pittermann and T. E. Dawson, 'Hydraulic efficiency and safety of branch xylem increases with height in Sequoia sempervirens (D. Don) crowns', Plant, Cell and Environment, 29, 2006, pp. 229-39, http://dx.doi.org/10.1111/j.1365-3040.2005.01415.x
- George W. Koch, Stephen C. Sillett, Gregory M. Jennings and Stephen D. Davis, 'The limits to tree height', Nature, 428, 22 April 2004, pp. 851-4, http://dx.doi.org/10.1038/nature02417
- Martin Canny, 'Transporting water in plants', American Scientist, 86 (2), 1998, p. 152, http://dx.doi.org/10.1511/1998.2.152
- John Kosowatz, 'Using microfluidics to diagnose HIV', March 2012, https://www.asme.org/engineering-topics/articles/bioengineering/using-microfluidics-to-diagnose-hiv
- Phil Taylor, 'Go with the flow: lab on a chip devices', 10 Oct. 2014, http://www.pmlive.com/pharma_news/go_with_the_flow_lab-on-a-chip_devices_605227
- Eric K. Sackmann, Anna L. Fulton and David J. Beebe, 'The present and future role of microfluidics in biomedical research', Nature, 507.7491, 2014, pp. 181-9
- 'Low-cost diagnostics and tools for global health', Whitesides Group

Research, http://gmwgroup.harvard.edu/research/index.php?page=24

제4장 최적의 순간을 찾아서: 평형을 향한 행진 ————————

- Eric Lauga and A. E. Hosoi, 'Tuning gastropod locomotion: modeling the influence of mucus rheology on the cost of crawling', Physics of Fluids (1994-present), 18 (11), 2006, 113102
- Janice H. Lai et al., 'The mechanics of the adhesive locomotion of terrestrial gastropods', Journal of Experimental Biology, 213 (22), 2010, pp. 3920-33
- Mark W. Denny, 'Mechanical properties of pedal mucus and their consequences for gastropod structure and performance', American Zoologist, 24 (1), 1984, pp. 23-36
- Neil J. Shirtcliffe, Glen McHale and Michael I. Newton, 'Wet adhesion and adhesive locomotion of snails on anti-adhesive non-wetting surfaces', PloS one 7 (5), 2012, p. e36983
- H. C. Mayer and R. Krechetnikov, 'Walking with coffee: Why does it spill?', Physical Review E, 85 (4), 2012, 046117
- Marc Reisner, Cadillac Desert: The American West and its Disappearing Water, rev. pb edn (New York, Penguin, 1993)
- B. J. Frost, 'The optokinetic basis of head-bobbing in the pigeon', Journal of Experimental Biology, 74, 1978, pp. 187-95
- 'Engineering aspects of theSeptember 19, 1985 Mexico City earthquake', NBS Building Science series 165, May 1987, http://www.nist.gov/customcf/get_pdf.cfm?pub_id=908821
- Daniel Hernandez, 'The 1985 Mexico City earthquake remembered', Los Angeles Times, 20 Sept. 2010, http://latimesblogs.latimes.com/laplaza/2010/09/earthquake-mexico-city-1985-memorial.html
- William F. Martin, Filipa L. Sousa and Nick Lane, 'Energy at life's origin',

Science, 344 (6188), 2014, pp. 1092-3

- S. Seager, 'The future of spectroscopic life detection on exoplanets', Proceedings of the National Academy of Sciences of the United States of America, 111 (35), 2014, pp. 12634-40, http://dx.doi.org/10.1073/pnas.1304213111

제5장 파도에서 와이파이까지: 파장의 생성

- A. A. Michelson and E. W. Morley, 'On the relative motion of the Earth and of the luminiferous ether', Sidereal Messenger, 6, 1887, pp. 306-10, http://adsabs.harvard.edu/full/1887SidM...6..306M
- Sindya N. Bhanoo, 'Silvery fish elude predators with light-bending', New York Times, 22 Oct. 2012, http://www.nytimes.com/2012/10/23/science/silvery-fish-elude-predators-with-sleight-of-reflection.html?_r=0
- Alexis C. Madrigal, 'You're eye-to-eye with a whale in the ocean: what does it see?', The Atlantic, 28 March 2013, http://www.theatlantic.com/technology/archive/2013/03/youre-eye-to-eye-with-a-whale-in-the-ocean-what-does-it-see/274448/
- Leo Peichl, Gunther Behrmann and Ronald H. H. Kroger, 'For whales and seals the ocean is not blue: a visual pigment loss in marine mammals', European Journal of Neuroscience, 13 (8), 2001, pp. 1520-8
- Jeffry I. Fasick et al., 'Estimated absorbance spectra of the visual pigments of the North Atlantic right whale (Eubalaena glacialis)', Marine Mammal Science, 27 (4), 2011, pp. E321-E331
- University of Oxford, press pack for Marconi exhibition: https://www.mhs.ox.ac.uk/marconi/presspack/
- Bill Kovarik, 'Radio and the Titanic', Revolutions in Communication, http://www.environmentalhistory.org/revcomm/features/radio-and-the-titanic/

- RMS Titanic radio page, http://hf.ro/
- Yannick Gueguen et al., 'Yes, it turns: experimental evidence of pearl rotation during its formation', Royal Society Open Science, 2 (7), 2015, 150144

제6장 오리는 왜 발이 시리지 않을까?: 원자의 춤 ——————

- 'Molecular dynamics: real-life applications', http://www.scienceclarified. com/everyday/Real-Life-Physics-Vol-2/Molecular-Dynamics-Real-life-applications.html
- 'Einstein and Brownian motion', American Physical Society News, 14 (2), Feb. 2005, https://www.aps.org/publications/apsnews/200502/history.cfm
- 'Back to basics: the science of frying', http://www.decodingdelicious. com/the-science-of-frying/
- '1000 days in the ice', National Geographic, 2009, http://ngm.nationalgeo graphic.com/2009/01/nansen/sides-text/4
- Jing Zhao, Sindee L. Simon and Gregory B. McKenna, 'Using 20-million-year-old amber to test the super-Arrhenius behaviour of glass-forming systems', Nature Communications, 4, 2013, p. 1783
- Intergovernmental Panel on Climate Change, Climate Change 2007: Working Group I: The Physical Science Basis, IPCC Report 2007, FAQ 5.1: 'Is sea level rising?', https://www.ipcc.ch/publications_and_data/ar4/wg1/ en/faq-5-1.html
- Oliver Milman, 'World's oceans warming at increasingly faster rate, new study finds', http://www.theguardian.com/environment/2016/jan/18/ world-oceans-warming-faster-rate-new-study-fossil-fuels
- 'The coldest place in the world', NASA Science News, 10 Dec. 2013, http:// science.nasa.gov/science-news/science-at-nasa/2013/09dec_coldspot/
- 'Webbed wonders: waterfowl use their feet for much more than just

standing and swimming', http://www.ducks.org/conservation/waterfowl-biology/webbed-wonders/page2

- 'Temperature regulation and behavior', https://web.stanford.edu/group/stanfordbirds/text/essays/Temperature_Regulation.html
- Barbara Krasner-Khait, 'The impact of refrigeration', http://www.history-magazine.com/refrig.html
- Simon Jol, Alex Kassianenko, Kaz Wszol and Jan Oggel, 'Issues in time and temperature abuse of refrigerated foods', Food Safety Magazine, Dec. 2005-Jan. 2006, http://www.foodsafetymagazine.com/magazine-archive1/december-2005january-2006/issues-in-time-and-temperature-abuse-of-refrigerated-foods/
- Alexis C. Madrigal, 'A journey into our food system's refrigerated-warehouse archipelago', The Atlantic, 15 July 2003, http://www.theatlantic.com/technology/archive/2013/07/a-journey-into-our-food-systems-refrigerated-warehouse-archipelago/277790/

제7장 스푼, 소용돌이, 스푸트니크: 회전의 규칙 ──────────

- Hugh Gladstone, 'Making tracks: building the Olympic velodrome', Cycling Weekly, 21 Feb. 2011, http://www.cyclingweekly.co.uk/news/making-tracks-building-the-olympic-velodrome-53916
- Rachel Thomas, 'How the velodrome found its form', Plus Magazine, 22 July 2011, https://plus.maths.org/content/how-velodrome-found-its-form
- 'Determination of the hematocrit value by centrifugation', http://www.hettweb.com/docs/application/Application_Note_Diagnostics_Hematocrit_Determination.pdf
- 'Astronaut training: centrifuge', RUS Adventures, http://www.rusadventures.com/tour35.shtml

- 'Centrifuge', Yu.A. Gagarin Research and Test Cosmonaut Training Center, http://www.gctc.su/main.php?id=131
- 'High-G training', https://en.wikipedia.org/wiki/High-G_training
- Lisa Zyga, 'The physics of pizza-tossing', Phys.org, 9 April 2009, http://phys.org/news/2009-04-physics-pizza-tossing.html
- Alison Spiegel, 'Why tossing pizza dough isn't just for show', HuffPost Taste, 2 March 2015, http://www.huffingtonpost.com/2015/03/02/toss-pizza-dough_n_6770618.html
- K.-C. Liu, J. Friend and L. Yeo, 'The behavior of bouncing disks and pizza tossing', EPL (Europhysics Letters), 85 (6), 26 March 2009
- 'International Space Station', http://www.nasa.gov/mission_pages/station/expeditions/expedition26/iss_altitude.html
- Eleanor Imster and Deborah Bird, 'This date in science: launch of Sputnik', 4 Oct. 2014, http://earthsky.org/space/this-date-in-science-launch-of-sputnik-october-4-1957
- Roger D. Launius, 'Sputnik and the origins of the Space Age', http://history.nasa.gov/sputnik/sputorig.html
- Paul E. Chevedden, The Invention of the Counterweight Trebuchet: A Study in Cultural Diffusion, Dumbarton Oaks Papers No. 54, 2000, http://www.doaks.org/resources/publications/dumbarton-oaks-papers/dop54/dp54ch4.pdf
- Riccardo Borghi, 'On the tumbling toast problem', European Journal of Physics, 33 (5), 1 Aug. 2012
- R. A. J. Matthews, 'Tumbling toast, Murphy's Law and the fundamental constants', European Journal of Physics, 16 (4), 1995, pp. 172-76, http://dx.doi.org/10.1088/0143-0807/16/4/005
- 'Dizziness and vertigo', http://balanceandmobility.com/for-patients/dizziness-and-vertigo/
- Steven Novella, 'Why isn't the spinning dancer dizzy?', Neurologica, 30 Sept. 2013, http://theness.com/neurologicablog/index.php/why-isnt-the-

spinning-dancer-dizzy/

제8장 반대편끼리 끌어당길 때: 전자기 ————————————

- 'One penny coin', http://www.royalmint.com/discover/uk-coins/coin-design-and-specifications/one-penny-coin
- 'The chaffinch', http://www.avibirds.com/euhtml/Chaffinch.html
- Dominic Clarke, Heather Whitney, Gregory Sutton and Daniel Robert, 'Detection and learning of floral electric fields by bumblebees', Science, 340 (6128), 5 April 2013, pp. 66-9, http:/dx.doi.org/10.1126/science.1230883
- Sarah A. Corbet, James Beament and D. Eisikowitch, 'Are electrostatic forces involved in pollen transfer?', Plant, Cell and Environment 5 (2), 1982, pp. 125-9
- Ed Yong, 'Bees can sense the electric fields of flowers', National Geographic 'Phenomena' blog, 21 Feb. 2013, http://phenomena.nationalgeographic.com/2013/02/21/bees-can-sense-the-electric-fields-of-flowers/
- John D. Pettigrew, 'Electroreception in monotremes', Journal of Experimental Biology, 202 (10), 1999, pp. 1447-54
- U. Proske, J. E. Gregory and A. Iggo, 'Sensory receptors in monotremes', Philosophical Transactions of the Royal Society of London B: Biological Sciences, 353 (1372), 1998, pp. 1187-98
- 'Cathode ray tube', University of Oxford Department of Physics, http://www2.physics.ox.ac.uk/accelerate/resources/demonstrations/cathode-ray-tube
- 'Non-European compasses', Royal Museums Greenwich, http://www.rmg.co.uk/explore/sea-and-ships/facts/ships-and-seafarers/the-magnetic-compass

- Wynne Parry, 'Earth's magnetic field shifts, forcing airport runway change', LiveScience, 7 Jan. 2011, http://www.livescience.com/9231-earths-magnetic-field-shifts-forcing-airport-runway-change.html
- 'Wandering of the geomagnetic poles', National Centers for Environmental Information, National Oceanic and Atmospheric Administration, http://www.ngdc.noaa.gov/geomag/GeomagneticPoles.shtml
- 'Swarm reveals Earth's changing magnetism', European Space Agency, 19 June 2014, http://www.esa.int/Our_Activities/Observing_the_Earth/Swarm/Swarm_reveals_Earth_s_changing_magnetism
- David P. Stern, 'The Great Magnet, the Earth', 20 Nov. 2003, http://www-spof.gsfc.nasa.gov/earthmag/demagint.htm
- 'Drummond Hoyle Matthews', https://www.e-education.psu.edu/earth520/content/l2_p11.html
- F. J. Vine and D. H. Matthews, 'Magnetic anomalies over oceanic ridges', Nature, 199, 1963, pp. 947–9
- Kenneth Chang, 'How plate tectonics became accepted science', New York Times, 15 Jan. 2011